普通高等学校机械基础课程规划教材

机械制造基础

主　编　夏绪辉　谢良喜
副主编　吴海华　赵　刚　肖　明
　　　　杜　辉　王　蕾

华中科技大学出版社
中国·武汉

内 容 简 介

本书共7章,分别介绍了金属材料及热处理概论、铸造、金属塑性成形、焊接、金属切削的基础知识、常用切削加工方法以及先进制造技术。

本书的内容深入浅出,简明易懂,体系完整,实用性强,可作为高等院校机械类各专业学生的教材,也可供有关工程技术人员参考。

图书在版编目(CIP)数据

机械制造基础/夏绪辉,谢良喜主编. —武汉:华中科技大学出版社,2014.6(2022.7重印)
ISBN 978-7-5609-9775-9

Ⅰ.①机… Ⅱ.①夏… ②谢… Ⅲ.①机械制造-高等学校-教材 Ⅳ.①TH

中国版本图书馆 CIP 数据核字(2014)第 118697 号

机械制造基础　　　　　　　　　　　　　　　　　　　　夏绪辉　谢良喜　主编

责任编辑:姚　幸
封面设计:刘　卉
责任校对:马燕红
责任监印:徐　露

出版发行:华中科技大学出版社(中国•武汉)　　　电话:(027)81321913
　　　　　武汉市东湖新技术开发区华工科技园　　　邮编:430223
录　　排:华中科技大学惠友文印中心
印　　刷:广东虎彩云印刷有限公司
开　　本:710mm×1000mm　1/16
印　　张:17.25
字　　数:366千字
版　　次:2022年7月第1版第13次印刷
定　　价:35.00元

本书若有印装质量问题,请向出版社营销中心调换
全国免费服务热线:400-6679-118　竭诚为您服务
版权所有　侵权必究

前　言

"机械制造基础"是机械类各专业的一门主要专业基础课程。本书是根据教育部高等学校机械基础课程教学指导委员会批准的《机械制造基础教学基本要求》而编写的。

从17世纪60年代第一次工业革命兴起到现在，机械制造技术发生了巨大而深刻的变化，制造技术向自动化、柔性化、集成化、智能化、精密化、清洁化的方向发展，而传统的制造方法及理论则是其根基，是从事机械设计、机械制造及相关工作必不可少的基础知识。

本书整合了材料成形工艺基础、金属切削原理、金属切削刀具、机床概论和现代先进制造技术等内容，坚持"以工艺为主"和"以常规为主"，同时兼顾学科前沿的一些新技术、新成果，以扩大学生的视野，激发其创新意识。本课程的实践性很强，课程的教学需要与金工实习、生产实习、实验教学及课程设计等多种教学环节密切配合。希望通过本课程的学习，学生能全面了解机械零件从毛坯到产品的加工方法，理解制造现象的本质原因，掌握必要的机械制造基本常识。

参加本书编写工作的有：武汉科技大学夏绪辉、王蕾(第7章)、谢良喜(第3章、第5章)、杜辉(第1章)、赵刚(第2章)、肖明(第4章)，三峡大学吴海华(第6章)。谢良喜负责全书的统稿。文晓莉、崔广宇、让勇等同学参与了部分插图的绘制与文字校对工作。

本书在规划、编写及出版的过程中，得到了武汉科技大学教务处、武汉科技大学机械自动化学院、华中科技大学出版社的领导和老师们的大力支持。在本书的编写过程中，参阅了其他版本的同类教材、相关资料和文献，并得到许多同行专家、教授的支持和帮助，在此衷心致谢。

由于编者水平有限，书中一定还存在一些不尽如人意的地方和错误，恳切希望广大读者批评指正。

编　者
2014年5月

目 录

第1章 金属材料及热处理概论 (1)
- 1.1 金属及合金的基本性能 (1)
- 1.2 金属和合金的晶体结构及结晶过程 (8)
- 1.3 铁碳合金状态图 (16)
- 1.4 钢的热处理 (24)
- 习题 (32)

第2章 铸造 (33)
- 2.1 铸造工艺基础 (33)
- 2.2 常用合金铸件的生产 (44)
- 2.3 砂型铸造 (57)
- 2.4 砂型铸件的结构设计 (70)
- 2.5 特种铸造 (76)
- 习题 (87)

第3章 金属塑性成形 (94)
- 3.1 金属塑性成形概论 (94)
- 3.2 金属塑性变形后组织及性能变化 (96)
- 3.3 自由锻造 (99)
- 3.4 模型锻造 (99)
- 3.5 冲压成形 (101)
- 3.6 其他塑性成形方法 (104)
- 习题 (104)

第4章 焊接 (105)
- 4.1 概述 (105)
- 4.2 焊条电弧焊 (106)
- 4.3 其他常用的焊接方法 (123)
- 4.4 常用金属材料的焊接 (136)
- 4.5 焊接结构设计 (143)
- 习题 (152)

第5章 金属切削的基础知识 (153)
- 5.1 切削运动与切削要素 (153)
- 5.2 金属切削刀具 (156)

5.3　金属切削机床 …………………………………………………… (161)
　　5.4　金属的切削过程 ………………………………………………… (163)
　　习题 …………………………………………………………………… (168)
第6章　常用切削加工方法 ……………………………………………… (169)
　　6.1　车削工艺特点及其应用 ………………………………………… (169)
　　6.2　钻、镗削的工艺特点及其应用 ………………………………… (174)
　　6.3　刨、拉削的工艺特点及其应用 ………………………………… (183)
　　6.4　铣削的工艺特点及其应用 ……………………………………… (188)
　　6.5　磨削的工艺特点及其应用 ……………………………………… (194)
　　习题 …………………………………………………………………… (206)
第7章　先进制造技术 …………………………………………………… (207)
　　7.1　先进制造技术概论 ……………………………………………… (207)
　　7.2　计算机辅助设计与制造 ………………………………………… (209)
　　7.3　数控加工技术 …………………………………………………… (222)
　　7.4　计算机辅助工艺过程设计 ……………………………………… (246)
　　7.5　计算机集成制造系统 …………………………………………… (250)
　　7.6　柔性制造系统 …………………………………………………… (252)
　　7.7　几种典型先进制造技术简介 …………………………………… (258)
　　习题 …………………………………………………………………… (268)
参考文献 …………………………………………………………………… (270)

第 1 章　金属材料及热处理概论

1.1　金属及合金的基本性能

工程材料分为金属材料和非金属材料两大类,在工业生产中的应用日益广泛。根据工程材料性能的不同,可用于制造不同的机械零件、工程部件等,在机械制造中具有举足轻重的作用。

众所周知,金属材料在地壳中储量非常丰富,且应具有较好的使用性能和工艺性能。其中工艺性能是指材料在各种加工过程中表现出来的性能,比如铸造性能、焊接性能、热处理性能及切削加工性能等。使用性能是指材料在使用过程中表现出来的性能,主要有物理性能、化学性能和力学性能等。因此,在本章的学习过程中,必须熟悉金属及合金的主要性能,为本课程的后续学习奠定基础。

在机械制造领域中,材料的选用主要以力学性能为依据。金属材料的力学性能是指金属材料在受外力作用时所反映出来的性能。金属材料的力学性能主要有:强度、塑性、硬度、冲击韧度、疲劳强度等。

1.1.1　强度与塑性

强度是指在外力作用下材料抵抗塑性变形和断裂的能力。按照作用力的性质,强度可分为屈服强度、抗拉强度、抗弯强度和抗剪强度等。工程上常用来表示金属材料强度的指标有屈服强度和抗拉强度。

金属材料的强度指标和塑性指标是通过拉伸试验测定的。图 1-1 所示为拉伸标准试样。将拉伸试样装夹在拉伸试验机上,在试样两端缓慢施加载荷。随着拉伸力不断地增大,试样不断被拉长,直至试样被拉断为止。在整个拉伸过程中,试验机自动记录载荷 F 和伸长量($\Delta L=L_1-L_0$),并绘制拉伸曲线。图 1-2 所示为低碳钢的拉伸曲线。由图 1-2 可知,当 $F=0$ 时,$\Delta L=0$;随着载荷增加至 F_e 时,ΔL 呈线性增加,此时去除载荷后,试样将恢复到原来的形状和尺寸,此时试样处于弹性变形阶段。当载荷超过 F_e 之后,试样不仅发生了弹性变形,还发生了塑性变形,形成永久变形,此时去除载荷后,试样不能恢复到原始的形状和长度。当外力增加到 F_s 以后,曲线出现水平或锯齿线段,此时载荷不变,但试样仍继续拉长,出现"屈服"现象,s 点称为屈服点。屈服现象过后,试样随着载荷的增加而伸长,进入强化阶段。当载荷增加到 F_b(b 点时),试样出现局部变细的"缩颈"现象。b 点之后,载荷逐渐减小,变形主要集中于缩颈处。当载荷减小至 F_k 时,试样被拉断。

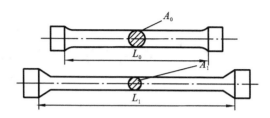

图 1-1 拉伸试样

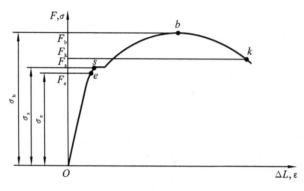

图 1-2 低碳钢的拉伸曲线

1. 强度

强度是指金属材料在力的作用下,抵抗塑性变形和断裂的能力,通常用应力值来表征(试样单位横截面的拉力用符号 σ 表示,即 $\sigma = F/A_0$),图 1-2 可变为应力-应变曲线,其横坐标的变形量用应变 ε 表示($\varepsilon = \Delta L/L_0$)。通过拉伸测试试验得到的强度指标有屈服强度和抗拉强度。

(1)屈服强度(也称屈服点) 是指金属材料开始产生明显塑性变形时的最小应力,用符号 σ_s 表示,即

$$\sigma_s = \frac{F_s}{A_0} \ (\text{MPa}) \tag{1-1}$$

式中:F_s——屈服时的最小载荷(N);

A_0——试样原始截面积(mm^2)。

对于某些材料,如铸铁等脆性材料无明显的屈服现象,无法测定 σ_s,工程上规定产生 0.2% 塑性变形时的应力作为该材料的屈服点,用 $\sigma_{0.2}$ 表示。

(2)抗拉强度 是指材料在拉断前所承受的最大应力,用符号 σ_b 表示,即

$$\sigma_b = \frac{F_b}{A_0} \ (\text{MPa}) \tag{1-2}$$

式中:F_b——试样断裂前所承受的最大载荷(N)。

在设计机械零件时,选择金属材料的重要依据是屈服强度和抗拉强度。由于某些机械零件工作时(如螺栓),不允许发生塑性变形,因此多以屈服强度为强度设计依

据。而对于脆性材料来说,必须使用抗拉强度为强度指标。

2. 塑性

塑性是指金属材料在外力作用下产生不可逆转的永久变形而不发生断裂的能力。塑性指标也是通过拉伸试验测得的。常用的塑性指标有伸长率和断面收缩率。

(1) 伸长率 是指试样断裂后,其标距长度的伸长量 ΔL 与原始标距 L_0 的百分数,即

$$\delta = \frac{L_1 - L_0}{L_0} \times 100\% \qquad (1-3)$$

式中:L_0——试样原始标距长度(mm);

L_1——试样拉断后的标距长度(mm)。

(2) 断面收缩率 是指试样断裂后,断口处截面积与原始横截面积的百分数,即

$$\psi = \frac{A_0 - A_1}{A_0} \times 100\% \qquad (1-4)$$

式中:A_0——试样的原始横截面积(mm^2);

A_1——试样拉断后断口处横截面积(mm^2)。

伸长率和断面收缩率可以较可靠地反应材料的塑性,两者数值越大,表明金属材料的塑性越好。通常,工程上把 $\delta > 5\%$ 的材料称为塑性材料,$\delta < 5\%$ 的材料称为脆性材料。

1.1.2 硬度

金属材料抵抗局部变形,特别是局部塑性变形、压痕或划痕的能力称为硬度。材料的硬度是专用的硬度计测量的。常用的有布氏硬度和洛氏硬度。

1. 布氏硬度

布氏硬度(HB)通过布氏硬度试验测得,实质上是指材料的抵抗能力,其原理如图1-3所示。

经规定的保持时间 $t(s)$ 后卸除载荷,然后测量试样表面压痕直径 d(mm),用压痕表面积 A 除载荷 F 所得的值即为布氏硬度值。其符号用 HB 表示,即

$$\text{HBS(HBW)} = \frac{F}{A} = 0.102 \frac{2F}{\pi D(D - \sqrt{D^2 - d^2})} \quad (\text{kgf}/mm^2) \qquad (1\text{-}5)$$

式中:HBS(HBW)——用钢球(或硬质合金球)试验时的布氏硬度值(kgf/mm^2);

F——试验力(N);

A——球面压痕表面积(mm^2);

D——球体直径(mm);

d——压痕平均直径(mm)。

布氏硬度值一般不标出单位。在实际应用中,布氏硬度一般不用计算,而是用专用的刻度放大镜量出压痕直径 d,根据压痕直径的值,再从专门的硬度表中查出相应

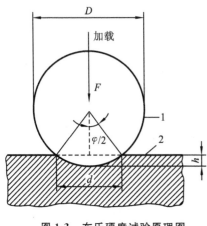

图 1-3 布氏硬度试验原理图

1—压头；2—被测金属

的布氏硬度值。布氏硬度值越高，表示金属材料越硬。

布氏硬度值的表示方法为：硬度值＋HBS 或 HBW＋压球直径＋载荷＋载荷保持时间（10～15 s 不标注）。例如：140HBS10/10 000/30 表示用直径为 10 mm 的淬火钢球在 10 000 N 载荷作用下保持 30 s 测得的布氏硬度值为 140；300HBW5/7 500 表示用直径为 5 mm 的硬质合金球在 7 500 N 载荷作用下保持 10～15 s 测得的布氏硬度值为 300。

布氏硬度计以淬火钢球或硬质合金球为压头。当压头为淬火钢球时，布氏硬度值符号为 HBS，一般适用于测量软灰铁、有色金属等 450 HBS 以下的不太硬的材料，布氏硬度试验规范如表 1-1 所示。当压头为硬质合金球时，布氏硬度值符号为 HBW，适用于 450～650 HBW 的材料，从而扩大了布氏硬度法的适用范围。为了推动 HBW 的发展，国家标准《金属材料　布氏硬度试验　第 1 部分：试验方法》(GB/T 231.1—2009)增加了压头直径和载荷范围。

表 1-1　布氏硬度试验规范

材料种类	布氏硬度值范围/HB	试样厚度/mm	载荷 F /N(kgf)	钢球直径 D /mm	$0.102F/D^2$	载荷保持时间/s
钢和铸铁	450～140	>6	29 420(3 000)	10	30	10～15
		6～3	7 355(750)	5		
		<3	1 839(187.5)	2.5		
	<140	>6	9 807(1 000)	10	10	10～15
		6～3	2 452(250)	5		
		<3	613(62.5)	2.5		
有色金属及其合金（铜、铝）	≥130	>6	29 420(3 000)	10	30	30
		6～3	7 355(750)	5		
		<3	1 839(187.5)	2.5		
	35～130	>6	9 807(1 000)	10	10	30
		6～3	2 452(250)	5		
		<3	613(62.5)	2.5		
	<35	>6	4 903(500)	10	5	60
		6～3	1 266(125)	5		
		<3	307(31.25)	2.5		

布氏硬度试验使用的压头直径有：10 mm、5 mm、2.5 mm、2 mm 和 1 mm。如果试验条件允许，应尽量选用直径为 10 mm 的压头。因为压痕面积大，将消除金属材料个别组成相及微小不均匀性对平均性能的影响，试验数据稳定，重复性好。因此，布氏硬度试验特别适用于测定灰铸铁、轴承合金等具有粗大晶粒或组成相的金属材料的硬度。布氏硬度试验的缺点是对不同金属材料需要更换不同直径的压头和改变载荷，压痕直径的测量也较麻烦，因而用于自动检测时受到限制，且压痕较大，不宜薄件或成品检验。

2. 洛氏硬度

洛氏硬度（HR）试验也是一种压入硬度试验，其工作原理与布氏硬度基本相同，所不同的是通过测量压痕的深度来表示金属材料的硬度值。洛氏硬度的测试原理如图 1-4 所示，将压头施以一定的载荷（初载与主载之和），垂直压入被测试样表面，保持一定时间，卸除主载，根据在初载下测定残余压入深度来计算材料的洛氏硬度值。图中 0—0 为压头未和试样接触时的位置，1—1 为加初载后压头深入的深度 h_0；2—2 为压头加主载后的位置；3—3 为卸载后压头的位置 h_1，压痕深度为

$$h = h_1 - h_0$$

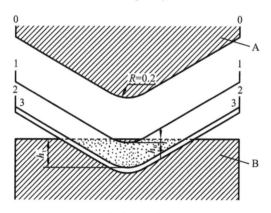

图 1-4 洛氏硬度试验原理图

A—圆形顶端 120°圆锥体压头；B—试样表面

根据 h 值及常数 N 和 S（见 GB/T 230.1—2009《洛氏硬度试验》表 2），洛氏硬度可表示为

$$\text{洛氏硬度} = N - \frac{h}{S} \tag{1-6}$$

依照国家标准《金属材料 洛氏硬度试验 第 1 部分：试验方法（A、B、C、D、E、F、G、H、K、N、T 标尺）》(GB/T 230.1—2009)，压头有：120°的金刚石圆锥体、$\phi 1.588$ mm 和 $\phi 3.175$ mm 的淬火钢球，根据压头的种类和总载荷的大小，洛氏硬度常用 A、B、…、K、N、T 共十一种标尺，分别用 HRA、HRB、…、HRK、HRN、HRT 表示（HRN、HRT 为表面洛氏硬度）。其中常用 HRA、HRB、HRC 三种尺度表示。表 1-2

给出了常用测试规范及应用。其中洛氏硬度的表示方法采取"HR",前面的数值为硬度数值,例如:55HRC 表示用 C 尺度测得的洛氏硬度值为 55。

表 1-2　洛氏硬度标尺及测试规范

洛氏硬度标尺	硬度符号	适用范围	压头类型	初始载荷 F_0/N	主载荷 F_1/N	总载荷 F/N	应　　用
A	HRA	20～88 HRA	金刚石圆锥体	98.07	490.3	588.4	硬质合金、表面渗碳钢、表面淬火钢
B	HRB	20～100 HRB	ϕ1.588 mm 球	98.07	882.6	980.7	有色金属、退火钢、正火钢、铸铁
C	HRC	20～70 HRC	金刚石圆锥体	98.07	1 373	1 471	淬火钢、调质钢

洛氏硬度试验的优点是操作简便迅速,硬度值可直接读出,压痕较小,可在工件上直接进行试验,采用不同标尺可测定各种软硬不同的金属材料和厚薄不一的试样的硬度,因而广泛用于热处理质量的检验。其缺点是压痕较小,代表性差,由于金属材料中有偏析及组织不均匀等缺陷,致使所测硬度值重复性差,分散度大。所以要求测量不同部位三个点,取其算术平均值作为被测定材料或构件的硬度值。

1.1.3　冲击韧度与金属疲劳

前面所提到的塑性、强度、硬度等都是在静载荷作用下金属材料的力学性能指标。而实际上,多数机械零件和构件往往要承受动载荷的作用。如枪管、冷冲模、挂钩等都是在冲击载荷下工作;齿轮、轴承、连杆、叶片等零件在工作过程中,受到随时间发生周期性变化的交变载荷作用而产生疲劳。因此,冲击韧度和疲劳是在动载荷作用下测定的金属材料的力学性能指标。

1. 冲击韧度

金属材料抵抗冲击载荷作用而不被破坏的能力称为冲击韧度。由于瞬时的冲击力作用所引起的变形和应力比静载荷大得多,因此,设计承受冲击载荷的零件时,必须考虑材料的冲击韧度。

测定金属的冲击韧度,工程上最普遍的试验方法为摆锤冲击试验。将被测材料按国家标准《金属材料　夏比摆锤冲击试验方法》(GB 229—2007)做成标准试样,其试验原理如图 1-5 所示,将带有缺口的试样放在冲击试验机的两支座上,然后把摆锤(质量为 G)提到 H_1 高度,此时摆锤的势能为 GH_1,然后释放摆锤,冲断试样后摆锤回升到 h 高度,摆锤对试样所做的功 $A_k=G(H_1-h)$。冲击韧度就是试样断口处单位面积所消耗的功,即

$$a_k = \frac{A_k}{S} \tag{1-9}$$

式中：a_k——冲击韧度（J/cm²）；
　　　S——试样缺口处原始截面积（cm²）；
　　　A_k——冲断试样所消耗的功（J）。

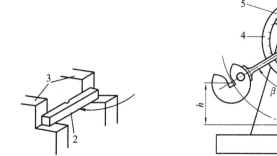

图 1-5　冲击试验原理

1—摆锤；2—试样；3—砧座；4—刻度盘；5—指针

冲击吸收功 A_k 值可从试验机的刻度盘上直接读出。A_k 值的大小代表了材料的冲击韧度高低。冲击韧度 a_k 值是一个十分重要的力学性能指标，a_k 值越大，表明材料韧性越好，受到冲击时不易断裂。

2. 疲劳强度

金属材料在工作过程中往往受到交变应力或应变作用，尽管所受应力远低于材料的屈服强度和抗拉强度，但往往会产生裂纹或突然发生完全断裂，这种破坏过程称为疲劳断裂。80% 的机械零件失效是属于疲劳破坏造成的。其特征是断裂前不产生明显的塑性变形，不易引起注意，故危险性非常大，常造成严重危害。

金属材料在指定循环基数的交变载荷作用下，不产生疲劳断裂所能承受的最大应力称为疲劳强度（也称疲劳极限）。金属材料的疲劳极限通常由旋转弯曲疲劳试验机测得，可知应力 σ 与循环次数 N 的关系曲线，如图 1-6 所示。由图中可以看出，在应力下降到某值后，疲劳曲线呈水平线，该值称为疲劳极限或疲劳强度，用 σ_{-1} 表示。此外，并且材料受到交变应力越大，其断裂应力循环次数 N 越少。各种金属材料应有一定的循环基数，一般规定钢的交变应力循环基数为 10^7 次，有色金属、不锈钢的交变应力循环基数为 10^8 次。

导致疲劳断裂的原因很多，比如材料内部有气

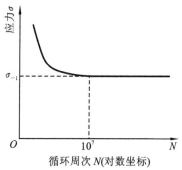

图 1-6　N-σ 疲劳曲线图

孔、疏松、夹杂等组织缺陷,内部有残余应力的缺陷,表面有划痕、缺口等引起应力集中的缺陷等。这些缺陷导致材料内部的微裂纹产生,随着应力循环次数的增加,微裂纹逐渐扩展,最后造成零件不能承受所加载荷而突然断裂而失效。

为了提高材料和零件的疲劳强度,生产实际中常采用改善零件结构形状,避免尖角和尺寸的突然变化;减小表面粗糙度值;采取各种表面强化处理;减小内应力等方法。

1.2 金属和合金的晶体结构及结晶过程

金属材料的力学性能受诸多因素的影响,但经过大量的研究表明,金属材料的力学性能取决于材料的化学成分和内部晶体结构。因此,要正确、合理地选择和使用金属材料,就必须了解金属材料的内部组织结构和结晶规律并进一步掌握其性能变化的特征。

1.2.1 晶体结构的基本概念

1. 晶体和非晶体

自然界中的固态物质按原子(或分子、或离子)内部的排列情况,可分为晶体和非晶体两大类。内部原子在空间按一定次序有规则地排列的物质称为晶体,如固态的金属及合金、金刚石、石墨、水晶等。内部原子在空间无规则地排列的物质称为非晶体,如玻璃、沥青、松香、石蜡等。晶体具有固定的熔点和各向异性等特征,非晶体则反之。

2. 晶格、晶胞和晶格常数

图1-7(a)所示为晶体中原子空间堆积的立体模型,许多原子堆积一起,很难看清其内部的排列规律。为了便于表明原子在空间的排列规则,假设原子静止,并将原子看成是一个几何质点,用几何直线把这些质点相连,从而组成空间格架。这种用于描述原子在晶体中排列规则的三维几何空间格架称为晶格(见图1-7(b))。

晶体中原子排列规律具有明显的周期性变化,因此,在晶格中选取一个能够代表晶格特征的最小几何单元,称为晶胞。图1-7(c)所示的是一个简单立方晶格的晶胞示意图。无数个大小、形状和位向相同的晶胞在空间的重复排列就构成整个晶格。因此,晶胞的特征就可以反映出晶格和晶体的特征。

不同的金属元素晶体结构不同,其晶胞大小也不相同。晶胞的大小和形状用晶格常数来表示,如图1-7(c)所示。包括晶胞的三条棱边长度 a、b、c 和三条棱边之间的夹角 α、β、γ,共六个参数。

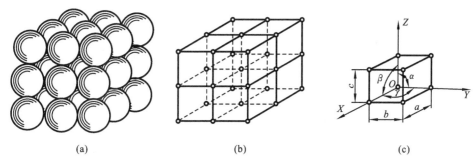

图 1-7 晶体结构示意图
(a)晶体中简单原子排列　(b)晶格　(c)晶胞

1.2.2 金属的晶体结构

1. 纯金属的晶体结构

金属的晶格结构有很多种,其中常见的纯金属晶格结构有体心立方晶格、面心立方晶格和密排六方晶格。表 1-3 给出了金属的三种晶体结构特征。

表 1-3　三种晶体结构特征

晶体结构	晶体结构模型	晶胞中原子数	属于此类晶体结构的金属
体心立方晶格 (B.C.C)		晶胞是一个立方体,其晶格常数 $a=b=c,\alpha=\beta=\gamma=90°$。立方体的 8 个顶点和立方体的中心上各有一个原子,顶点上的原子为晶格中相邻 8 个晶胞所共有,中心原子为该晶胞所有	具有这类晶格的金属有铁(α-Fe)、铬(Cr)、钨(W)、钼(Mo)、钒(V)等
面心立方晶格 (F.C.C)		晶胞也是一个立方体,立方体的 8 个顶点和立方体 6 个面的中心上各有一个原子;顶点上的原子为晶格中相邻 8 个晶胞所共有,各面中心上的原子为相邻两个晶胞所共有	属于这类晶格的金属有铁(γ-Fe)、铝(Al)、铜(Cu)、金(Au)、镍(Ni)等

续表

晶体结构	晶体结构模型	晶胞中原子数	属于此类晶体结构的金属
密排六方晶格 (H.C.P)		密排六方晶格的晶胞是一个六方柱体,六方柱体的12个顶点上和上、下两个底面的中心处各有1个原子,柱体内部还均匀分布着3个原子	属于这类晶格的金属有镁(Mg)、锌(Zn)、铍(Be)、镉(Cd)等

2. 多晶体结构

如果晶体内部的晶格位向完全一致,则称为单晶体,如图1-8(a)所示。实际使用的金属材料多由许多位向不同的小单晶体组成,这种晶体结构成为多晶,如图1-8(b)所示。由于每个小单晶体的外形多为不规则的颗粒状,所以常称为晶粒。晶粒与晶粒之间的界面称为晶界。

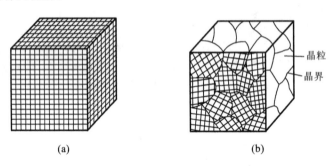

图 1-8 单晶体与多晶体结构
(a)单晶体 (b)多晶体

有些材料的晶粒尺寸非常小,只有用显微镜才能观察到晶粒。在显微镜下所观察到的晶粒大小、形状和分布称为显微组织。还有的金属材料晶粒稍大些,有些不用显微镜就可直接观察。

1.2.3 合金的晶体结构

1. 合金的基本概念

(1) 合金 合金是指由两种或两种以上的金属元素(或金属与非金属熔合)组成

的具有金属特性的物质。如碳素钢、铸铁是铁与碳组成的合金。

（2）组元　组成合金的元素称为组元,可以是纯金属和非金属的化学元素,也可以是某些稳定的化合物。例如,钢是由铁(Fe)元素和碳化三铁(Fe_3C)组成的合金。

（3）合金系　合金系是由两种以上的组元,按不同的比例浓度配制而成的一系列合金。按组元的数目不同,合金可分为二元合金系、三元合金系及多元合金系。

（4）相　金属或合金中化学成分相同、晶体结构相同或原子聚集状态相同,并与其他部分之间有明确界面的独立均匀组成,这种状态称为相。例如,液态纯金属称为液相,结晶出的固态纯金属称为固相。

（5）组织　通常,把在金相显微镜、电子显微镜下观察到的金属材料内部的微观形貌称为显微组织,简称组织。

2. 合金的晶体结构

与纯金属良好的塑性、导电性和导热性相比,合金的强度、硬度、耐磨性等力学性能都比纯金属高许多,某些合金还具有电、磁、记忆、耐热、耐蚀等特殊性能,因此工业中使用的金属材料几乎全部是合金。合金的结构比较复杂,根据组元之间在结晶时相互作用的不同,按合金晶体结构的基本属性,可把合金分为固溶体和金属化合物两类晶体结构。

1) 固溶体

在固态合金中,一种组元的晶格中溶入另一种或多种其他组元而形成的成分相同、性能均匀、结构与组元之一相同的固相,这称为固溶体。在互相溶解时,保留自己原有晶格形式的组元称为溶剂;失去自己原有晶格形式而溶入其他晶格的组元称为溶质。比如,在钢中,碳原子能溶解到铁的晶格中,其中铁是溶剂,碳是溶质。

根据溶质原子在溶剂晶格中所占据的位置不同,固溶体可分为置换固溶体和间隙固溶体两种。

（1）置换固溶体　溶质原子置换溶剂晶格结点上部分原子而形成的固溶体,称为置换固溶体,如图 1-9(a)所示。根据固溶体中溶质原子的溶解情况,置换固溶体又可分为有限固溶体和无限固溶体。在固态时,若溶质原子和溶剂原子可以任意比例相互溶解(即溶质的溶解度可达 100%),这种固溶体称为无限固溶体,例如铜镍合金等。在固态时,溶质原子的融入有一定限度的置换固溶体,称为有限固溶体,如铁碳合金等。大多数的合金都属于有限固溶体,且溶质的溶解度通常随温度升高而增大,随温度降低而减小。

（2）间隙固溶体　溶质原子嵌入溶剂晶格节点的间隙而形成的固溶体称为间隙固溶体,如图 1-9(b)所示。由于晶格间隙一般都较小,因此通常形成间隙固溶体的溶质原子多是原子半径较小的非金属元素,如碳(C)、氢(H)、氮(N)等。溶剂晶格的间隙有限,溶解度也有限,故间隙固溶体都是有限固溶体。

固溶体是均匀的单相组织,晶格类型仍然保持溶剂的晶格形式。溶质原子的融

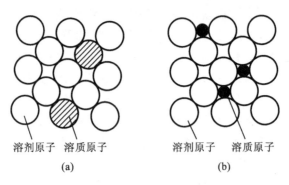

图 1-9 间隙固溶体结构示意图
(a) 置换固溶体 (b) 间隙固溶体

入会使溶剂晶格发生晶格畸变(见图 1-10)。其中,原子尺寸相差越大,畸变也越大。晶格畸变使得合金的塑性下降,强度和硬度提高。这种通过融入溶质原子形成固溶体而使金属材料得到强化的方法称为固溶强化。在实际应用中,如果材料的固溶度控制得当,在提高材料的强度和硬度的同时,塑性和韧度也保持较好的前提下,固溶强化成为提高金属材料综合力学性能的一种基本途径。

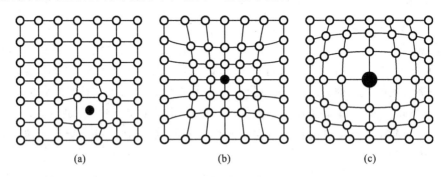

图 1-10 固溶体的晶格畸变示意图

2) 金属化合物

当合金中溶质含量超过溶剂的溶解度时,溶质与溶剂的相互作用就会形成晶格类型和特性完全不同于任何一种组元的新相,这种新相称为金属化合物。金属化合物具有明显的金属特性,其晶体结构复杂,熔点较高,性能脆而硬。金属化合物能提高合金材料的硬度、强度和耐磨性,降低塑性和韧度。金属化合物是金属材料中的重要强化相。例如,铁碳合金中的金属化合物渗碳体(Fe_3C),具有高熔点(1 227 ℃)、高硬度(800 HBW),塑性和韧度低的特点,属于脆性金属化合物。当其在铁碳合金中呈细小、分布均匀时,便可提高铁碳合金的强度和硬度。这种以金属化合物作为强化相强化金属材料的方法称为第二相强化,是强化金属材料的又一基本途径。

1.2.4 结晶的基本概念

1. 结晶的概念

金属铸件是经过熔化、冶炼和浇注而获得的,这种由液态转变为固态的过程称为凝固。如果凝固的固态物质是晶体,则这种凝固又称结晶。一般金属固态下是晶体,所以金属的凝固可称为结晶。

2. 纯金属的冷却曲线

纯金属都有一个固定结晶温度,高于此温度熔化,低于此温度才能结晶成为晶体。图 1-11 所示为纯金属的冷却曲线,可以通过热分析方法测量。其原理是将纯金属熔化,然后缓慢冷却,在冷却过程中,每隔一定时间测量一次温度,直到冷却至室温为止;将测量结果绘制在温度-时间坐标上,便得到纯金属的冷却曲线。

由图 1-11 可见,液态金属随着冷却时间的延长,它所含的热量不断放出,温度也不断下降,当冷却到某一温度时,温度随时间增长并不变化,在冷却曲线上出

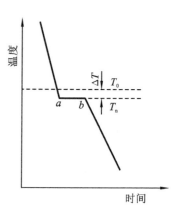

图 1-11 纯金属的冷却曲线

现了水平线段 ab,ab 线段所对应的温度就是纯金属实际结晶温度,因为结晶时放出的潜热正好补偿了金属向外界散失的热量,使温度不再下降,所以出现水平线段。结晶结束后,由于金属继续向环境放出热量,温度又重新下降。

需要指出的是,图 1-11 中 T_0 为理论结晶温度,即纯金属液体在无限缓慢的冷却条件下(平衡条件)结晶的温度。而实际生产中,合金结晶时,无法实现平衡状态下结晶,冷却速度较快,合金总是在理论结晶温度以下的某温度开始结晶,该结晶温度称为实际结晶温度,用 T_n 表示。金属实际结晶温度(T_n)总是低于理论结晶温度(T_0)的现象称为"过冷现象";理论结晶温度和实际结晶温度之差称为过冷度,以 ΔT 表示,$\Delta T = T_0 - T_n$。金属结晶时过冷度的大小与冷却速度有关。金属的冷却速度越快,实际结晶温度越低,过冷度 ΔT 就越大。

1.2.5 结晶的基本过程

1. 纯金属的结晶

纯金属的结晶过程是遵循"晶核不断形成和长大"过程进行的,即液态金属结晶时,首先在液态中出现一些微小的晶体——晶核,这些微小晶核不断长大,同时新的晶核又不断产生并相继长大,直至液态金属全部消失为止,如图 1-12 所示。

1) 晶核的形成

由图 1-12 可见,当液态金属冷至结晶温度以下时,某些类似晶体原子排列的小集团便成为结晶核心,这种由液态金属内部自发形成结晶核心的过程称为自发形核。

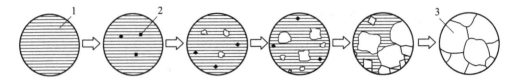

图 1-12　纯金属结晶过程
1—液体；2—晶核；3—晶体

金属的冷却速度越快,自发晶核就越多。在实际环境中,液态金属中常有高熔点杂质的存在,这些质点起到晶核作用,成为外来晶核或非自发晶核。冷却过程中,液态金属的原子将以这些晶核为中心,按照一定的结合形状不断排列起来形成晶体,这种形核方式称为非自发形核。自发形核和非自发形核在金属结晶时是同时进行的,但非自发形核常起优先和主导作用。

2）晶核的长大

晶核形成后,当过冷度较大或金属中存在杂质时,在晶核开始长大的初期,因其内部原子规则排列的特点,其外形也是比较规则的。如图 1-13 所示,随着晶核长大和晶体棱角的形成,由于棱角处散热条件优于其他部位,故得到优先生长,以较快成长速度形成枝干(一次晶轴)。同理,在枝干的长大过程中,又会不断生出分枝(二次晶轴),最后填满枝干的空间,形成树枝状晶体,简称枝晶。图 1-14 所示为 Ti-47Al 合金结晶后的树枝晶形态。

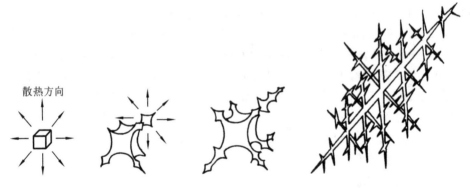

图 1-13　晶粒长大示意图

2. 结晶晶粒大小及其控制

固态金属材料由大量晶粒组成,晶粒大小对其力学性能有重要影响。金属晶粒大小可用单位体积内的晶粒数量来表示,晶粒数量越多,晶粒越细小。一般来说,常温下,与粗晶金属相比,金属的晶粒越细小,金属强度、硬度、塑性和韧度就越高。因此,细化晶粒是提高金属材料力学性能的有效途径。

纯金属的结晶过程是遵循"晶核不断形成和长大"过程进行的。因此,为了获得细晶粒组织,就必须促进结晶过程的形核率 N(即单位时间、单位体积内形成晶核的

图 1-14　Ti-47Al 结晶后的树枝状晶体

数量)和抑制晶核的长大率 G(即单位时间内晶体长大的各方向平均线速度)。实际生产中经常采用以下方法细化晶粒。

1) 增大过冷度 ΔT

金属冷却越快,过冷度 ΔT 也越大,晶核的形核率 N 和长大率 G 也随之增长,但 N 比 G 的增加要快得多。因此,增大过冷度 ΔT 能提高形核率,获得细晶粒组织。增大过冷度 ΔT,就是要加快金属的冷却速度。在实际铸造生产中,常采用金属铸型来加快冷却速度,但只适用于中小型铸件的生产。

2) 变质处理

对于大型铸件,要获得大的过冷度是比较困难的。在实际大型铸件的生产中,往往在液体金属中加入一些少量细小的变质剂或孕育剂作为结晶核心,以增加形核率或降低长大率,以获得细晶粒组织。这种方法称为变质处理(又称孕育处理),加入的物质称为变质剂(亦称孕育剂)。例如,生产实际中常在钢熔液中加入钛(Ti)、钒(V)、铝(Al)等变质剂,使晶粒细化;在铁熔液中加入硅铁合金、硅钙合金等变质剂,使石墨细化;在铝合金熔液中加入钛(Ti)、锆(Zr)等变质剂,使晶粒细化,从而提高其力学性能。

3) 附加振动

在实际生产中还可以采用机械振动、超声波振动、电磁搅拌等方法,使金属液体产生运动,从而使得枝晶在长大过程中不断被破碎,而破碎的枝晶间端又起到晶核作用,从而提高形核率 N,降低长大率 G,达到细化晶粒的目的。

4) 降低浇注速度

在浇注过程中,液态金属不是在静止状态下结晶的。先结晶的前沿先形成晶粒,可能被流动的液态金属冲击破碎而形成新的晶核,增加了形核率 N,从而达到细化晶粒的目的。

3. 金属的同素异构转变

大多数金属结晶完成后晶格类型不再发生变化，但铁、钴、锰、钛等合金在结晶之后，在不同温度范围内晶格类型还要继续发生变化。这种金属在固态下晶格类型随温度发生变化的现象称为同素异构转变。如图 1-15 所示为纯铁的冷却曲线：冷却曲线上共有三个水平台，第一个平台（1 538 ℃）表示纯铁在此温度下开始结晶，得到体心立方晶格，称为 δ-Fe；温度继续冷却，至 1 394 ℃ 时，发生同素异构转变，铁的晶格由体心立方晶格变为面心立方晶格，称为 γ-Fe；再继续冷却到 912 ℃ 时，又发生同素异构转变，

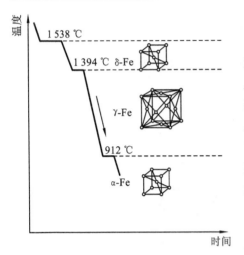

图 1-15 纯铁的同素异构转变

转变为体心立方晶格，称为 α-Fe。之后冷却至室温，晶格不再发生转变。纯铁的同素异构转变过程可概括为

$$\delta\text{-Fe} \xrightarrow{1\ 394\ ℃} \gamma\text{-Fe} \xrightarrow{912\ ℃} \alpha\text{-Fe}$$

金属的同素异构转变也是通过原子的重新排列来完成的，它与液态金属结晶过程很相似，也遵循"晶核不断形成和长大"过程。一般液态金属结晶称为一次结晶，将固态同素异构转变称为二次结晶或重结晶。由于在固态下原子的扩散比液态下困难得多，因此同素异构转变应具有较大的过冷度。

同素异构转变时，由于晶格类型不同，其原子排列的致密度不同，如 γ-Fe 的原子排列比 α-Fe 致密，因此 γ-Fe 转变 α-Fe 时，将会使金属的体积发生膨胀，从而产生较大的内应力，这将导致钢在淬火时引起应力，导致工件变形开裂。基于纯铁具有同素异构转变的特性，因此它是钢铁能够进行热处理的依据。

1.3　铁碳合金状态图

目前，使用最广泛的金属材料包括碳钢和铸铁，其主要由铁和碳两种元素构成，成为铁碳合金。铁碳合金相图是人类经过长期生产实践和大量科学实验总结出来的，是钢铁材料在不同温度下组织变化规律和热加工工艺的重要理论依据和工具。

由于钢中的碳含量（w_C）最多不超过 2.11%，铸铁中的碳含量最多不超过 5%，所以在研究铁碳合金时，仅研究 Fe-Fe$_3$C（w_C = 6.69%）部分。本节讨论的铁碳合金相图实际上是 Fe-Fe$_3$C 相图，仅为 Fe-C 相图的一部分。

1.3.1　铁碳合金的基本组织

液态时，铁碳合金中铁和碳可以无限互溶；固态时，根据碳的质量分数不同，铁和

碳相互作用不同,碳可以溶解在铁中形成固溶体(铁素体和奥氏体),也可与铁形成化合物(Fe_3C),或者形成固溶体和化合物的机械混合物(珠光体和莱氏体)。下面将分别就各种组织进行介绍。

1. 铁素体和奥氏体

铁素体和奥氏体是铁碳相图中两个十分重要的基本相。

铁素体是碳溶于 α-Fe 中的间隙固溶体,呈体心立方晶格,以符号 F 或 α 表示。α-Fe 的溶碳能力很小,在 727 ℃时最高,碳含量 $w_C=0.0218\%$,室温时为 0.0008%。由于其溶碳极少,固溶强化作用并不明显,力学性能与纯铁相近,即具有较好的塑性和冲击韧度,强度、硬度较低。

奥氏体是碳溶于 γ-Fe 中的间隙固溶体,呈面心立方晶格,以符号 A 或 γ 表示。γ-Fe 的溶碳能力比铁素体强,在 1 148 ℃时最高,碳含量 $w_C=2.11\%$,随着温度的降低,碳的溶解度逐渐降低,在 727 ℃时,$w_C=0.77\%$。稳定的奥氏体为高温组织,存在温度较高(在 727~1 394 ℃)。奥氏体强度和硬度不高,但具有良好的塑性,变形抗力较低,所以在绝大多数钢材的塑性成形时,通常将其加热到高温进行,使之呈现奥氏体状态。

2. 渗碳体

渗碳体是铁与碳形成的稳定化合物 Fe_3C,碳含量 $w_C=6.69\%$,可以用符号 C_m 表示,是铁碳相图中的重要基本相。

渗碳体晶格复杂,具有很高的硬度,约为 800HB,但塑性很差(几乎为零),在铁碳合金中主要作为强化相存在。通常,渗碳体越细小,呈均匀分布,合金的力学性能就越好;反之,渗碳体粗大或呈网状分布,则合金的脆性就越大。此外,渗碳体在低温下具有一定的铁磁性,但是在 230 ℃以上,这种磁性就消失了,所以 230 ℃是渗碳体的磁性转变温度,称为 A_0 转变。

渗碳体属于亚稳化合物,在一定条件下可发生分解,分解为石墨和铁,即

$$Fe_3C \longrightarrow 3Fe+C_{石墨}$$

石墨化对铁碳合金中的铸铁组织有重要意义,如灰铸铁的碳主要由渗碳体和石墨组成,当化合碳为 0.8%时,属于珠光体灰铸铁;小于 0.8%时,属于珠光体-铁素体灰铸铁;全部碳都以石墨状态存在时,则为铁素体灰铸铁。

3. 珠光体和莱氏体

珠光体是铁素体和渗碳体组成的机械混合物,用符号 P 或者($F+Fe_3C$)表示。其碳含量为 0.77%。珠光体是硬的渗碳体和软的铁素体层片相间组成的混合物,故力学性能介于渗碳体和铁素体之间。由于渗碳体的强化作用,珠光体具有高强度、高硬度的特点,且仍具有一定的塑性,即综合性能良好。

莱氏体碳含量为 4.3%,分为高温莱氏体和低温莱氏体两种。奥氏体和渗碳体组成的机械混合物成为高温莱氏体,用符号 L_d 或($A+Fe_3C$)表示。前面介绍,奥氏体属于高温组织,仅存于 727~1 394 ℃范围内,当温度冷却到 727 ℃时,奥氏体将转

变为珠光体,所以室温下莱氏体由珠光体和渗碳体组成,称为低温莱氏体或变态莱氏体,用符号 L'_d 表示。由于大量渗碳体的存在,莱氏体的性能与渗碳体相近,即脆而硬。

上述提到的五种铁碳合金基本组织中,铁素体、奥氏体、渗碳体是单相组织,是基本相,而珠光体、莱氏体则是由基本相混合而成的两相组织。

1.3.2 Fe-Fe₃C 相图分析

图 1-16 所示为 Fe-Fe₃C 相图,该图是在极其缓慢加热(或冷却)条件下获得的,接近平衡状态,故又称为 Fe-Fe₃C 平衡图。相图中有四个基本相即液相(L)、奥氏体相、铁素体相和渗碳体相,每个相具有相应的单相区。

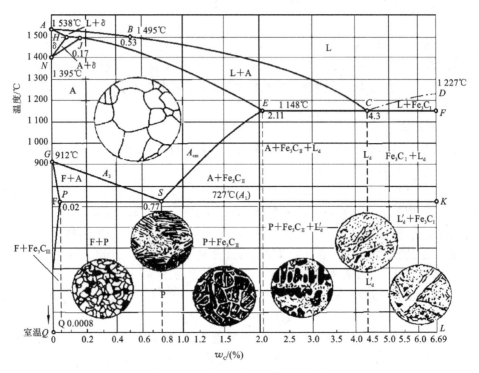

图 1-16 以相组成表示的铁碳相图

1. Fe-Fe₃C 相图中的主要特性点

图中用大写字母标出的点具有其特定的意义,称为特性点。各性征点的符号是国际通用的,不可随意更换。各特性点的温度、碳含量及意义如表 1-4 所示。

相图中有七个两相区,它们分别存在于相邻两个单相区之间。这些相区分别是:L+δ、L+A、L+Fe₃C、δ+A、A+F、A+Fe₃C_II 及 F+Fe₃C。

表 1-4 铁碳相图中各点的温度、碳含量和含义

符 号	温度/℃	碳含量/(%)	含 义
A	1 538	0	纯铁的熔点
B	1 495	0.53	包晶转变时的液态合金的成分
C	1 148	4.30	共晶点
D	1 227	6.69	渗碳体的熔点
E	1 148	2.11	碳在 γ-Fe 中的最大溶解度
F	1 148	6.69	渗碳体的成分
G	912	0	A_3 转变的温度
H	1 495	0.09	碳在 δ-Fe 中的最大溶解度
J	1 495	0.17	包晶点
K	727	0.69	渗碳体的成分
M	770	0	纯铁的磁性转变点
N	1 394	0	A_4 转变的温度
O	770	≈0.5	w_C≈0.5% 合金的磁性转变点
P	727	0.021 8	碳在 α-Fe 中的最大溶解度
S	727	0.77	共析点
Q	600	0.005 7	600 ℃ 时碳在 α-Fe 中的溶解度

2. Fe-Fe$_3$C 相图中的主要特性线

状态图中各条线表示铁碳合金发生组织转变的界限,这些线称为特性线。

ABCD 线——液相线。该线以上的区域为液相区,用符号 L 表示。当液态合金冷却至该线温度时,开始结晶。例如:当 4.3%>w_C>0.53% 时,液态合金冷却至 *BC* 线时,将从液相中开始结晶出奥氏体;当 w_C>4.3% 时,液态合金冷却至 *CD* 线时,从液态合金中结晶出渗碳体。这种由液态合金中直接析出的渗碳体称为初生渗碳体或一次渗碳体。

AHJECF 线——固相线。表示任何成分的铁碳合金冷却到此线温度时,将全部结晶为固相。

铁碳相图上有三条水平线,即 *HJB*——包晶转变线,*ECF*——共晶转变线,*PSK*——共析转变线。事实上,Fe-Fe$_3$C 相图即由包晶反应、共晶反应和共析反应连接而成,其中包晶反应应用很少。

ECF 线——共晶线,*C* 为共晶点,共晶成分为 w_C=4.3%,共晶温度为 1 148 ℃,通过共晶转变将同时结晶出莱氏体(即奥氏体和渗碳体的机械混合物)。碳含量在 2.11%~6.69% 的铁碳合金均能发生共晶反应,即

$$L \rightarrow Ld(A+Fe_3C)$$

PSK 线——共析线,常以符号 A_1 表示。奥氏体冷却时,*S* 点为共析点,共析成

分为 $w_C=0.77\%$,共析温度为 727 ℃。当 S 点成分的奥氏体冷却到 727 ℃ 时,将同时析出珠光体(即铁素体和渗碳体的机械混合物)。该反应称为共析反应,其反应式为

$$A \rightarrow P(F+Fe_3C)$$

GS 线——铁素体析出开始线,常以符号 A_3 表示,即 $w_C<0.77\%$ 的铁碳合金冷却时,从奥氏体中析出铁素体的开始线。

GP 线——铁素体析出终了线。对于 $w_C \leqslant 0.0218\%$ 的铁碳合金来说,冷却到此线时,奥氏体全部转变成铁素体。

PQ 线——碳在铁素体中的溶解度曲线。对于 $w_C \leqslant 0.0218\%$ 的铁碳合金来说,单一铁素体冷却到此线时,过饱和的碳以渗碳体的形式从铁素体中析出,这种渗碳体称为三次渗碳体。

ES 线——碳在奥氏体中的溶解度曲线,常以符号 A_{cm} 表示。在 1 148 ℃ 时,奥氏体的溶碳能力最大,达到 2.11%,随着温度的降低,溶解度也沿此线降低;727 ℃ 时,溶碳量为 0.77%。当 $w_C<0.77\%$ 的铁碳合金冷却时,随着温度的降低,奥氏体的溶碳能力降低,过饱和的碳将以渗碳体的形式析出,这种渗碳体称为二次渗碳体。

1.3.3 铁碳合金的平衡结晶过程及组织

1. 铁碳合金的分类

由图 1-16 可知,不同成分的铁碳合金具有不同的平衡组织,而不同的组织又具有不同的性能。因此,根据碳含量和室温组织特点,铁碳合金可分为下面三类。

1) 工业纯铁

工业纯铁指室温下的平衡组织几乎全部为铁素体的铁碳合金,此类合金的 $w_C<0.0218\%$,位于铁碳相图 P 点以左的区域。

2) 钢

钢指高温固态组织为单相奥氏体的一类铁碳合金,其碳含量为 0.0218%～2.11%,位于铁碳相图中 P 点与 E 点之间。此类合金具有良好的塑性,适于锻造、轧制等压力加工。据室温组织的不同又可分为以下三类。

(1) 亚共析钢——室温下的平衡组织为铁素体与珠光体的铁碳合金,其成分点在 S 点左侧,$w_C=0.0218\%$～0.77%。

(2) 共析钢——室温下的平衡组织仅为珠光体的铁碳合金,其成分点在 S 点,$w_C=0.77\%$。

(3) 过共析钢——室温下的平衡组织为珠光体和二次渗碳体的铁碳合金,其成分点在 S 点右侧 $w_C=0.77\%$～2.11%。

3) 白口铸铁

白口铸铁是指液态结晶时都有共晶反应且室温下的平衡组织中都有变态莱氏体的一类铁碳合金,因其断口白亮,故得名白口铸铁俗称生铁。其碳含量在 2.11%～

6.69%,位于铁碳相图中 E 点成分以右。根据室温组织的不同也分为以下三类。

(1) 亚共晶白口铸铁——室温下的平衡组织为变态莱氏体、珠光体和二次渗碳体的铁碳合金,碳含量在 2.11%～4.30%之间。

(2) 共晶白口铸铁——室温下的平衡组织仅为变态莱氏体的铁碳合金,其碳含量为 4.30%。

(3) 过共晶白口铸铁——室温下的平衡组织为变态莱氏体和一次渗碳体的铁碳合金,碳含量在 4.30%～6.69%之间。

2. 典型铁碳合金的平衡结晶过程及组织

前面介绍了铁碳合金的分类。为了认识铁碳合金组织的形成规律,下面就几种典型铁碳合金的平衡结晶过程及其平衡组织转变规律进行介绍。

1) 共析钢($w_C=0.77\%$)

图 1-17 中的合金 a,当温度高于 1 点时,合金处于液态;随着温度的降低,当冷却到 1 点时,将从液态合金中析出奥氏体;随着温度的继续降低,液相中析出的奥氏体逐渐增多,剩余的液相越来越少;当温度降低到 2 点时,全部形成奥氏体,即在 2～3 点之间为单一的奥氏体;当温度继续冷却到 3 点(S 点)时,发生共析反应,生成珠光体。结晶过程如图 1-18 所示。此后,如前面所述,在继续冷却过程中,珠光体的铁素体中析出三次渗碳体,但由于其数量很少,故忽略不计。最终共析钢的室温组织为珠光体。

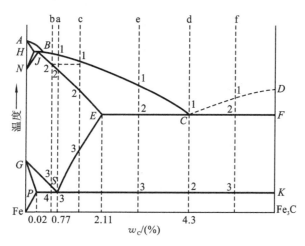

图 1-17 铁碳合金状态图的典型合金

2) 亚共析钢

图 1-17 中的合金 b,当合金从高温开始冷却,温度降至 1～2 点之间,开始析出奥氏体晶粒;随着温度继续降低至 3 点,开始析出铁素体,温度继续下降,更多的铁素体析出,其成分沿 GP 线不断变化,奥氏体成分沿 GS 线变化,此时合金由奥氏体和铁素体构成;随着铁素体的增加,使得余下的奥氏体中的碳含量不断增加,当温度降到

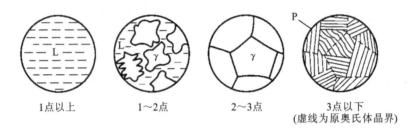

图 1-18 共析钢的结晶过程

4点时,碳含量较高的奥氏体转变为珠光体,故合金由铁素体和珠光体构成。整个结晶过程如图 1-19 所示。

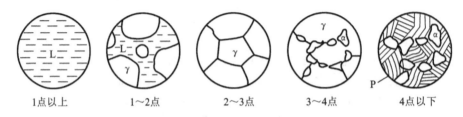

图 1-19 亚共析钢的结晶过程

3) 过共析钢

当 $w_C=1.2\%$ 时,合金为过共析钢,如图 1-17 中的合金 c。随着温度的降低至 1~2 点阶段,$w_C=1.2\%$ 的过共析钢经历了匀晶转变,产生单相奥氏体;温度进入 2~3 点阶段,合金处于均匀奥氏体状态;当温度降至 3 点,从奥氏体中析出二次渗碳体;随着温度的继续降低,二次渗碳体增多,使得剩余奥氏体中的碳含量逐渐降低,当温度降至 4 点(727 ℃)时,奥氏体中的 w_C 降至 0.77%,发生共析转变,形成珠光体。因此,过共析钢的室温组织由珠光体和二次渗碳体组成。其结晶过程如图 1-20 所示。

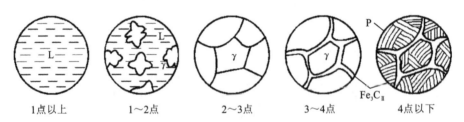

图 1-20 过共析钢的结晶过程

4) 共晶白口铸铁

当 $w_C=4.3\%$ 时,合金为共晶白口铁,如图 1-17 中的合金 d。随着温度的降低,液态合金先后经历了 1 点(1 148 ℃)共晶转变,产生莱氏体;继续冷却至 1~2 点之间,从莱氏体中析出二次渗碳体;当温度降至 2 点(727 ℃时),发生共析转变形成珠光体。因此,合金 d 的室温组织为低温莱氏体。其结晶过程如图 1-21 所示。

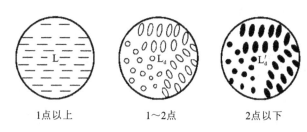

图 1-21 共晶白口铁的结晶过程

5) 亚共晶白口铸铁

碳含量低于 4.3% 的亚共晶白口铁(图 1-17 中的合金 e),自液态缓慢冷却到 1 点时,先从液相中析出奥氏体,在 1~2 点之间,液相成分按 BC 线变化,奥氏体成分沿 JE 线变化;当温度降到 2 点(1 148 ℃)时,剩余的液相成分达到共晶成分,发生共晶转变,形成莱氏体;随着温度的进一步降低至 2 点以下时,从奥氏体中析出二次渗碳体,使得奥氏体中碳含量沿 ES 线降低;随着温度降至 3 点(727 ℃)时,奥氏体发生共析转变,形成珠光体。亚共晶白口铸铁室温下的平衡组织为变态莱氏体、珠光体和二次渗碳体。其结晶过程如图 1-22 所示。

图 1-22 亚共晶白口铁的结晶过程

6) 过共晶白口铸铁

碳含量高于 4.3% 的过共晶白口铁(图 1-17 中的合金 f),自液态缓慢冷却到 1 点时,液态合金先结晶出一次渗碳体;然后在 2 点(1 148 ℃)时发生共晶转变,形成高温莱氏体;在 2~3 点阶段,从高温莱氏体中析出二次渗碳体;当温度降至 3 点(727 ℃)时发生共析转变,形成珠光体,高温莱氏体转变为低温莱氏体。因此,过共晶白口铸铁室温下的组织为一次渗碳体和低温莱氏体。其结晶过程如图 1-23 所示。

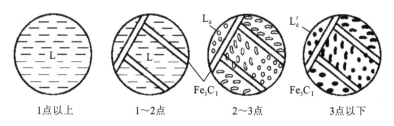

图 1-23 过共晶白口铁的结晶过程

3. Fe-Fe$_3$C 相图的应用

铁碳合金状态图包括了钢铁材料的平衡组织,根据平衡组织可了解钢铁材料的特性,因此它是分析钢铁平衡组织和制定其热加工工艺的重要依据,在金属材料的研究和生产实践中具有重要实用价值。

1) 作为钢铁材料的选材依据

根据 Fe-Fe$_3$C 相图可知,铁碳合金的组织随成分、温度的变化规律,进而推断出其力学性能特征,为材料的选择提供可靠依据。如需要强度高、塑性好的材料,需选用碳含量较低的钢材;需要材料具有较高的硬度、耐磨性好的特性,应选用碳含量较高的钢材。

2) 作为制定各种热加工工艺的依据

在铸造生产中,根据 Fe-Fe$_3$C 相图可估算钢铁材料的浇注温度,一般在液相线以上 50~100 ℃;在锻造工艺上,可根据相图确定钢的锻造温度范围,一般始锻温度控制在固相线以下 100~200 ℃ 范围内,终锻温度亚共析钢控制在 GS 线以上,过共析钢稍高于 PSK 线以上;相图也是确定各种热处理加热温度的依据。

1.4 钢的热处理

钢的热处理是钢在固态下采用适当方式进行加热、保温,并以一定的冷却速度冷却到室温,以改变钢的组织,从而改变其性能的一种工艺方法。其目的是改变钢的内部组织结构,以改善钢的性能。通过适当的热处理,可以显著提高钢的力学性能,延长机器零件的使用寿命。此外,热处理工艺还可以消除铸、锻、焊等热加工工艺缺陷,节省能源,提高机械产品质量,因此在机械制造工业中占有十分重要的地位。

1.4.1 钢的热处理的基本原理

根据热处理的目的、要求和工艺方法的不同热处理工艺分类如下。

(1) 整体热处理 包括退火、正火、淬火、回火和调质。

(2) 表面热处理 包括表面淬火、物理和化学气相沉积等。

(3) 化学热处理 渗碳、渗氮、碳氮共渗等。

热处理工艺过程可用温度-时间坐标曲线来表示,称为热处理工艺曲线,如图 1-24 所示,包括加热、保温、冷却三个阶段。要了解各种热处理方法对钢的组织和性能的影响,必须研究钢在加热和冷却时的组织转变规律。

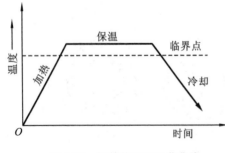

图 1-24 钢的热处理工艺曲线

1. 钢在加热时的组织转变

根据前面介绍的 Fe-Fe₃C 相图可知,钢在极其缓慢的加热和冷却过程中,将发生共析转变,其组织转变的临界温度曲线为 A_1、A_3、A_{cm}。而实际生产过程中的加热或冷却不可能在极其缓慢的条件进行,故实际转变温度与相图中所示的临界温度之间存在一定滞后现象,即需要一定的过冷或过热才能充分进行,如图1-25所示。其中,加热时实际转变温度移向高温,用 A_{c1}、A_{c3}、A_{ccm} 表示;而冷却时,实际转变温度移向低温,用 A_{r1}、A_{r3}、A_{rcm} 表示。

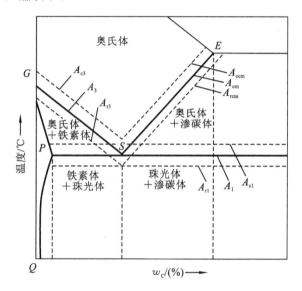

图 1-25 加热和冷却时钢临界转变温度的位置

由图1-25可见,欲使共析钢完全转变成奥氏体,必须加热到 A_{c1} 以上;亚共析钢想得到奥氏体,必须加热到 A_{c3} 以上;同理,对于过共析钢,须加热到 A_{ccm} 以上。须指出,奥氏体晶粒尺寸大小对钢的力学性能有一定影响,初始奥氏体晶粒细小,然而随着温度的升高或保温时间的延长,奥氏体晶粒将逐渐长大。初始奥氏体晶粒细小,冷却后得到的组织继承细小晶粒;反之,粗大奥氏体晶粒冷却后得到的组织也是粗大的。通常来说,细小的晶粒不仅提高钢的强度,且具有较好的塑性和韧度;晶粒的粗化将使钢的力学性能尤其是韧度降低。因此,应在工程实际应用中,根据铁碳合金相图及钢的碳含量,合理选定钢的加热温度和保温时间,以获得晶粒细小、成分均匀的奥氏体。

2. 钢在冷却时的组织转变

钢经过加热、保温实现奥氏体化后,须冷却至室温。包括两种冷却方式:一种是将奥氏体以某种速度连续冷却,如炉冷、空冷、油冷和水冷等;另一种是将奥氏体迅速冷却到 A_1 以下某一温度并恒温一段时间,此时的奥氏体不稳定,在恒温过程中,使奥氏体转变为珠光体组织,之后再冷却下来,这种冷却方式称为等温冷却。这种在 A_1

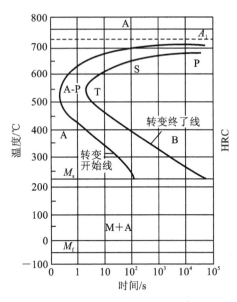

图 1-26　共析钢的等温转变曲线

温度下暂时存在的、处于不稳定状态的奥氏体成为过冷奥氏体。

过冷奥氏体在不同温度下的等温转变，使钢的组织和性能发生明显变化。过冷奥氏体在不同过冷度下的等温转变过程中，其转变温度、转变时间与转变产物的关系曲线称为奥氏体等温转变曲线。由于这类曲线类似英文字母"C"，又称 C 曲线。奥氏体等温转变曲线反映了过冷奥氏体在等温冷却时组织转变的规律。

图 1-26 所示为共析钢的等温转变曲线。A_1 线是奥氏体相珠光体转变的临界温度，左边一条 C 曲线为过冷奥氏体开始转变线，右边一条 C 曲线为过冷奥氏体转变终了线，M_s 和 M_f 线分别是过冷奥氏体向马氏体转变的开始线和终了线。这些线和临界温度构成如下几区：A_1 线以上为稳定奥氏体区；A_1 线以下、M_s 线以上，左边 C 曲线以左，构成过冷奥氏体区；过冷奥氏体转变开始线和终了线之间是 A-P 组织共存；M_s 线以下是马氏体和参与奥氏体共存区；过冷奥氏体转变终了线以右是转变产物区。

通过 C 曲线可知，在不同冷却条件下可获得不同的组织，下面讨论各种组织和性能。

（1）珠光体　在 A_1 至"鼻温"550 ℃范围内为珠光体相变区。过冷奥氏体转变为珠光体类型组织，该类型组织又可分为三种组织，三种组织均为片层状铁素体和渗碳体的混合物，其区别在于片层的粗细不同。其中，A_1 至 650 ℃形成珠光体，其特点为粗片状，硬度较低，用符号"P"表示；650～600 ℃形成索氏体，呈细片状，硬度较高，用符号"S"表示；600～550 ℃形成托氏体，层片最细，硬度最高，用符号"T"表示。

（2）贝氏体　是过冷奥氏体在 550 ℃～M_s 中温区分解后所得的产物，是碳含量具有过饱和的铁素体和碳化物组成的两相混合物，用符号"B"表示。贝氏体分为上贝氏体（$B_上$）和下贝氏体（$B_下$）。上贝氏体是在 350～550 ℃温度范围内形成，脆性较高；下贝氏体是在 350 ℃～M_s 点温度范围内形成，具有较高的强度、硬度、塑性和韧度。

（3）马氏体　是过冷奥氏体快速冷却到 M_s 点以下时，只能发生 γ-Fe→α 同素异晶转变，钢中的碳很难从溶碳能力很低的 α 晶格扩散出去，从而形成碳在 α 中的过饱和固溶体，称为马氏体，用符号"M"表示。马氏体分为板条马氏体和片状马氏体，当 w_C<0.2%时，淬火后可获得板条状马氏体；当 w_C>1.0%时，淬火后得到片状马氏体；碳含量介于两者之间为两种马氏体的混合组织。马氏体的力学性能取决于马氏体的碳含量,随着 w_C 的增加,其强度和硬度也随之增加。因此,由于板条状马氏体具有较高的硬度、强度和高韧度,在结构材料中应用越来越广泛。

马氏体相变是在 $M_s \sim M_f$ 之间进行,如图 1-26 所示,共析钢的 M_f 为 $-50\ ℃$,然而实际进行马氏体转变的淬火处理时,冷却只进行到室温,奥氏体不能全部转变成马氏体,还有少量未转变的奥氏体残余称为残余奥氏体,以符号 A′ 表示,因此,共析钢淬火到室温的最终产物为 M+A′。然而残余奥氏体为不稳定组织,在材料使用过程中已发生转变,产生内应力,引起工件变形,降低精度,故在实际生产中,对硬度或精度要求高的工件,淬火后应迅速将其置于接近 M_f 的温度下,促使残余奥氏体转变为马氏体。

1.4.2 钢的退火和正火

退火和正火是实际生产中常用的热处理工艺,二者的主要区别是冷却速度不同。退火与正火的目的是消除钢材经热加工所引起的某些缺陷,或为以后的切削加工及最终热处理做好组织准备。图 1-27 所示为几种退火和正火的加热温度范围。

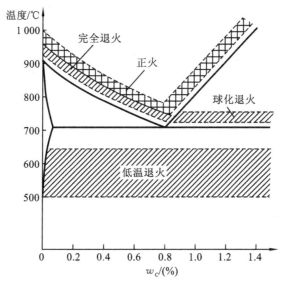

图 1-27 几种退火和正火的加热温度范围

1. 钢的退火

钢的退火是指将钢件加热到适当温度,保温一定时间,然后缓慢冷却以获得近于平衡状态组织的热处理工艺。其工艺的主要特点是缓慢冷却。

退火目的:降低硬度,提高塑性,细化晶粒,消除组织缺陷,消除内应力,为淬火作好组织准备。根据退火目的和工艺特点的不同,其具体工艺方法可分为完全退火、球化退火、再结晶退火及去应力退火等。下面介绍几种常见的退火工艺:

(1) 完全退火 将亚共析钢($w_C = 0.3\% \sim 0.6\%$)加热到 $A_{c3} + (30 \sim 50)\ ℃$,完

全奥氏体化后,保温缓冷(随炉,埋入砂、石灰中),以获得接近平衡状态的组织的热处理工艺称为完全退火。完全退火又称重结晶退火,其目的是通过完全重结晶,使铸造、锻造或焊接所造成的粗大晶粒细化,组织均匀,消除内应力,降低硬度,改善切削加工性能。完全退火工艺主要适用于亚共析钢的铸件、锻件、热轧型材和焊接机构,也可作为一些不重要钢件的最终热处理。

(2) 球化退火 将钢加热到 $A_{c1}+(20\sim30)$ ℃,保温后以缓慢的冷却速度冷至 600 ℃以下,再空冷。其目的是使珠光体内的渗碳体及二次渗碳体都成球状或粒状分布在铁素体基体上,该组织成为球状珠光组织。这种组织的硬度低,切削加工性能好,减小了钢在淬火中的变形或开裂倾向。主要用于共析钢、过共析钢和合金工具钢。此外,对二次渗碳体呈严重网状的过共析钢,须先正火,打碎渗碳体网,再进行球化退火,以提高球化效果。

(3) 去应力退火 将工件加热到 A_{c1} 以下,通常为 500~600 ℃,保温后随炉缓冷至 200 ℃,再出炉空冷。去应力退火主要用于消除铸件、锻件、焊件、冷冲压件以及机加工工件中的残余应力,以稳定钢件的尺寸,防止后续使用或加工过程中产生变形、开裂。在去应力退火中不发生组织的转变。

2. 钢的正火

将钢件加热到 A_{c3}(亚共析钢)或 A_{ccm}(过共析钢)以上 30~50 ℃,保温适当时间后,出炉空冷的热处理工艺称为钢的正火。其目的与完全退火相似:细化晶粒,均匀组织,调整硬度等。不同之处在于正火比退火冷却速度较快,获得索氏体,故正火钢的组织更细,强度、硬度高于退火钢。正火主要用于以下几个方面。

(1) 取代部分完全退火。与退火相比,正火是炉外空冷,不占用设备,生产效率高。如低碳钢正火,可提高硬度,改善切削加工性能,克服黏刀现象,提高刀具的寿命,降低工件的表面粗糙度。

(2) 减少或消除过析钢网状二次渗碳体析出,为球化退火做组织准备。

(3) 力学性能要求不高零件的最终热处理。

1.4.3 钢的淬火和回火

淬火和回火是钢的热处理工艺中常用工序,也是钢件热处理强化的重要手段之一。通过淬火及不同温度的回火,可使钢获得所需的力学性能。

1. 钢的淬火

淬火是将钢件加热到 A_{c3} 或 A_{c1} 以上 30~50 ℃,保温并随之以适当速度冷却获得马氏体或贝氏体组织的热处理工艺。淬火目的是获得马氏体,提高钢的硬度,增加工件的耐磨性。由于马氏体形成过程中伴随体积膨胀,从而产生内应力;同时,马氏体组织通常脆硬又较大,使得钢件淬火时易产生裂纹或变形,严重影响钢件淬火质量。为了提高淬火质量,除选用合适的钢材和正确的结构外,在工艺上采取以下措施。

1) 加热温度的选择

钢的淬火温度可根据 Fe-Fe₃C 状态图来选择,如图 1-28 所示。对于亚共析钢,淬火加热温度为 A_{c3} 以上 30～50 ℃时(图 1-28 中阴影线所示的温度范围),可获得细小的均匀的马氏体,如温度过高,则会出现奥氏体晶粒粗化现象,淬火后获得粗大的马氏体,使钢的脆性增大;如温度过低,则淬火后组织为马氏体和铁素体,铁素体的出现将导致淬火硬度不足。

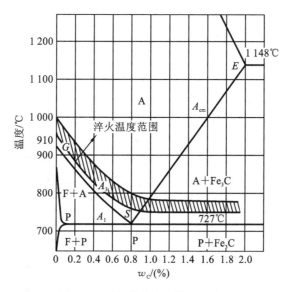

图 1-28　碳钢的淬火加热温度范围

共析钢与过共析钢淬火加热温度为 A_{c1} 以上 30～50 ℃,此时的组织为奥氏体或奥氏体加渗碳体。淬火后,获得细小马氏体和球状渗碳体,由于有高硬度的渗碳体和马氏体存在,明显增高钢的硬度和耐磨性。淬火加热温度低于 A_{ccm},得到细针状马氏体,降低钢的脆性。如果加热温度超过 A_{ccm},将会使碳化物全部溶入奥氏体中,奥氏体的碳含量较高,使奥氏体相马氏体转变困难,淬火后残余奥氏体量增多,降低钢的硬度和耐磨性;同时,由于温度高,奥氏体晶粒粗化,淬火得到粗片马氏体,降低钢的韧度。

2) 淬火介质

钢淬火得到马氏体,要求淬火的冷却速度略大于图 1-26 中的临界冷却速度,这个冷却过程中,对冷却速度要求严格。冷却速度过快,必然造成很大的内应力,导致工件的变形或开裂。钢的理想淬火冷却速度如图 1-29 所示,淬火得到马氏体,不需要整个过程快冷,关键在 C 曲线"鼻尖"附近,即 550～650 ℃的范围内快冷,特别在马氏体转变 M_s 线附近开始不能快冷,否则

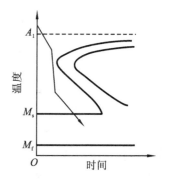

图 1-29　理想淬火冷却速度

容易造成变形及开裂。

常用的冷却介质有水和油。

水在 650～550 ℃ 范围内冷却速度较小,不超过 200 ℃/s,但在需要慢冷的马氏体转变温度区,其冷却速度又太大,在 340 ℃ 最大冷却速度高达 775 ℃/s,很容易引起工件变形和开裂。此外,水温对水的冷却特性影响很大,水温升高,水虽不是理想淬火介质,但目前却适用于尺寸不大、形状简单的碳钢工件淬火。

油在 300～200 ℃ 范围内冷却速度很慢,有利于减小工件变形。但 650～550 ℃ 内冷却速度较慢,不适用于碳钢,适用于对过冷奥氏体比较稳定的合金钢的淬火。

3) 淬火方法

常用的淬火方法:单介质淬火、双介质淬火、马氏体分级淬火、贝氏体等温淬火。

(1) 单介质淬火　是指将奥氏体化后的钢件放进一种冷却介质中连续冷却至室温的操作方法。优点是操作简单,易实现机械化,应用广泛。缺点是水中淬火变形与开裂倾向大;油中淬火冷却速度小,淬透直径小,大件无法淬透。

(2) 双介质淬火　是指将奥氏体化后的钢件先放进一种冷却能力较强的介质中冷却至 M_s 点左右,然后再放入另一种冷却能力较弱的介质中冷却的操作方法。优点是减少热应力与相变应力,从而减少变形,防止开裂。缺点是工艺不易掌握,要求操作熟练。适用于中等形状复杂的高碳钢和尺寸较大的合金钢工件。

(3) 分级淬火　是指将钢件奥氏体化后,先投入温度为 150～260 ℃ 的硝盐浴或碱浴中,稍加停留(2～5 min),待其表面与心部温差减小后再取出空冷的操作方法。优点是可有效地避免变形和裂纹的产生。缺点是盐浴冷却能力较差。主要用于合金钢制造的工件或尺寸较小、形状复杂的碳钢零件。

(4) 等温度淬火　是指将奥氏体化后的钢件放入温度稍高于 M_s 温度的盐浴或碱浴中,保温足够的时间,产生下贝氏体转变,随后空冷的操作方法。优点是下贝氏体的硬度略低于马氏体,但综合力学性能较好,应用广泛。

2. 钢的回火

淬火后,再加热到 A_{c1} 以下某一温度,保持一定时间,然后冷却到室温的热处理工艺称为回火。回火目的是稳定淬火后组织,消除淬火应力,降低脆性,调整硬度、强度、塑性、韧度,以获得不同要求的力学性能。

钢的淬火后组织为不稳定的马氏体及少量残余奥氏体,具有向稳定组织转变的趋势,在转变过程中产生较大的内应力,因此必须回火。

回火温度是钢件获得预计性能的关键。根据加热温度的不同,可将钢的回火分为低温回火、中温回火和高温回火。

(1) 低温回火(150～250 ℃)　组织是回火马氏体(过饱和 α 固溶体与高度弥散分布的碳化物)。回火马氏体既保持了钢的高硬度、高强度和良好耐磨性,同时又降低了淬火钢的脆性和内应力,适当提高了韧度。硬度为 58～64HRC,主要用于高碳钢,合金工具钢制造的刀具、量具、模具及滚动轴承,渗碳、碳氮共渗和表面淬火件等。

(2) 中温回火(350～500 ℃)　组织为回火托氏体(极细小的铁素体与球状渗碳体的混合物)。回火后具有高的弹性极限和屈服强度,有良好的塑性和韧度。并保持一定硬度(35～50HRC),淬火应力基本消失。主用于弹性件及锻模等。

(3) 高温回火(500～650 ℃)　组织为回火索氏体(较细小的铁素体与球状渗碳体混合物)。淬火和随后的高温回火称为调质处理。与正火相比,硬度值接近,为20～35HRC,由于经调质处理后,可消除钢的内应力,使得具有较高的强度、塑性和韧度等优良的综合力学性能。高温回火主要适用于中碳结构钢或低合金结构钢,用来制作汽车、拖拉机、机床等承受较大载荷的结构零件,如曲轴、连杆、螺栓、机床主轴及齿轮等重要的机器零件。

1.4.4　钢的表面淬火

表面淬火是将钢件的表面快速加热至淬火温度,在热量来不及传导至钢件心部就立即淬火,表面获得马氏体组织,心部仍为未淬火组织的一种局部淬火的方法。表面淬火的目的在于获得高硬度、高耐磨性的表面,而心部仍然保持原有的良好强度和韧度,常用于机床主轴、齿轮和发动机的曲轴等。

表面淬火采用的快速加热方法有多种,如电感应、火焰、电接触、激光等。目前,应用最广的是电感应表面淬火。

图1-30所示为感应加热表面淬火示意图。将淬火工件放入高频交流电的感应圈内,当感应线圈通入一定频率的交流电时,感应线圈周围产生频率相同的交变磁场,使工件内产生同频率、方向相反的闭合感应电流,该电流称为涡流。涡流主要集中在工件表层,所产生的电阻热使工件表面迅速加热到淬火温度,随后向工件喷水冷却,工件表面淬硬。工件表面淬硬层深度主要由电流频率决定,频率越高,淬硬层越薄。因此,常用感应频率来控制淬硬层深度。感应加热电流频率包括四种:高频(50～300 kHz)的淬硬层深度为0.5～2 mm,适用于中小尺寸的零件;中频(1 000～10 000 Hz)的淬硬层深度为2～10 mm,适用于尺寸较大的曲轴、大中模数的齿轮等;工频(50 Hz)的淬硬层深度可达10～20 mm,适用于直径大于30 mm的轧辊、火车车轮等大型零件;超音频(20～40 kHz)的淬硬层深度为2.5～3.5 mm,适用于模数为3～6的齿轮、花键轴、链轮等要求淬硬层沿轮廓分布的零件。

该方法优点是淬火质量好,加热温度和淬硬

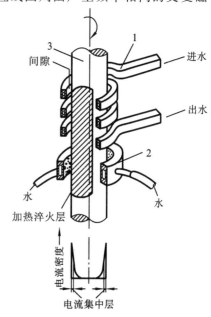

图1-30　感应加热淬火示意图

1—加热感应器;2—淬火喷水套;3—工件

层深度易于控制,容易实现机械化和自动化生产。但是设备昂贵,需专门的感应线圈。

1.4.5 化学热处理

化学热处理是把钢件放在活性介质中,通过加热和保温,使介质中的活性原子渗入钢件的表层,以改变钢件表层的化学成分和组织,从而改善其表层性能的工艺过程。化学热处理按渗入元素的不同,分为渗碳、渗氮、碳氮共渗等。

渗碳是将工件置于渗碳介质中加热、保温,使碳原子渗入表层的化学热处理工艺。渗碳方法包括固体渗碳、液体渗碳及气体渗碳,较为常用的为气体渗碳。其操作方法是将工件放入密闭的渗碳炉,通入燃气、煤气等渗碳气体,或滴入煤油丙酮等易于热分解和汽化的液体,并加热到 $900 \sim 950\ ℃$,保温一段时间后,使分解出的活性炭原子被工件表面吸收,并向内扩散形成渗碳层。渗碳通常采用低碳钢或低合金钢,渗层厚度一般为 $0.5 \sim 2.5$ mm,表层碳含量增至 1.0% 左右,由表至里,碳含量逐渐降低。渗碳后为了保证表面硬度和耐磨性,须进行淬火和低温回火,表层硬度可达 $57 \sim 64$ HRC;而心部仍保持良好的塑性和韧度。渗碳主要用于既承受强烈摩擦,又受冲击或疲劳载荷作用的工件,如齿轮,活塞销等零件。

渗氮的原理与渗碳类似,是将工件置于氮化炉内,向密闭的氮化炉中通入氨气,工件表面吸附氨气受热分解提供的活性氮原子并向内扩散,形成氮化层。加热温度通常为 $550 \sim 570\ ℃$,使得工件变形小,渗氮层厚度为 $0.4 \sim 0.6$ mm。渗氮主要用于制造尺寸精度要求高的耐磨零件,如排气阀、精密机床丝杠等。

习 题

1. 何谓强度?何谓塑性?衡量强度、塑性的常用指标有哪些?
2. 什么是硬度?常用的硬度试验方法有哪些?
3. 什么叫做过冷度?
4. 如何控制结晶晶粒大小?
5. 在纯铁的同素异晶转变过程中,晶格发生了什么变化?
6. 根据 $Fe-Fe_3C$ 相图,分析平衡状态下亚共析钢的结晶过程中组织变化和室温组织。
7. 何谓退火?常用的退火分几类?特点如何?
8. 回火的目的是什么?

第 2 章 铸 造

2.1 铸造工艺基础

在铸造生产中,获得优质铸件是最基本要求。所谓优质铸件是指铸件的轮廓清晰,尺寸准确,表面光洁,组织致密,力学性能合格,没有超出技术要求的铸造缺陷等。

由于铸造的工序繁多,影响铸件质量的因素繁杂,难以综合控制,因此铸造缺陷难以完全避免,废品率较其他加工方法高。同时,许多铸造缺陷隐藏在铸件内部,难以发现和修补,有些则是在机械加工时才暴露出来,这不仅浪费机械加工工时,增加制造成本,有时还延误整个生产过程的完成。因此,进行铸件质量控制,降低废品率是非常重要的。铸造缺陷的产生不仅取决于铸型工艺,还与铸件结构、合金铸造性能和熔炼、浇注等密切相关。

合金铸造性能是指合金在铸造成形时获得外形准确,内部健全铸件的能力。主要包括合金的流动性、凝固特性、收缩性、吸气性等,它们对铸件质量有很大的影响。依据合金铸造性能特点,采取必要的工艺措施,对获得优质铸件有着重要意义。本节对合金铸造性能有关的铸造缺陷的形成与防止进行分析,为学习铸造工艺奠定基础。

2.1.1 液态合金充型

液态合金填充铸型的过程简称充型。液态合金充满铸型型腔,获得形状准确、轮廓清晰铸件的能力称为液态合金的充型能力。在液态合金的充型过程中,有时伴随着结晶现象,若充型能力不足,在型腔被填满之前,形成的晶粒将充型的通道堵塞,金属液被迫停止流动,于是铸件将产生浇不到或冷隔等缺陷,影响充型能力的主要因素如下。

1. 合金的流动性

液态合金本身的流动性称为合金的流动,是合金主要的铸造性能之一。合金的流动性愈好,充型能力愈强,愈便于浇铸出轮廓清晰、薄而复杂的铸件。同时,有利于非金属夹杂物和气体的上浮与排除,还有利于对合金冷凝过程所产生的收缩进行补缩。

液态合金的流动性通常以"螺旋形试样"长度来衡量,如图 2-1 所示。显然,在相同的浇注条件下,合金的流动性愈好,所浇注出的试样就愈长。试验得知,在常用铸造合金中,灰铸铁、硅黄铜的流动性最好,铸钢的流动性最差。

影响合金流动性的因素有很多,但以化学成分的影响最为显著。共晶成分合金的结晶是在恒温下进行的,此时,液态合金从表层逐层向中心凝固,由于已结晶的固

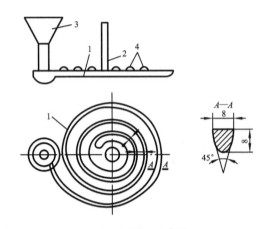

图 2-1 螺旋形试样

1—试样铸件；2—浇口；3—出气口；4—试样凸点

体层比较光滑，对金属液的流动阻力小，故流动性最好。除纯金属外，其他成分合金是在一定温度范围内逐步凝固的，此时，结晶在一定宽度的凝固区内同时进行，由于初生的树枝状晶体使固体层内表面粗糙，所以合金的流动性变差。显然，合金成分愈远离共晶点，结晶温度范围愈宽，流动性就愈差。图 2-2 所示为铁碳合金的流动性与其碳含量的关系。由图可见，亚共晶铸铁随其碳含量的增加，结晶温度范围减小，流动性提高。

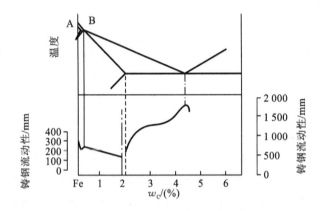

图 2-2 Fe-C 合金流动性与碳含量关系

2. 浇注条件

1) 浇注温度

浇注温度对合金充型能力有着决定性影响。浇注温度愈高，合金的黏度下降，且因过热度高，合金在铸型中保持流动的时间愈长，故充型能力愈强；反之，充型能力愈差。

鉴于合金的充型能力随浇注温度的提高呈直线上升，因此，对薄壁铸件或流动性较差的合金可适当提高其浇注温度，以防止浇不到或冷隔缺陷。但浇注温度过高，铸件容易产生缩孔、缩松、黏砂、析出性气孔、粗晶等缺陷，故在保证充型能力足够的前提下，浇注温度不宜过高。

2）充型压力

砂型铸造时，提高直浇道高度，使液态合金压力加大，充型能力可改善。压力铸造、低压铸造和离心铸造时，因充型压力提高甚多，故充型能力强。

3. 铸型填充条件

液态合金充型时，铸型阻力将影响合金的流动速度，而铸型与合金间的热交换又将影响合金保持流动的时间，因此，以下因素对充型能力均有显著影响。

1）铸型材料

铸型材料热导率愈大，对液态合金的散冷能力愈强，合金的充型能力就愈差。如金属型铸造较砂型铸造容易产生浇不到和冷隔缺陷。

2）铸型温度

金属型铸造、压力铸造和熔模铸造时，铸型被预热到数百摄氏度，减缓了金属液的冷却速度，使充型能力显著提高。

3）铸型中的气体

在金属液的热作用下，铸型（尤其是砂型）将产生大量气体，如果铸型的排气能力差，型腔中的气压将增大，以致阻碍液态合金的充型。为减小气体的压力，除应设法减少气体的来源外，应使铸型具有良好的透气性，并在远离浇道的最高部位开设出气口。

4）铸件结构

铸件的壁厚如过薄或有大的水平面时，都使金属液的流动困难。表 2-1 列出了砂型铸件允许的最小允许壁厚。在设计铸件时，铸件的壁厚应大于表 2-1 中规定的最小允许壁厚值，以防缺陷的产生。

表 2-1 砂型铸件的最小允许壁厚　　　　　　　　　　　单位：mm

铸件轮廓尺寸	铸造碳钢	灰碳钢	球墨铸铁	可锻铸铁	铝合金	铜合金
<200	5	3～4	3～4	3.5～4.5	3～5	3～5
200～400	6	4～5	4～5	4～5.5	5～6	6～8
400～800	8	5～6	8～10	5～8	6～8	—
800～1 250	12	6～8	10～12	—	—	—

2.1.2 铸件的凝固与收缩

浇入铸型中的金属液在冷凝过程中，其液态收缩和凝固收缩若得不到补充，铸件将产生缩孔或缩松缺陷。为防止上述缺陷,必须合理控制铸件的凝固过程。

1. 铸件的凝固方式

在铸件的凝固过程中,其断面上一般存在三个区域,即固相区、凝固区和液相区。其中,对铸件质量影响较大的主要是液相和固相并存的凝固区的宽窄。铸件的"凝固方式"就是依据凝固区的宽窄(见图 2-3(c)中 s)来划分的。

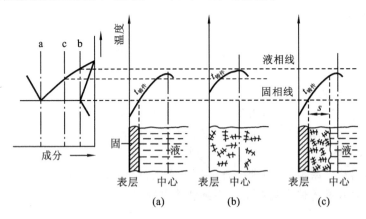

图 2-3 铸件的凝固方式

1) 逐层凝固

纯金属或共晶成分合金在凝固过程中因不存在液、固并存的凝固区(见图 2-3(a)),故段面上外层的固体和内层的液体由一条界线(凝固前沿)清楚地分开。随着温度的下降,固体层不断加厚,液体层不断减少,直达铸件的中心,这种凝固方式称为逐层凝固。

2) 糊状凝固

如果合金的结晶温度范围很宽,且铸件的温度分布较为平坦,则在凝固的某段时间内,铸件表面并不存在固体层,而液、固并存的凝固区贯穿整个断面(见图 2-3(b))。由于这种凝固方式与水泥类似,即先成糊状而后固化,故称糊状凝固。

3) 中间凝固

大多数合金的凝固介于逐层凝固和糊状凝固之间(见图 2-3(c)),称为中间凝固方式。铸件质量与其凝固方式密切相关。一般说来,逐层凝固时,合金的充型能力强,便于防止缩孔和缩松;糊状凝固时,难以获得结晶紧实的铸件。在常用合金中,灰铸铁、铝硅合金等倾向于逐层凝固,易于获得紧实铸件;球墨铸铁、锡青铜、铝铜合金等倾向于糊状凝固,为获得紧实铸件,常需采用适当的工艺措施,以便补缩或减小其凝固区域。

2. 铸造合金的收缩

合金从浇注,凝固直至冷却到室温,其体积或尺寸缩减的现象称为收缩。收缩是合金的物理本性。收缩给铸造工艺带来许多困难,是多种铸造缺陷(如缩孔、缩松、裂纹、变形等)产生的根源。为使铸件的形状、尺寸符合技术要求,组织致密,必须研究收缩的规律性。

合金收缩经历如下三个阶段。

(1) 液态收缩　从浇注温度到凝固开始温度(即液相线温度)之间的收缩。

(2) 凝固收缩　从凝固开始温度到凝固终止温度(即固相线温度)之间的收缩。

(3) 固态收缩　从凝固终止温度到室温之间的收缩。

合金的液态收缩和凝固收缩表现为合金体积的收缩,常用单位体积收缩量(即体积收缩率)来表示。合金的固态收缩不仅引起合金体积上的缩减,同时,更明显地表现在铸件尺寸上的缩减,因此固态收缩常用单位长度上的收缩量(即线收缩率)来表示。

不同合金的收缩率不同。表 2-2 所示为几种铁碳合金的体积收缩率。

表 2-2　几种铁碳合金的体积收缩率

合金种类	碳含量/(%)	浇注温度/℃	液态收缩/(%)	凝固收缩/(%)	固态收缩/(%)	总体积收缩/(%)
铸造碳钢	0.35	1 610	1.6	3	7.8	12.4
白口铸铁	3.00	1 400	2.4	4.2	5.4~6.3	12~12.9
灰铸铁	3.5	1 400	3.5	0.1	3.3~4.2	6.9~7.8

铸件的实际收缩率与其化学成分、浇注温度、铸件结构和铸型条件有关。

3. 铸件中的缩孔和缩松

1) 缩孔与缩松的形成

液态合金在冷凝过程中,若其液态收缩和凝固收缩所缩减的容积得不到补足,则在铸件最后凝固的部位形成一些孔洞。按照孔洞的大小和分布,可将其分为缩孔和缩松两类。

(1) 缩孔　是集中在铸件上部或最后凝固部位容积较大的孔洞。缩孔多呈倒圆锥形,内表面粗糙,通常隐藏在铸件的内层,但在某些情况下,可暴露在铸件的上表面,呈明显的凹坑。

为便于分析缩孔的形成,现假设铸件呈逐层凝固,其形成过程如图 2-4 所示。液态合金填满铸型型腔(见图 2-4(a))后,由于铸型的吸热,靠近型腔表面的金属很快凝结成一层外壳,而内部仍然是高于凝固温度的液体(见图 2-4(b))。温度继续下降、外壳加厚,但内部液体因液态收缩和补充凝固层的凝固收缩,体积缩减、液面下降,使铸件内部出现空隙(见图 2-4(c))。直到内部完全凝固,在铸件上部形成了缩孔(见图 2-4(d))。已经产生缩孔的铸件继续冷却到室温时,因固态收缩使铸件的外廓尺寸略有缩小(见图 2-4(e))。

总之,合金的液态收缩和凝固收缩率愈大、浇注温度愈高、铸件愈厚,则缩孔的容积就愈大。

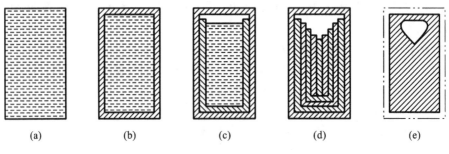

图 2-4 缩孔形成过程示意图

（2）缩松　分散在铸件某区域内的细小缩孔称为缩松。当缩松与缩孔的容积相同时，缩松的分布面积要比缩孔大得多。缩松的形成原因也是由于铸件最后凝固区域的收缩未能得到补足，或者，因合金呈糊状凝固，被树枝状晶体分隔开的小液体区难以得到补缩所致。

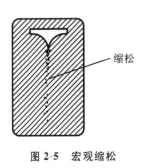

图 2-5　宏观缩松

缩松分为宏观缩松和显微缩松两种。宏观缩松是用肉眼或放大镜可以看出的小孔洞，多分布在铸件中心轴线处或缩孔的下方（见图 2-5）。显微缩松是分布在晶粒之间的微小孔洞，要用显微镜才能观察出来，这种缩松的分布更为广泛，有时遍及整个截面。

不同铸造合金的缩孔和缩松的倾向不同。逐层凝固合金（纯金属、共晶合金或结晶温度范围窄的合金）的缩孔倾向大，缩松倾向小；反之，糊状凝固的合金缩孔倾向虽小，但极易产生缩松。

2）缩孔和缩松的防止

缩孔和缩松都会使铸件的力学性能下降，缩松还会使铸件因渗漏而报废。因此，必须依据技术要求，采取适当的工艺措施予以防止。实践证明，只要能使铸件实现顺序凝固，尽管合金的收缩较大。也可获得没有缩孔的致密铸件。

所谓顺序凝固是指在铸件上可能出现缩孔的厚大部位通过安放冒口等工艺措施，使铸件远离冒口的部位（图 2-6 中 Ⅰ 处）先凝固；然后是靠近冒口部位（图 2-6 中 Ⅱ、Ⅲ 处）凝固；最后才是冒口本身的凝固。按照这样的凝固顺序，先凝固部位的收缩空隙由后凝固部位的金属液来补充，而将缩孔转移到冒口之中。冒口是多余部分，在铸件清理时予以切除。

为了使铸件实现顺序凝固，在安放冒口的同时，还可以在铸件上某些厚大部位增设冷铁。图 2-7 所示的铸件，仅靠顶部冒口难以向底部凸台补缩，为此，在该凸台的型壁上安放了两个冷铁。由于冷铁加快了该处的冷却速度，使厚度较大的凸台反而最先凝固，由于实现了自下而上的顺序凝固，从而防止了凸台处缩孔、缩松的产生。可以看出，冷铁仅是加快某些部位的冷却速度，以控制铸件的凝固顺序，但本身并不

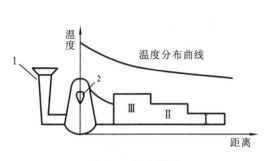

图 2-6 顺序凝固
1—浇口；2—冒口

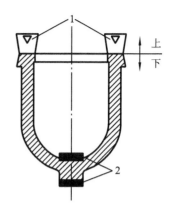

图 2-7 冷铁的应用
1—冒口；2—冷铁

起补缩作用。冷铁通常用钢或铸铁制成。

安放冒口和冷铁、实现顺序凝固，虽可有效地防止缩孔和宏观缩松，但却耗费许多金属和工时，加大了铸件成本。同时，顺序凝固扩大了铸件各部分大的温度差，促进了铸件的变形和裂纹倾向。因此，此法主要用于必须补缩的场合，如铝青铜、铝硅合金和铸钢件等。

必须指出，对于结晶温度范围甚宽的合金，由于倾向于糊状凝固，结晶开始之后，发达的树枝状晶架布满了铸件整个截面，使冒口的补缩通路严重受阻，因而难以避免显微缩松的产生。显然，选用近共晶成分或结晶温度范围较窄的合金生产铸件是适宜的。

2.1.3 铸造内应力、变形和裂纹

铸件在凝固之后的继续冷却过程中，其固态收缩若受到阻碍，铸件内部将产生内应力。这些内应力有时是在冷却过程中暂存的，有时则是一直保留到室温，后者称为残余内应力。铸造内应力是铸件产生变形和裂纹的基本原因。

1. 内应力的形成

按照内应力的产生原因，可分为热应力和机械应力两种。

1) 热应力

热应力是由于铸件的壁厚不均匀，各部分的冷却速度不同，以致在同一时期内铸件各部分收缩不一致而引起的。为了分析热应力的形成，首先必须了解金属自高温冷却到室温时应力状态的变化。固态金属在再结晶温度以上（钢和铸铁 620～650 ℃）时处于塑性状态。此时，在较小的应力下就可发生塑性变形，变形之后应力可自行消除。在再结晶温度以下的金属呈弹性状态，此时，在应力的作用下、将发生弹性变形，而变形之后的应力会继续存在。

下面用图 2-8(a)所示的框形铸件来分析热应力的形成。当铸件处于高温阶段

(t_0 至 t_1),两杆均处于塑性状态,尽管两杆的冷却速度不同,收缩不一致,但瞬时的应力均可通过塑性变形而自行消失。继续冷却后,冷却速度较快的杆Ⅱ进入弹性状态,而粗杆Ⅰ仍处于塑性状态(t_1 至 t_2)。由于细杆Ⅱ冷却速度快,收缩大,细杆Ⅱ受拉伸、粗杆Ⅰ受压缩(见图 2-8(b)),形成了暂时内应力,但这个内应力随之便因粗杆Ⅰ的微量塑性变形(压短)而消失(见图 2-8(c))。当进一步冷却到更低温度时(t_2 至 t_3),粗杆Ⅰ也处于弹性状态,此时,尽管两杆长度相同,但所处的温度不同。粗杆Ⅰ的温度较高,还将进行较大的收缩;而细杆Ⅱ的温度较低,收缩已趋停止。因此,粗杆Ⅰ的收缩必然受到细杆Ⅱ的强烈阻碍,于是,细杆Ⅱ受压缩,粗杆Ⅰ受拉伸,直到室温,形成了残余内应力(见图 2-8(d))。由此可见,热应力使铸件的壁厚或心部拉伸,薄壁或表层受压缩。铸件的壁厚差别愈大、合金线收缩率愈高、弹性模量愈大,产生的热应力也愈大。

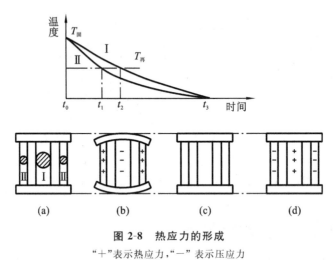

图 2-8 热应力的形成

"+"表示热应力,"-"表示压应力

预防热应力的基本途径是尽量减少铸件各个部位间的温度差,使其均匀冷却。为此,可将浇道开在薄壁处,使薄壁处铸型在浇注过程中的升温较厚壁处的高,因而可补偿薄壁处冷却速度快的现象。有时为加快后壁处的冷却速度,还可在厚壁处安放冷铁(见图 2-9)。这种采用同时凝固原则可减少铸造内应力,防止铸件的变形和裂纹缺陷,又可免设冒口而省工省料。其缺点是铸件心部容易出现缩孔或缩松。同时,凝固原则主要用于灰铸铁、锡青铜等。这是由于灰铸铁的缩孔、缩松倾向小,而锡青铜倾向于糊状凝固,采用顺序凝固也难以有效地消除其显微缩松缺陷。

2) 机械应力

机械应力是合金的固态收缩受到铸型或型芯的机械阻碍而形成的内应力,如图 2-10 所示。机械应力使铸件产生暂时性的正应力或切应力,这种内应力在铸件落砂之后便可自行消除。但它在铸件冷却过程中可与热应力共同起作用,增大了某些部位的应力,促进了铸件的裂纹倾向。

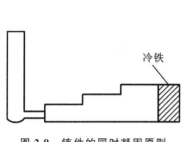

图 2-9 铸件的同时凝固原则

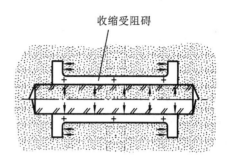

图 2-10 机械应力

2. 铸件的变形与防止

具有残余内应力的铸件是不稳定的,它将自发地通过变形来减缓其内应力,以便趋于稳定状态。显然,只有原来受拉伸部分产生压缩变形、受压缩部分产生拉伸变形,才能使残余内应力减小或消除。图 2-11 所示为车床床身,其导轨部分因较厚而受拉伸,于是朝着导轨方向产生内凹。

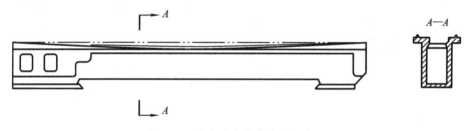

图 2-11 车床床身挠曲变形示意图

为防止铸件产生变形,除在铸件设计时尽可能使铸件的壁厚均匀、形状对称外,在铸造工艺上应采用同时凝固原则,以便冷却均匀。对于长而易变形的铸件,还可采用反变形工艺。反变形是在统计铸件变形规律的基础上,在模样上预先作出相当于铸件变形量的反变形量,以抵消铸件的变形。

实践证明,尽管变形后铸件的内应力有所减缓,但并未彻底去除,这样的铸件经机械加工之后,由于内应力的重新分布,还将缓慢地发生微量变形,使零件丧失了应有的精确度。为此,对于不允许发生变形的重要件必须进行时效处理。自然时效是将铸件置于露天场地半年以上,使其缓慢地发生变形,从而使内应力消除。人工时效是将铸件加热到 550～650 ℃ 进行去应力退火。时效处理宜在粗加工之后进行,以便将粗加工所产生的内应力一并消除。

3. 铸件的裂纹与防止

当铸造内应力超过金属的强度极限时,铸件便将产生裂纹。裂纹是严重缺陷,多使铸件报废。裂纹可分成热裂和冷裂两种。

1) 热裂

热裂是指在高温下形成的裂纹。其形状特征是:缝隙宽,形状曲折,缝内呈氧化色。

实验证明,热裂是在合金凝固末期的高温下形成的。因为合金的线收缩在完全凝固之前便已开始,此时固态合金已形成了完整的骨架,但晶粒之间还存有少量液体,故强度、塑性甚低,若机械应力超过了该温度下合金的强度,便发生热裂。形成热裂的主要影响因素如下。

(1) 合金性质　合金的结晶温度范围愈宽,液、固两相区的绝对收缩量愈大,合金的热裂倾向也愈大。灰铸铁和球墨铁热裂倾向小,铸钢、铸铝、可锻铸铁的热裂倾向大。此外,钢铁中含硫量愈高,热裂倾向也愈大。

(2) 铸型阻力　铸型的退让性愈好,机械应力愈小,热裂倾向也愈小。铸型的退让性与型砂、型芯砂的黏结剂种类密切相关,如采用有机黏结剂(如植物油、合成树脂等)配制的型芯砂,因高温强度低,退让性较黏土砂好。

2) 冷裂

冷裂是指在较低温下形成的裂纹。其形状特征是:裂纹细小,呈连续直线状,有时缝内呈轻微氧化色。

冷裂常出现在形状复杂铸件的受拉伸部位,特别是应力集中处(如尖角、孔洞类缺陷附近)。不同铸造合金的冷裂倾向不同,如塑性好的合金,可通过塑性变形使内应力自行缓解,故冷裂倾向小;反之,脆性大的合金(如灰铸铁)较易产生冷裂。

2.1.4　铸件中的气孔

气孔是最常见的铸造缺陷,它是因金属液中的气体未能排除,在铸件中形成气泡所致。气孔减少了铸件的有效截面积,造成局部应力集中,降低了铸件的力学性能。同时,一些气孔是在机械加工中才被发现,成为铸件报废的重要原因。按照气体的来源,铸件中的气孔主要分为:因金属原因形成的析出性气孔;因铸型原因形成的浸入性气孔;因金属与铸型相互化学作用形成的反应性气孔三种。

1. 析出性气孔

在金属的熔化或浇注过程中,一些气体(如氢气、氮气、氧气等)可被金属液所吸收,其中氢气因不与金属形成化合物、且原子直径最小,故较易溶于金属液之中。由于合金吸收气体为吸热过程,故合金的吸气性随温度的升高而加大,而气体在液态合金中的溶解度比固态大得多,如图 2-12 所示。合金的过热度愈高,其气体含量愈多。

溶有氢气的液态合金在冷凝过程中,由于氢气的溶解度降低,呈过饱和状态,因此氢原子结合

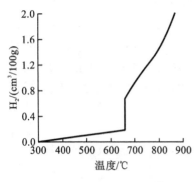

图 2-12　氢在纯铝中的溶解度

成分呈气泡状从液态合金中逸出,上浮的气泡若被阻碍或由于金属液冷却时黏度增加,使其不能上浮,就会留在铸件中形成析出性气孔。析出性气孔的特征是分布面积大,有时遍及整个截面。这种气孔在铝合金中最为常见,因其直径多小于 1 mm,故常称"针孔"。针孔不仅降低铸件的力学性能,并且严重影响气密性,致使承压时容易发生渗漏。铸钢中的氢不仅可形成气孔,由于气体析出时产生压力还可导致铸件产生裂纹。

防止析出性气孔的主要方法是在浇注前对金属液进行"除气处理",以减少金属液中的气体含量。同时,对炉料要去除油污和水分,浇注用具要烘干,铸型水分勿过高等。

2. 浸入性气孔

浸入性气孔是砂型或砂芯在浇注时产生的气体聚集在型腔表层进入金属液内所形成大的气孔,多出现在铸件局部上表面附近。其特征是尺寸较大,呈椭圆或梨形,表面被氧化。铸铁件中的气孔大多属于这种气孔。防止浸入性气孔的基本途径是提高型砂透气性,增加铸型的排气能力。实践证明,浸入性气体大多来自砂芯,因为砂芯受热严重,排气条件差,为此应选择适合的芯砂黏合剂,以减少砂芯的发气量。

3. 反应性气孔

反应性气孔是由金属液与铸型材料、冷铁(或型芯撑)、熔渣之间,由于化学反应形成的气体留在铸件内形成的气孔。由于形成原因不同,气孔的表现形式也有差异。

(1) 皮下气孔 它是铸件表层下 1~3 mm 处产生的气孔。对于湿型铸造的铸钢件,其多呈细长条状垂直于铸件表面,如图 2-13(a)所示;在湿型铸造球墨铸铁件中也较易产生。皮下气孔的产生原因是在金属液高温作用下,铸型表面的水蒸气分解出原子状态的氢进入金属液所形成的气孔。

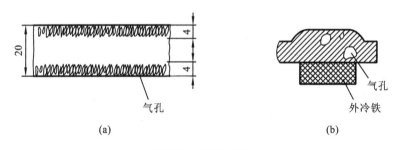

图 2-13　反应性气孔
(a)皮下气孔　(b)冷铁气孔

(2) 冷铁气孔 冷铁(或型芯撑)表面若有油污铁锈,当它与灼热的金属液接触时,经化学反应分解出一氧化碳,这种气体可在冷铁(或型芯撑)附近产生气孔,如图 2-13(b)所示。

2.2 常用合金铸件的生产

本节介绍铸铁的组织、性能、牌号及其运用,同时介绍铸钢和铸铜、铸铝合金及其生产特点。

2.2.1 铸铁件生产

铸铁是极其重要的铸造合金,它是碳含量超过 2.11% 的铁碳合金。铸铁件大量用于制造机器设备,其产量占全部铸件总产量的 80% 左右。

机械制造中广泛运用的铸铁中的碳主要是以石墨状态存在的。铸铁中的石墨一般呈片状,经过不同的处理,石墨还可以呈团絮状、球状、蠕虫状等,使铸件获得不同的性能。因此,常用的铸铁为灰铸铁、可锻铸铁、球墨铸铁、蠕墨铸铁等。

1. 灰铸铁

灰铸铁是指具有片状石墨的铸铁,是运用最广的铸铁,其产量占铸铁总产量的 80% 以上。

1) 灰铸铁的性能

灰铸铁的显微组织由金属基体(碳素体和珠光体)和片状石墨所组成,如图 2-14 所示,相当于在纯铁或钢的机体上嵌入了大量石墨片。石墨强度、硬度、塑性低,因此可将灰铸铁视为布满细小裂纹的纯铁或钢。由于石墨的存在,减少了承载的有效面积,石墨的尖角处还会引起应力集中,因此,灰铸铁的抗拉强度低,塑性、韧度差。显然,石墨愈多、愈粗大、分布愈不均匀,其力学性能就愈差。必须看到,灰铸铁的抗压强度受石墨的影响较小,并与钢相近,这对于灰铸铁的合理运用甚为重要。

由于灰铸铁属于脆性材料,故不能锻造和冲压。灰铸铁的焊接性能很差,焊接区域容易出现白口组织,裂纹的倾向较大。

必须看到,由于石墨的存在,赋予灰铸铁如下优越性能。

(1) 优良的减振性 由于石墨对机械振动起缓冲作用,从而阻止振动能量的传播。灰铸铁减振能力为钢的 5~10 倍,是制造机床床身、机器底座的好材料。

(2) 耐磨性好 石墨本身是一种良好的润滑剂,而石墨剥落后又可使金属基体形成储存润滑油的凹坑,故灰铸铁的耐磨性优于钢,适于制造机器导轨、寸套、活塞环等。

(3) 缺口敏感性小 由于石墨的存在已使金属基体形成了大量缺口,因此,外来缺口对灰铸铁的疲劳强度影响甚微,从而增加了零件工作的可靠性。

(4) 铸造性能优良,切削加工性好 灰铸铁的碳含量近于共晶,流动性好。由于灰铸铁在结晶过程中伴有石墨析出,石墨的析出所产生的体积膨胀抵消了部分铁的收缩,故收缩率甚小(见表 2-2),在常用铸造合金中,其铸造性能最好。同时,切削灰铸铁时呈脆断切削,不需要使用切削液,刀具磨损小。

2) 影响铸铁组织和性能的因素

灰铸铁依照其金属基体显微组织不同,可分为珠光体灰铸铁、珠光体-铁素体灰铸铁和铁素体灰铸铁三种。珠光体灰铸铁是在珠光体的基体上分布着均匀、细小的石墨片,其硬度、强度相对较高,常用于制造机器床身、机体等重要件。珠光体-铁素体灰铸铁是在珠光体和铁素体混合的机体上,分布着较为粗大的石墨片,此种灰铸铁的硬度、强度尽管比前者低,但仍可满足一般零件要求,其铸造性、减振性均佳,且便于熔炼,是运用最广的灰铸铁。铁素体灰铸铁是在铁素体的基体上分布着多为粗大的石墨片,其强度、硬度差,故很少运用。

灰铸铁显微组织的不同,实质上是碳在铸铁中存在形式的不同(见图2-14)。灰铸铁中的碳由化合碳(Fe_3C)和石墨碳所组成。化合碳含量为0.8%时,属珠光体-铁素体灰铸铁;全部碳都是以石墨状态存在时,则为铁素体灰铸铁。因此,欲想控制铸铁的组织和性能,必须控制其石墨化程度。影响铸铁石墨化的主要因素是化学成分和冷却速度。

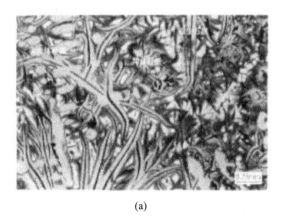

(a)

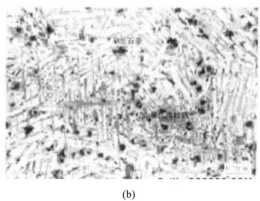

(b)

图 2-14 灰铸铁的显微组织

(a)珠光体-铁素体灰铸铁 (b)铁素体灰铸铁

(1) 化学成分　铸铁中的碳、硅、锰、硫、磷对其石墨化有着不同的影响,其最主要的是碳和硅。

碳既是形成石墨的元素,又是促进石墨化的元素。碳含量越高,析出的石墨数量愈多、愈粗大,而基体中的铁素体增加、珠光体就减少;反之,碳含量降低,石墨减少,且细化。硅石是强烈促进石墨化的元素,随着硅含量的增加,石墨显著增多。实践证明,铸铁若硅含量过少,即使碳含量甚高,石墨也难以形成。可以得出,碳和硅的作用是一致的,都是促进石墨化的元素,因此在铸件厚壁不变的前提下,改变碳、硅总含量,可使铸件获得不同的组织。图 2-15 所示是上述关系的铸铁组织图,图中共分如下五个区。

Ⅰ——白口铸铁区,其组织由莱氏体、二次渗碳体和珠光体组成。

Ⅱ$_a$——麻口铸铁区,麻口铸铁是白口铸铁与灰铸铁间的过渡组织,其组织由莱氏体、二次渗碳体、珠光体和石墨组成。

Ⅱ——珠光体灰铸铁区,其组织由珠光体和石墨组成。

Ⅱ$_b$——珠光体-铁素体灰铸铁区,其组织由珠光体、铁素体和石墨组成。

Ⅲ——铁素体灰铸铁区,其组织由铁素体和石墨组成。

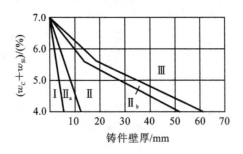

图 2-15　铸铁组织与成分壁厚关系示意图

灰铸铁的硅含量、碳含量分别是 1.1%～2.6%、2.7%～3.9%。由于近共结晶成分的铸铁最容易熔炼和铸造,故以碳含量为 3%～3.5%、硅含量为 1.4%～2.4% 最为多见。必须指出,在冲天炉化铁时,由于炽热的焦炭和铁料直接接触,致使铸铁趋向于共晶,并难以大幅度增减,因此,改变铸铁的组织和性能更多地依靠调整其硅含量。

硫会引起铸铁的热脆性,阻碍石墨的析出,增加白口倾向。磷会增加铸铁的冷脆性,但对石墨化基本没有影响。硫、磷都属于有害杂质,一般限制在 0.1%～0.15%。锰可部分抵消硫的有害作用,并可增加铸铁的强度,属于有益组织。但含锰过多将阻碍石墨的析出,增加铸铁的白口倾向,通常,其含量为0.6%～1.2%。

(2) 冷却速度　相同化学成分的铸铁,若冷却速度不同,其组织和性能也不同。由图 2-16 所示的三角形试样断口处可以看出,冷却速度很快的左部尖端处呈银白色,属于白口组织;冷却速度较慢的右部呈暗灰色,其心部晶粒较为粗大,属灰口组织;在白口和灰口的交界处属麻口组织。这是因为缓慢冷却时,石墨难以顺利析出;反之,石墨的析出受到抑制。为了确保铸件的组织和性能,必须考虑冷却速度对铸铁组织和性能的影响。铸件的冷却速度主要取决于铸型材料和铸件的壁厚。

各种铸型材料的传热能力不同。如金属型比砂型传热快,铸件的冷却速度快,致使石墨化受到严重阻碍,铸件容易产生白口组织。反之,砂型传热慢,容易获得白口组织,这也是砂型铸造广泛用于铸铁件生产的重要原因。

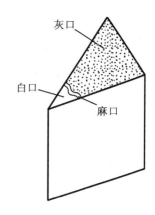

图 2-16 冷却速度对铸铁组织的影响

在铸铁材料相同的条件下,不同壁厚的铸件因冷却速度的差异,铸铁的组织也随之而变(见图 2-15),因此,必须按照铸件的壁厚选定铸铁的化学成分和牌号。

3) 灰铸铁的孕育处理

普通灰铸铁是将冲天炉的铁液不经过任何处理直接浇入铸型形成的。主要缺点是粗大的石墨片严重地割裂金属基体,致使铸铁强度低。若能采用一些工艺措施,将灰铸铁的抗拉强度提高到 250 MPa 以上或更高,这对灰铸铁的扩大运用范围具有重要意义。

实践证明,提高灰铸铁抗拉强度的有效途径是对出炉液进行孕育处理再行浇注,所获得的铸铁抗拉强度可达 250~350 MPa,这种高强度灰铸铁常称孕育铸铁。孕育铸铁另一重要优点是冷却速度对其组织性能影响很小,这就使得铸件厚大截面上性能较均匀。这种铸铁适用于静载荷下,要求具有较高强度、高耐磨性、高气密性,特别是厚大铸件,如重型车床床身、气缸体、缸套、液压件、齿轮等。必须指出,孕育铸铁因石墨仍为片状,其塑性、韧度仍然很低,故仍然属于灰铸铁。

孕育铸铁制造工艺如下。

(1) 铁液化学成分 必须炼出碳含量为 2.8%~3.2%、硅含量为 1%~2% 的低碳、低硅铁液。若原铁液的碳、硅含量高,孕育后强度反而降低。同时,出炉铁液温度必须在 1 400 ℃以上,以弥补孕育处理操作所引起的铁液温度下降。此外,孕育处理后的铁液必须尽快浇注,以防孕育作用的消退。

(2) 孕育处理 孕育处理是向铁液中加入孕育剂。常用的孕育剂为硅含量 75%的硅铁合金,块宽 5~10 mm,加入量为铁液质量的 0.2%~0.7%。常用的加入方法是将孕育剂加入出铁水槽中,待冲入铁水包后进行搅拌。也可将硅铁块插入铸型内,进行型内孕育。

孕育处理的强化原理,一般认为,由于铁液中均匀悬浮着外来弥散质点,增加了石墨结晶的核心,因此强度、硬度、气密性显著提高。

4) 灰铸铁的牌号

由于灰铸铁的性能不仅取决于化学成分，还与铸铁的壁厚（即冷却速度）密切相关。因此它的牌号以力学性能来表示。依照国家标准，灰铸铁的牌号用"HT"加三位数表示，其中"HT"代表灰铸铁，后面三位数字表示其最低抗拉强度值。例如HT250 表示直径为 30 mm 单铸试棒的最大抗拉强度值（MPa）。灰铸铁的牌号、力学性能及用途举例见表 2-3，其中 HT100、HT150、HT200 为普通灰铸铁，HT250、HT300、HT350 为经过孕育的高强度灰铸铁。

表 2-3　不同壁厚灰铸铁件的力学性能及用途举例（摘自 GB/T 9439—2010）

牌　号	铸件壁厚 /mm	抗拉强度 σ_b/MPa	硬度 /HBS	用途举例
HT100	2.5~10 10~20 20~30	130 100 90	110~166 93~140 87~131	低负荷不重要件或薄件，如盖罩、手轮、重锤等
HT150	2.5~10 10~20 20~30	175 145 130	137~205 119~179 110~166	承受中等负荷的铸件，如机床支架、带轮、轴承座、法兰、泵体、阀体、飞轮、缝纫机件等
HT200	2.5~10 10~20 20~30	220 195 170	157~236 148~222 134~200	承受中等负荷的重要件，如气缸、齿轮、底架、飞轮、齿条、刀架、普通机床床身等
HT250	4.0~10 10~20 20~30	270 240 220	175~236 148~222 134~200	载荷较大、要求较高的重要铸件，如气缸、机体、床身、齿轮、凸轮、油缸、衬套、联轴、飞轮等
HT300	10~20 20~30	290 250	182~272 168~251	承受高负荷、耐磨和高气密性的重要铸件，如重型机床、压力机床身、活塞环、液压环、凸轮等
HT350	10~20 20~30	340 290	199~298 182~272	

注：铸件壁厚 30~50 mm 的数据本表省略。

由表 2-3 可见，选择铸铁牌号时，必须考虑铸件的壁厚。例如，某机床铸件壁厚有 8 mm、25 mm 两种，要求其抗拉强度值均为 170 MPa。此时，壁厚 25 mm 的铸件应选 HT200，壁厚 8 mm 的铸件则应选 HT150。

2. 可锻铸铁

可锻铸铁又称玛铁或玛钢，它是将白口铸铁坯件经石墨化退火而成的一种铸铁。由于其石墨呈团絮状，大大减轻了对金属基体的割裂作用，故抗拉强度得到显著提高，如 σ_b 一般达 300~400 MPa，最高可达 700 MPa。尤为可贵的是，这种铸铁有着相当高的塑性和韧度($\delta \leqslant 12\%$, $\alpha_k \leqslant 30 \text{ J/cm}^2$),可锻铸铁就是因此而得名,其实它并不能真的用于锻造。可锻铸铁已有200多年的生产历史,在球墨铸铁问世之前,它曾是力学性能最高的铸铁。

按照退火方法的不同,可锻铸铁可分为黑心可锻铸铁、珠光体可锻铸铁和白心可锻铸铁三种,其中以黑心可锻铸铁在我国最为常用。黑心可锻铸铁为铁素体基体,如图2-17所示,其牌号用"KTH"表示,后面常用两位数字分别表示最低抗拉强度和伸长率。黑心可锻铸铁的性能特征是塑性、韧度高,耐蚀性较高,但强度、硬度较珠光体可锻铸铁低。表2-4所示为黑心可锻铸铁的牌号、力学性能和用途举例。

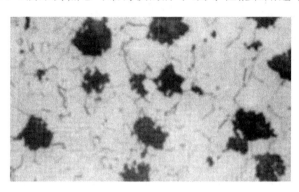

图 2-17 黑心可锻铸铁金相显微组织

表 2-4 黑心可锻铸铁的牌号、力学性能和用途举例(摘自 GB/T 9440—2010)

牌 号	抗拉强度 σ_b/MPa	伸长率 δ/(%)	硬度 /HBS	用 途 举 例
KTH300-06	300	6	$\leqslant 150$	用于承受冲击、振动及扭转负荷的零件,如汽车、拖拉机后桥壳、轮壳、转向机构壳体、水暖管件(如三通、弯头、阀门)、农机件、电力线路上的金属用具等
KTH330-08	330	8		
KTH350-10	350	10		
KTH370-12	370	12		

可锻铸铁通常用于制造形状复杂、承受冲击载荷的薄壁小件。这些小件若用一般铸钢制造困难较大;若改用球墨铸铁,质量又难以保证。

制造可锻铸铁件的首要步骤是先铸出白口铸铁坯件,若坯件在退火前已存在片状石墨,则无法经退火制造出团絮状石墨。为此,必须将其放置于退火箱中,将箱盖用泥封好后送入退火炉中,缓慢加热到920~980 ℃的高温,保温10~20 h,并按照规范冷却到室温(对于黑心可锻铸铁还要在700 ℃以上进行第二阶段保温)。石墨化退火的总周期一般为40~70 h。可看出,可锻铸铁的生产过程复杂,退火周期长,能源耗费大,铸件的成本较高。

3. 球墨铸铁

球墨铸铁是20世纪40年代末发展起来的一种铸造合金,它是向出炉的铁液中加入球化剂和孕育剂而得到的球状石墨铸铁。

1) 球墨铸铁的组织和性能

球墨铸铁由于石墨呈球状,如图 2-18 所示,使石墨对金属基体的割裂作用进一步减轻,其基体强度利用率可达 70%~90%,而灰铸铁的强度利用率仅 30%~50%,故球墨铸铁的强度和韧度远远超过灰铸铁,并可与钢媲美。如抗拉强度一般为 400~600MPa,最高可达 900MPa;伸长率一般为 2%~10%,最高可达 18%。球墨铸铁可通过退火、正火、调质、高频淬火、等温淬火等热处理,使其基体形成不同组织,如铁素体、珠光体及其他的淬火、回火组织,从而进一步改善其性能。此外,球墨铸铁还兼有接近灰铸铁的优良铸造性能。

图 2-18 球墨铸铁显微组织

球墨铸铁的牌号中的 QT 表示"球铁",后面两个数字的含义与可锻铸铁的相同。表 2-5 所示为球墨铸铁件的牌号、力学性能和用途举例。

表 2-5 球墨铸铁件的牌号、力学性能和用途(摘自 GB/T 1348—2009)

牌 号	基体组织	抗拉强度 σ_b/MPa	屈服强度 $\sigma_{0.2}$	伸长率 δ/(%)	硬度 /HBS	用 途
QT400-18	铁素体	400	250	18	130~180	承受冲击、振动的零件。如汽车、拖拉机地盘零件(后桥壳),中低压阀门,上、下水及输气管道
QT400-15	铁素体	400	250	15	130~180	
QT450-10	铁素体	450	310	10	160~210	
QT500-7	铁素体+珠光体	500	320	7	170~230	
QT600-3	珠光体+铁素体	600	370	3	190~270	负荷大、受力复杂的零件,如汽车、拖拉机曲轴,连杆、凸轮轴,机床蜗杆、蜗轮,轧钢机,大齿轮
QT700-2	珠光体	700	420	2	225~305	
QT800-2	珠光体或回火组织	800	480	2	245~335	
QT900-2	贝氏体或回火组织	900	600	2	280~360	高强度齿轮,如汽车后桥螺旋锥齿轮,大减速齿轮等

球墨铸铁目前已取代部分可锻铸铁件、铸钢件,也取代了部分负荷载较重但受冲击不大的锻钢件。由于使用范围的扩大,球墨铸铁的产量也在迅速增长,因此是发展前途广阔的铸造合金。

2) 球墨铸铁的生产特点

(1) 铁液　制造球墨铸铁所用的铁液碳含量(3.6%~4.0%)、硅含量(2.4%~2.8%)要高,但硫、磷含量要低。为防止浇注温度过低,出炉的铁液温度必须高达1 450℃以上,以弥补球化和孕育处理时温度的损失。

(2) 球化处理和孕育处理　球化处理是制造球墨铸铁的关键,必须严格操作。球化剂的作用是使石墨呈球状析出,我国广泛采用的球化剂是稀土镁合金。稀土镁合金中的镁和稀土都是球化元素,其含量均低于10%,其余为硅和铁。以稀土镁合金做球化剂不仅结合了我国的资源特点,其作用平稳,减少了镁的用量,还能改善球墨铸铁的质量。球化剂的加入量一般为铁液质量的1.3%~1.8%(视铸铁的化学成分和铸件大小而定)。

孕育剂的主要作用是促进石墨化,防止球化元素所造成的白口倾向。常用的孕育剂为碳含量75%的硅铁,加入量为铁液质量的0.4%~1.0%。

炉前处理的工艺方法有多种,其中以冲入法最为常见,如图2-19所示。它是将球化剂放在铁水包的堤坝内,上面铺以铁屑(或硅铁粉)和稻草灰,以防止球化剂上浮,并使其作用缓和。开始时,先将铁水包容量1/2左右的铁液冲入包内,使球化剂与铁液充分反应,而后将孕育剂放入冲天炉的出铁槽内,用剩余的1/2包铁液将其冲入包内,进行孕育。

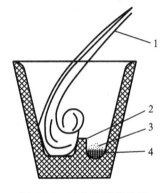

图2-19　冲入法球化处理
1—铁液;2—堤坝;
3—铁屑、稻草灰;4—球化剂

(3) 铸型工艺　球墨铸铁较灰铸铁件容易产生缩孔、缩松、皮下气孔和夹渣等缺陷,因此在工艺上要采取措施。

如在热节上安置冒口、冷铁,以便对铸件进行补缩,同时,应增加铸型刚度,防止因铸件外形扩大所造成的缩松和缩孔。还应降低铁液的含硫量和残余镁量,以防止皮下气孔。此外,还应加强挡渣措施,以防产生夹渣缺陷。

(4) 热处理　多数球铁件铸后要进行热处理,以保证应有的力学性能。这是由于液态的球墨铸铁多为珠光体和铁素体的混合基体,有时还有自由渗铁体,形状复杂件还存在残余内应力。常用的热处理方法是退火和正火。退火可获得铁素体基体,正火可获得珠光体基体。制取牌号为QT900-2的球墨铸铁则需经过等温淬火才能得到。

4. 蠕墨铸铁

蠕墨铸铁是近20年发展起来的一种新型铸铁。由于其石墨成短片状,片端钝而

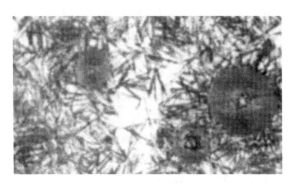

图 2-20 蠕墨铸铁金相显微组织

圆,类似蠕虫,故名。图 2-20 所示显微组织为以珠光体(黑色)和少量铁素体(白色)构成的基体,而短片为蠕虫状石墨。

1) 蠕墨铸铁的制取

制造蠕墨铸铁的铁液与球墨铸铁的相似,即先熔炼出碳、硅含量较高,硫、磷含量较低的高温铁液。炉前处理时,先向铁液中冲蠕化剂。我国多以稀土硅铁合金、稀土硅钙合金或镁钛合金作蠕化剂,加入量为铁液质量的 1.0%~2.0%,蠕化处理后再加入孕育剂进行孕育。

2) 蠕墨铸铁的性能和运用

蠕墨铸铁的石墨形状介于片状和球状之间的过渡组织,所以其力学性能也介于基体相同的灰铸铁和球墨铸铁之间。由于其石墨仍是互相链接的,故强度和韧度低于球墨铸铁,但抗拉强度优于灰铸铁,并且具有一定的塑性和韧度。如 σ_b 为 260~420 MPa,$\sigma_{0.2}$ 为 195~335 MPa,δ 为 0.75%~3.0%。

蠕墨铸铁的断面厚度敏感性比普通灰铸铁小得多,在厚大截面上的性能较为均匀,其耐磨性优于灰铸铁和孕育铸铁,因此适于代替高强度灰铸铁制造形状复杂的大铸件。蠕墨铸铁的传热性、耐热疲劳性高于球墨铸铁,适于在较大温度梯度条件下工作的零件。此外,其气密性优于灰铸铁等。

依照 GB/T 5612—2008,蠕墨铸铁的牌号以"RUT"表示,后面的三位数字表示其最低抗拉强度值。依照 JB/T 4403—1999 的规定,蠕墨铸铁共有 RUT260、RUT300、RUT340、RUT380 和 RUT420 五个牌号。蠕墨铸铁主要用于代替高强度灰铸铁,因熔炼此种铸铁不需低碳、低硅铁液,从而节省了大批废钢,它主要用于制造重型机床,大型柴油机的机体、缸盖,也用于制造耐热疲劳的钢钉模、金属型及要求气密性的阀体等。必须指出,蠕墨铸铁的发展史较短,对其生产的规律性掌握仍不够充分,以致有时质量尚不够稳定。

2.2.2 铸钢件生产

铸钢也是一种重要的铸造合金,它的年产量仅次于灰铸铁,约为球墨铸铁和可锻球墨铸铁目前已取代部分可锻铸铁件、铸钢件,也取代了部分负荷载较重但受冲击不大的锻钢件。由于使用范围的扩大,球墨铸铁的产量也在迅速增长,因此是发展前途广阔的铸造合金。

2) 球墨铸铁的生产特点

(1) 铁液　制造球墨铸铁所用的铁液碳含量(3.6%～4.0%)、硅含量(2.4%～2.8%)要高,但硫、磷含量要低。为防止浇注温度过低,出炉的铁液温度必须高达1 450 ℃以上,以弥补球化和孕育处理时温度的损失。

(2) 球化处理和孕育处理　球化处理是制造球墨铸铁的关键,必须严格操作。球化剂的作用是使石墨呈球状析出,我国广泛采用的球化剂是稀土镁合金。稀土镁合金中的镁和稀土都是球化元素,其含量均低于10%,其余为硅和铁。以稀土镁合金做球化剂不仅结合了我国的资源特点,其作用平稳,减少了镁的用量,还能改善球墨铸铁的质量。球化剂的加入量一般为铁液质量的1.3%～1.8%(视铸铁的化学成分和铸件大小而定)。

孕育剂的主要作用是促进石墨化,防止球化元素所造成的白口倾向。常用的孕育剂为碳含量75%的硅铁,加入量为铁液质量的0.4%～1.0%。

炉前处理的工艺方法有多种,其中以冲入法最为常见,如图2-19所示。它是将球化剂放在铁水包的堤坝内,上面铺以铁屑(或硅铁粉)和稻草灰,以防止球化剂上浮,并使其作用缓和。开始时,先将铁水包容量1/2左右的铁液冲入包内,使球化剂与铁液充分反应,而后将孕育剂放入冲天炉的出铁槽内,用剩余的1/2包铁液将其冲入包内,进行孕育。

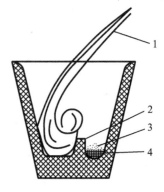

图2-19　冲入法球化处理
1—铁液;2—堤坝;
3—铁屑、稻草灰;4—球化剂

(3) 铸型工艺　球墨铸铁较灰铸铁件容易产生缩孔、缩松、皮下气孔和皮渣等缺陷,因此在工艺上要采取措施。

如在热节上安置冒口、冷铁,以便对铸件进行补缩,同时,应增加铸型刚度,防止因铸件外形扩大所造成的缩松和缩孔。还应降低铁液的含硫量和残余镁量,以防止皮下气孔。此外,还应加强挡渣措施,以防产生夹渣缺陷。

(4) 热处理　多数球铁件铸后要进行热处理,以保证应有的力学性能。这是由于液态的球墨铸铁多为珠光体和铁素体的混合基体,有时还有自由渗铁体,形状复杂件还存在残余内应力。常用的热处理方法是退火和正火。退火可获得铁素体基体,正火可获得珠光体基体。制取牌号为QT900-2的球墨铸铁则需经过等温淬火才能得到。

4. 蠕墨铸铁

蠕墨铸铁是近20年发展起来的一种新型铸铁。由于其石墨成短片状,片端钝而

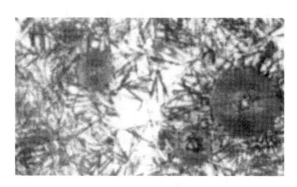

图 2-20 蠕墨铸铁金相显微组织

圆,类似蠕虫,故名。图 2-20 所示显微组织为以珠光体(黑色)和少量铁素体(白色)构成的基体,而短片为蠕虫状石墨。

1) 蠕墨铸铁的制取

制造蠕墨铸铁的铁液与球墨铸铁的相似,即先熔炼出碳、硅含量较高,硫、磷含量较低的高温铁液。炉前处理时,先向铁液中冲蠕化剂。我国多以稀土硅铁合金、稀土硅钙合金或镁钛合金作蠕化剂,加入量为铁液质量的 1.0%~2.0%,蠕化处理后再加入孕育剂进行孕育。

2) 蠕墨铸铁的性能和运用

蠕墨铸铁的石墨形状介于片状和球状之间的过渡组织,所以其力学性能也介于基体相同的灰铸铁和球墨铸铁之间。由于其石墨仍是互相链接的,故强度和韧度低于球墨铸铁,但抗拉强度优于灰铸铁,并且具有一定的塑性和韧度。如 σ_b 为 260~420 MPa,$\sigma_{0.2}$ 为 195~335 MPa,δ 为 0.75%~3.0%。

蠕墨铸铁的断面厚度敏感性比普通灰铸铁小得多,在厚大截面上的性能较为均匀,其耐磨性优于灰铸铁和孕育铸铁,因此适于代替高强度灰铸铁制造形状复杂的大铸件。蠕墨铸铁的传热性、耐热疲劳性高于球墨铸铁,适于在较大温度梯度条件下工作的零件。此外,其气密性优于灰铸铁等。

依照 GB/T 5612—2008,蠕墨铸铁的牌号以"RUT"表示,后面的三位数字表示其最低抗拉强度值。依照 JB/T 4403—1999 的规定,蠕墨铸铁共有 RUT260、RUT300、RUT340、RUT380 和 RUT420 五个牌号。蠕墨铸铁主要用于代替高强度灰铸铁,因熔炼此种铸铁不需低碳、低硅铁液,从而节省了大批废钢,它主要用于制造重型机床,大型柴油机的机体、缸盖,也用于制造耐热疲劳的钢钉模、金属型及要求气密性的阀体等。必须指出,蠕墨铸铁的发展史较短,对其生产的规律性掌握仍不够充分,以致有时质量尚不够稳定。

2.2.2 铸钢件生产

铸钢也是一种重要的铸造合金,它的年产量仅次于灰铸铁,约为球墨铸铁和可锻铸铁的总和。

1. 铸钢的类别和性能

按照化学成分,铸钢可分为铸造碳钢和铸造合金钢两大类,其中铸造碳钢运用较广,约占铸钢件总产量的80%以上。表2-6所示为几种常用的铸造碳钢件的牌号、成分、力学性能和用途举例。

由表2-6可见,铸钢不仅比铸铁强度高,并有优良的塑性和韧度,因此适于制造形状复杂、强度和韧度要求都高的零件。铸钢较球墨铸铁质量容易控制,这在大断面铸件和薄壁铸件生产中尤为明显。此外,铸钢的焊接性能好,便于采用铸、焊联合结构制造巨型铸件。因此,铸钢在重型机械制造中其为重要。

表 2-6 几种常用的铸造碳钢件的牌号、成分、力学性能和用途(摘自 GB/T 11352—2009)

牌号	化学成分/(%)			力学性能≥				用途举例
	C	Si	Mn	屈服点 σ_s/MPa	抗拉强度 σ_b/MPa	伸长率 δ/(%)	冲击韧度 α_k/(J/cm^2)	
ZG230 -450	0.30	0.50	0.90	230	450	22	45	受力不大、要求韧度高的零件,如钻座、轴承盖、箱体、阀体等
ZG270 -500	0.40	0.50	0.90	270	500	18	35	受力复杂的零件,如轧钢机机架、连杆、曲轴、车轮、水压机工作缸、联轴器等
ZG310 -570	0.50	0.60	0.90	310	570	15	30	受力较大的耐磨零件,如制动轮、大齿轮、缸体、辊子等

为改善性能而在碳钢中增加合金元素的铸钢称为铸造合金钢。其牌号是按化学成分编制的。

1) 低合金钢

低合金钢是指合金元素总量小于5%的铸钢。当加入少量单一合金元素,如Mn、Cr、Si等,能够提高钢的强度、韧度,从而减轻设备自重、节省钢材,如ZG40Mn、ZG40Cr等。当加入多种符合元素,可制成超过420 MPa的高强度铸钢。

2) 高合金钢

欲使钢具有耐磨、耐蚀、耐热等特殊性能,则需加入超过10%的合金元素,制成高合金钢。如ZG1Cr18Ni9为铸造镍铬不锈钢,常用来制造耐酸泵等石油、化工用机器设备。

2. 铸钢件的生产特点

(1) 铸钢的熔炼　铸钢的熔炼必须采用炼钢炉。目前，最广泛运用的三相电弧炉，它是以三根石墨电极与金属炉料之间引燃电弧所产生的热量来熔炼金属的，常用的容量（每炉所炼的钢液量）为 5~10 t。近年来，感应电炉也开始广泛运用于铸钢件生产。

(2) 铸造工艺　钢的浇注温度高、流动性差，钢液容易氧化和吸气，同时，其体积收缩率为灰铸铁的 2~3 倍。因此，铸造性能差，容易产生浇不到、气孔、缩孔、缩松、热裂、黏砂等缺陷。为防止上述缺陷的产生，必须在工艺上采取相应的措施。

铸钢所用砂型应有高的耐火温度和抗黏砂性，以及高的强度和透气性、退让性，通常要采用颗粒大而均匀的硅砂，型腔表面要涂以硅粉或钴石粉涂料，大件多采用干砂型或快干型水玻璃砂。此外，砂型中还常加入糖浆、木屑等，以提高强度和退让性。

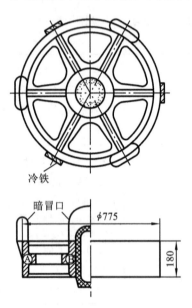

图 2-21　铸铁齿轮的铸造工艺

为了防止铸件产生缩孔和缩松，除薄壁件或小件外，多数铸钢件需安置相当多的冒口和冷铁，以便实现顺序凝固、达到补缩的效果。图 2-21 所示的铸钢齿轮，在轮缘、轮辐的六个交界处容易产生缩孔的热节 A。为防止该处的缩孔，本应在轮缘上安置六个补缩冒口来补缩，但为减少冒口金属的损耗，现采用三个冒口和三个冷铁来控制凝固顺序。由于冷铁传热快，故浇入的金属首先在冷铁处凝固，继而是热节 A 处凝固，最后才是在截面最大的冒口凝固，因此轮缘形成了三个补缩区。考虑轮缘边缘厚度小于热节 A 直径，为防止轮缘边缘提早凝固、将补缩通道堵塞，故将轮缘局部加厚，形成"补贴"，此补贴可在铸后用气割切除。为了向轮毂及其与轮辐交接处热节 B 处收缩，轮毂上还安置了一个大冒口。本例所用的冒口未露出上箱，故称暗冒口，它比明冒口散热慢、补缩效率高、节省钢液，常用于大批生产。

由上可知，钢的铸造工艺复杂，要求严格。同时，冒口要消耗大量钢液，常占浇入钢液的 25%~60%，这些都使得铸件成本增加。

(3) 铸钢件的热处理　铸钢件铸态晶粒粗大，且组织不均、常有残余内应力，致使塑性和韧度不够高。为此，铸后必须进行正火或退火。

2.2.3　铜、铝合金铸件生产

铜、铝合金具有优良的物理性能和化学性能，因此也常用来制造铸件。

1. 铸造铜合金

纯铜俗称紫铜，其导电性、传热性、耐蚀性及塑性均优，但强度、硬度低，且价格较高,因此极少用它来制造零件。机械上广泛运用的是铜合金。

黄铜是以锌为主加元素的铜合金。随着含锌量增加,合金的强度和塑性显著提高,但超过47%之后其力学性能将显著下降,故黄铜的锌含量低于47%。铸造黄铜除含锌外,还常含硅、锰、铅、铝等合金元素。铸造黄铜的力学性能多比黄铜高,而价格却较青铜低。铸造黄铜常用于一般用途的轴瓦、衬套、齿轮等耐磨件和阀门等腐蚀件。

铜和锌以外的元素所组成的铜合金统称为青铜。铜和锡的合金是最普通的青铜,称为锡青铜,是我国历史最为悠久的铸造合金。锡青铜的耐磨性及耐腐蚀性优于黄铜。锡青铜的线收缩率低,不易产生缩孔,但容易产生显微缩孔,有时还加入磷以便脱氧。铝青铜是最常用的无锡青铜,其耐腐蚀性、耐磨性和力学性能优良,但铸造性、导热性较差,故仅用于重要的耐磨、耐蚀件。表2-7为几种铸造铜及铜合金的牌号、名称、成分、性能和用途举例。

表2-7 几种铸造铜及铜合金的牌号、名称、成分、性能和用途举(摘自GB/T 1176—2013)

牌 号	名 称	化学成分/(%)	力学性能			用途举例
			σ_b/MPa	δ_5/(%)	HBS	
ZCuZn38	38黄铜	Zn38 余为Cu	295	30	66	在淡水条件工作的泵、阀门
ZCuZn16Si4	16-4硅黄铜	Zn16,Si4 余为Cu	345	15	90	耐蚀性和铸造性能好,用于泵壳、叶轮、活塞、阀体
ZCuSn10Pb1	10-1锡青铜	Sn10,Pb1, 余为Cu	220	3	80	多用于高负荷和高滑速工作的耐磨件,如重要轴承、衬套、齿轮、蜗轮
ZCuAl9Mn2	9-2铝黄铜	Al9,Mn2, 余为Cu	390	20	83.5	重要用途的耐磨、耐蚀件,如齿轮、衬套、蜗轮、管配件

2. 铸造铝合金

铝合金的密度小,熔点低,导电性、传热性和耐蚀性优良,切削加工性很好,因此也常用来制造铸件。

铸造铝合金分为铝硅合金、铝镁合金及铝锌合金四类。铝硅合金又称硅铝明,其流动性好、线收缩率低、热裂倾向小、气密性好,又有足够的强度,所以运用最广,约占铸造合金总产量的50%以上。铝硅合金适用于形状复杂的薄壁件或气密性要求较高的铸件,如内燃机气缸体、化油器、仪表外壳等。铝铜合金的铸造性能较差,如热裂倾向大,气密性和耐蚀性较差,但耐热性较好,主要用于制造活阀、气缸头等。表2-8

所示为几种铸造铝合金的牌号、成分、性能和用途举例。

表 2-8　几种铸造铝合金的牌号、成分、性能和用途举例(GB/T 1173—2013)

牌　号	代号	化学成分	σ_b/MPa	δ_5/(%)	HBS	用途举例
ZAlSi12	ZL102	Si12 余为 Al	145 T2	4	50	化油器、泵壳、仪表壳等中载荷薄壁复杂件
ZAlSi7Cu4	ZL107	Si7,Cu4 余为 Al	165	2	65	低载荷薄壁复杂件及要求耐腐蚀、气密性的零件
ZAlCu5Mn	ZL201	Cu5,Mn0.6~1.0 Ti0.15~0.3,余为 Al	295 T4	8	70	较高工作温度的零件(活塞、缸头),金属模样
ZAlMg10	ZL301	Mg10,余为 Al	280 T4	10	60	承受冲击的耐腐蚀的零件,如螺旋桨、起落架
ZAlZn11Si	ZL401	Zn11,Si7,Mg0.2 余为 Al	195 Ti	2	80	承受中等载荷的零件,如模具、模板、设备支架

注:(1)力学性能指砂型铸件。
(2)代号"ZL"表示铸铝。首位数字表示合金类别:1—铝硅合金;2—铝铜合金;3—铝镁合金;4—铝锌合金。
(3)抗拉强度中 T4 表示固溶处理+自然时效,T1 表示人工时效,T2 表示退火。

3. 铜、铝合金铸件的生产特点

铜、铝合金的融化特点是金属料与燃料不直接接触,以减少金属损耗和保证金属的纯净。在一般铸造车间,铜、铝合金多采用以焦炭为燃料的坩埚炉及电阻炉来融化。

1) 铜合金的熔化

铜合金在液态下极易氧化,形成的氧化物(Cu_2O)因溶解在铜内而使合金的性能下降。为防止铜的氧化,融化青铜时应加溶剂以覆盖铜液。为去除已形成的氧化铜,最好在出炉前向铜液中加入 0.3%~0.6%磷铜来脱氧。由于黄铜中的锌本身就是良好的脱氧剂,所以融化黄铜时不需另加熔剂和脱氧剂。

2) 铝合金的熔化

铝硅合金在铸态下,其粗大的硅晶体将降低合金的力学性能,为此,在浇注前,常向铝液中加入 NaF 和 NaCl 的混合物进行变质处理(加入量为铝液质量的 2%~3%),使共晶硅由粗针变成细小点状,从而提高了力学性能。

铝合金在液态下也极易氧化,形成的氧化物 Al_2O_3 的熔点高达 2 050 ℃,密度稍大于铝,所以熔化搅拌时容易进入铝液,呈非金属夹渣。铝液还极易吸收氢气,使铸件产生针孔缺陷。

为了减缓铝液的氧化和吸气,可向坩埚内加入 KCl、NaCl 等作为熔剂,以便将铝液与炉气隔离。为了驱除滤液中吸收的氢气、防止针孔的产生,在铝液出炉前应进行"除气处理"。简便的方法是用钟罩向铝中压入氧化锌($ZnCl_2$)、六氯乙烷(C_2Cl_6)等氯盐或氯化物,反应后生成 $AlCl_3$ 气泡,这些气泡在上浮过程中可将氢气及部分 Al_2O_3 夹渣一并带出铝液。

3) 铜、铝合金的铸造工艺特点

铜、铝合金熔点比铸钢、铸铁低,为使铜、铝铸件表面光洁,砂型铸造时应选用细砂来造型。

铜、铝合金的凝固收缩率较灰铸铁高,一般多需安置冒口使其顺序凝固,以便补缩。但锡青铜结晶区间宽,倾向于糊状凝固,容易产生缩松,因此适于金属型铸造。

2.3 砂型铸造

砂型铸造是传统的铸造方法,它适用于各种形状、大小、批量及各种合金的生产。掌握砂型铸造是合理选择铸造方法和正确使用铸件的基础。

为了获得健全的铸件,减少制造铸型的工作量,降低铸件成本,必须合理制定铸造工艺方案,并绘制铸造工艺图。铸造工艺图是在零件图上用各种工艺符号及参数表示铸造工艺方案的图形,其中包括:浇注位置,铸型分型面,型芯的数量、形状、尺寸及其固定方法,加工余量,收缩率,浇注系统,拔模斜度,冒口和冷铁的尺寸及布置等。铸造工艺图是指倒模样(芯盒)设计、生产准备、铸型制造和铸件检验的基本工艺文件。依据铸造工艺图,结合所选定的造型方法,便可绘制出模样图及合型图(见图 2-22)。

本节围绕铸造工艺方案的制定,介绍有关制造方法的选择、浇注位置和分型面的选择等内容。

2.3.1 造型方法的选择

造型是砂型铸造最基本的工序。造型方法的选择是否合理,对铸件质量和成本有着重要影响。由于手工造型和机械造型对铸造工艺有着明显的不同,在许多情况下,造型方法的选定是制定铸造工艺的前提,因此,先来研究造型方法的选择。

1. 手工造型

手工造型操作灵活,大小铸件均可适应,它可采用各种模样及芯型,通过两箱造型、三箱造型等方法制出外廓及内腔形状复杂的铸件。手工造型对模样要求不高,一般采用成本较低的实体木模样,对于尺寸较大的回转体或等截面铸件还可采用成本甚低的刮板来制造。手工制造对砂箱的要求也不高,如砂箱不需严格的配套和机械加工,较大铸件还可以采用地坑来取代下箱,这样,可减少砂箱的费用,并缩短生产准

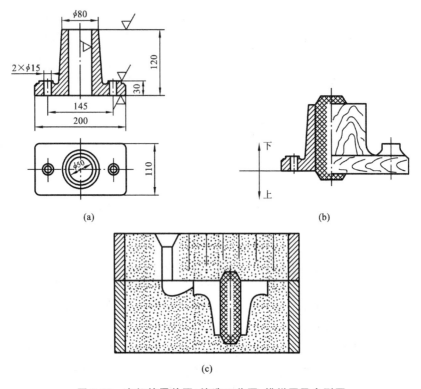

图 2-22 支架的零件图、铸造工艺图、模样图及合型图
(a)零件图 (b)铸造工艺图和模样图 (c)合型图

备时间。在实际生产中,手工造型仍然是难以完全取代的重要造型方法。手工造型主要用于单件、小批生产,有时也可用于较大批量的生产。

为了适应不同铸件和不同批量的生产,手工制造的具体工艺是多种多样的。图 2-23 所示为一环形铸件,用于其尺寸较大,又属于回转体,故在单件、小批生产条件下,宜采用刮板-地坑造型。当铸件生产批量较大,又缺乏机械化生产条件时,上述圆

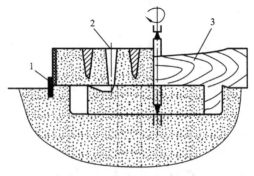

图 2-23 刮板-地坑造型
1—定位楔;2—直浇道;3—刮板

环仍可以采用手工造型,此时宜采用实体模样(木模样或金属模样)进行两箱造型,这不仅简化造型和合型操作,还因型砂紧实度较为均匀,铸件的质量得以提高。

2. 机器造型

在现代化的铸造车间,特别是专业铸造厂已广泛采用机器造型,并与机械化砂处理、浇注等工序共同组成机械化铸造流水线。机器造型可大大提高劳动生产率,改善劳动条件,铸件尺寸精确、表面光洁,加工余量小。尽管机械造型需要的设备、模板、专用砂箱以及厂房等投资大,但在大批量生产中铸件的成本能显著降低。应当看到,随着模板的结构不断改进和制造成本的降低,现在上百件批量的铸件已开始采用机械来造型,因此机械造型的适应范围日益扩大。

机械造型是指将紧砂和拔模等主要工序实现机械化。为了适应不同形状、尺寸和不同批量铸件生产的需要,造型机的种类繁多,紧砂和拔模方法也有所不同。其中,最普通的是以压缩空气驱动的振压式造型机。图2-24所示为顶杆拔模式振压造型机的工作过程。

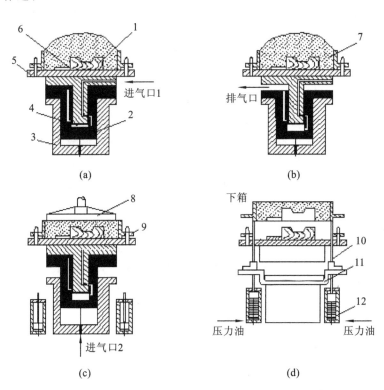

图2-24 顶杆拔模式振压造型机的工作过程

(a)填砂 (b)振击紧砂 (c)辅助压实 (d)拔模

1—模样;2—振击气缸;3—压实气缸;4—振击活塞;5—底板;6—内浇道模;
7—砂箱;8—压头;9—定位销;10—拔模顶杆;11—同步连杆;12—拔模油缸

(1) 填砂(见图 2-24(a))　打开砂斗门,向砂箱中放满型砂。

(2) 振击紧砂(见图 2-24(b))　先使压缩空气从进气口 1 进入振击气缸,底部活塞在上升过程中关闭进气口,接着又打开进气口,使工作台与振击气缸顶部发生一次振击。如此反复进行振击,使砂型在惯性力作用力下被初步振实。

(3) 辅助压实(见图 2-24(c))　由于振击后砂箱上层的砂型紧实度仍然不够,还必须进行辅助压实。此时,压缩空气从进气口 2 进入压实气缸底部,压实活塞带动砂箱上升,在压头的作用下,使砂型受到压实。

(4) 拔模(见图 2-24(d))　当压缩空气推动的压力油进入拔模油缸,四根顶杆平稳的将砂箱顶起,从而使砂箱与模样分离。

一般振压式造型机价格较低,生产率为 30～60 箱/h,目前主要用于一般机械化铸造车间。它的主要特点是砂型紧实度不高,噪声大,工人劳动条件差,且生产率不够高。在现代化的铸造车间,一般振压式造型机已逐步被其他先进造型机所取代。

微振压实造型机是在压实的同时进行微振(振动频率 600～800 次/min,振幅 15～30 mm),因而型砂紧实度的均匀性和型腔表面质量均优于振压造型机,且噪声较小。

高压造型机的压实比压(即型砂表面单位面积上所承受的压实力)大于 0.7 MPa。由于高压造型采用浮动式多触头压头,还可以在压实过程中进行微振,故生产率高,砂型紧实度高且均匀,铸件尺寸精度和表面质量大为提高,且噪声较小。高压造型机广泛用于汽车、拖拉机上较复杂件的大量生产。

射压造型机的工作原理如图 2-25 所示,它是采用射砂(见图 2-27)和压实复合方法紧实砂型。首先利用压缩空气使型砂从射砂头射入造型室内(见图 2-25(a)),造型室由左右两块模板(又称压实板)组成。射砂完毕后,通过右模板(即右压实板)水平施压,已进行压实(见图 2-25(b))。原后左模板向左移动,拔模一定距离后向上翻起,已让出空间。右模板前移、推出砂型,并与前一块砂型合上,形成空腔(见图 2-25(c))。最后,左右模板恢复原位,准备下一次射砂(见图 2-5(d))。射压造型所形成的是一串无砂箱的垂直分型的铸型,其生产率可高达 240～300 型/h。射压造型的主要缺点是因垂直分型,下芯困难,且对模具精度要求高,现主要用于大量生产小型简单件。

机器造型的工艺特点通常是采用模板进行两箱造型。模板是将模样、浇注系统沿分型面,与模地板连接成一整体的专用模具。造型后,模底板形成分型面,模样形成造型空腔,而模底板厚度并不影响铸件的形状和尺寸。

机械造型不能紧实中箱,故不能进行三箱造型。同时,机器造型也应尽力避免活块,因为取出活块费时,使造型机生产率大为降低。为此,在制造铸造工艺方案时,必须考虑机器造型这些工艺要求。图 2-26 所示的轮形铸件,由于轮的圆周面有侧凹,在生产批量不大的情况下,通常采用三箱手工造型,以便从两个分型面取出模样。但在大批量生产条件下,由于采用机械造型,故应改用图中所示的环状型芯,使造型简

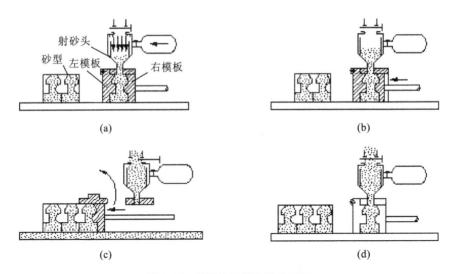

图 2-25 射压造型机的工作原理

(a)射砂 (b)压实 (c)合型 (d)复位

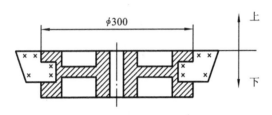

图 2-26 适应机器造型的工艺方案

化成一个分型面,这尽管增加了型芯的费用,但机器造型所取得的经济效益可以补偿。

3. 机械造芯

在成批、大量生产中多用机器来造芯。因此,除采用前述之振击、压实等紧砂外,最常用的是射芯机。射芯技术随芯砂黏结剂和造芯方法的变化而发展。图 2-27 所示为普通射芯机的工作原理。开始时,将芯盒置于工作台上,工作台上升使芯盒与底板压紧。射砂时,打开射压阀,使储气罐中的压缩空气通过射砂筒上的缝隙进入射砂筒内,于是芯砂形成高速的砂流从射砂孔射入芯盒,并将芯砂紧实,而空气则从射砂头和芯盒的排气孔排入大气。可见,射砂紧实是将填砂和紧砂两个工序一并完成,故生产率高,它不仅用于造芯,也开始用于造型。射芯机造型有如下三种。

(1)普通造芯 它是用普通的芯盒(木质或金属),射入普通芯砂(多为油砂或合脂砂),射芯后从芯盒内取出型芯,随之将其放入炉内烘干硬化。随着树脂砂的发展,这种制芯方法逐步被取代。

(2)热芯盒造芯 在射芯机上设有电加热板,使芯盒在 200~250 ℃保温,由于射入的芯砂为呋喃树脂砂,属于热固性材料,故型芯在芯盒内 60 s 左右即可硬化。

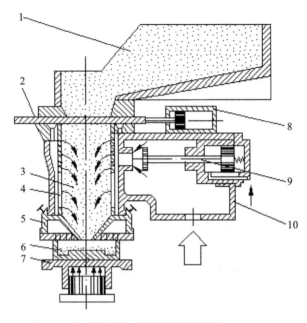

图 2-27 射砂过程示意图

2—闸门；3—射砂筒；5—射砂头；6—芯盒；7—工作台；8—气缸；9—射砂阀；10—储气罐

与传统造芯方法相比，热芯盒造芯省去了放置型芯骨和烘干工序，生产率高，型芯尺寸精确，表面光洁，强度大，适于制造汽车、拖拉机铸件上的各种复杂型芯。

(3) 冷芯盒造芯 它是采用常温的芯盒，射芯后通以气雾硬化剂，使特制的树脂砂通过化学反应迅速硬化。这种造芯方法要采用专门的射芯机，所制出的型芯尺寸精确，生产率高，是一种很有发展前途的造芯方法。

此外，近些年研制出壳芯造芯机，它采用酚醛树脂砂，用吹砂法填充紧实，由于芯盒由电热板预热到 200～280 ℃，在保温 20～60 s 后，因树脂受热熔融，从而制成强度更高的壳芯。壳芯不仅节省树脂砂，且有利于型芯的排气，目前已广泛用于制造汽车上复杂零件的型芯。

必须指出，采用树脂砂制造型芯的不足之处是硬化时有刺激性气味的气体或有害气体发出，应注意环境的密封和通风。

2.3.2 浇注位置和分型面的选择

1. 浇注位置选择原则

浇注位置是指浇注时铸件在型内所处的空间位置。铸件的浇注位置正确与否对铸件质量影响很大，是制定铸造方案时必须考虑的。具体原则参见表 2-9。

表 2-9 铸件浇注位置选择原则

选择原则		图例	
		不合理	合理
1	铸件重要的加工面应朝下。铸件上表面容易产生砂眼、气孔、夹渣等缺陷,组织也不如下表面细致。如果这些表面难以朝下,则应尽量位于侧面	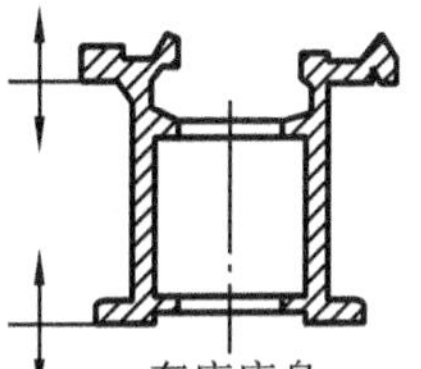 车床床身	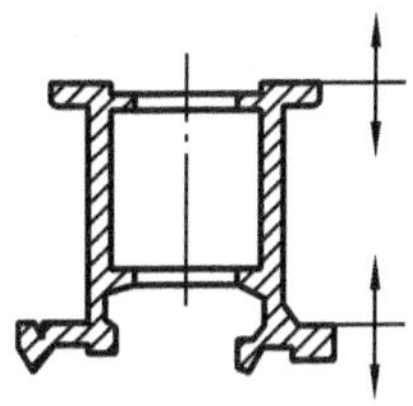
2	铸件的大平面应朝下。浇注过程中金属液对型腔上表面有强烈的热辐射,型砂因急剧热膨胀和因强度下降而拱起或开裂,致使上表面容易产生夹砂或结疤缺陷	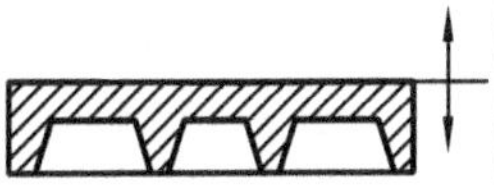 钳工平板	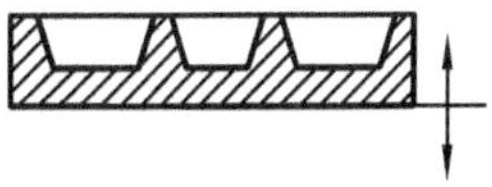
3	为防止铸件薄壁部分产生浇不到或冷隔缺陷,应将面积较大的薄壁部分置于铸型下部或使其处于垂直或倾斜位置	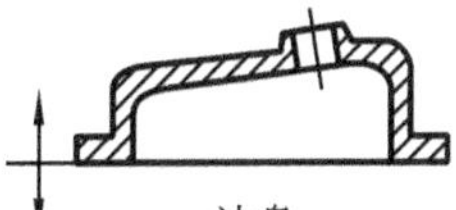 油盘	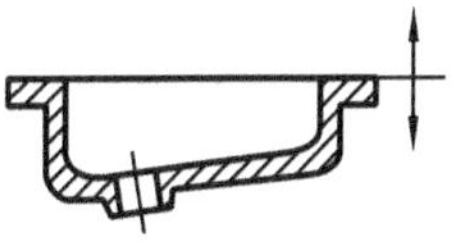
4	若铸件圆周表面质量要求较高,应进行立铸(三箱造型或平做立浇),以便补缩。应将厚的部分放在铸型上部,以便安置冒口,实现顺序凝固	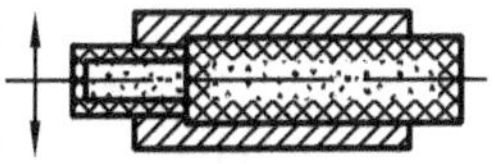 卷扬筒	

2. 分型面选择原则

铸型分型面是指铸型组元间的接合面。铸型分型面的选择正确与否是铸造工艺合理性的关键之一。如果选择不当,不仅影响铸件质量,而且还会使铸模、造型、造芯、合型或清理等工序复杂化,甚至还可增加机械加工量。因此,分型面的选择应能在保证铸件质量的情况下,尽量简化工艺,节省人力物力。分型面的选择如下。

1) 应尽量使分型面平直、数量少

图 2-28 所示为一起重臂铸件,图中所示的分型面为一平面,故可采用简单的分开模造型。如采用顶视图所示的弯曲分型面,则需要采用挖砂或假箱造型。显然,在大批量生产中应尽量采用图 2-28 所示的分型面,这不仅便于造型操作,且模板的制造费用较低。故仍可采用弯曲分型面。

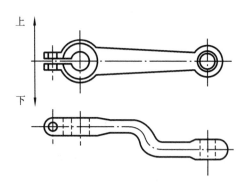

图 2-28 起重臂的分型面

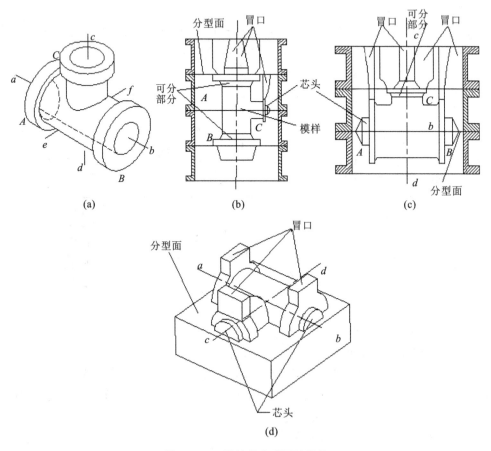

图 2-29 三通铸件分型面的选择

(a)铸件 (b)四箱造型 (c)三箱造型 (d)两箱造型

铸型应尽量采用一个分型面,以便采用工艺简单的两箱造型。同时,多一个分型面,铸造就增加一些误差,使铸件的精度降低。图 2-29(a)所示的三通铸钢件,其内腔必须采用一个 T 形型芯来形成,但不同的分型方案,其分型面数量不同。当中心线 ab 呈垂直时(见图 2-29(b)),铸型必须有三个分型面才能取出模样,即用四箱造型。当中心线 cd 处于垂直位置时(见图 2-29(c)),铸型有两个分型面,需采用三箱造型。当中心线 ab 与 cd 都处于水平位置时(见图 2-29(d)),因造型只有一个分型面,仅采用两箱造型即可。显然,这是合理的分型方案。

2) 应避免不需要的型芯和活块,以简化造型工艺

图 2-30 所示支架分型方案是避免活块的示例。按图中方案Ⅰ,凸台必须采用四个活块方可制出,而下部两个活块的部位甚深,取出困难。当改用方案Ⅱ时,可省去活块,只稍加挖砂即可。

型芯通常用于形成铸件内腔,有时还可以用它来简化铸件的外形,以制出妨碍拔模的凸台、凹槽等。

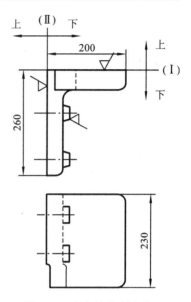

图 2-30 支架的分型方案

但铸造型芯需要专门的芯盒、芯骨,还需烘干及下芯等工序,增加了铸件成本。因此,选择分型面时应尽量避免不必要的芯型。图 2-31 所示为一底座铸件。若按方案Ⅰ分开模造型,其上、下内腔均采用型芯。若改用图中的方案Ⅱ,采用整模造型,则上、下内腔均可由砂垛形成,省掉了型芯。

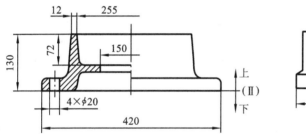

图 2-31 底座铸件

3) 应尽量使铸件全部或大部分置于下箱

这不仅便于造型、下芯、合型,也便于保证铸件精度。图 2-32 所示为一床身铸件,其顶部平面为加工基准面,方案 a 在妨碍拔模的凸台处增加了外部型芯,因采用整模造型使加工面和基准面在同一砂箱内,铸件精度高,是大批量生产时的合理方案。若采用方案 b,铸件若产生错型将影响铸件精度,但在单件、小批生产条件下,铸件的尺寸偏差在一定的范围内可用画线来矫正,故在相应条件下可采用方案 b。

上述诸原则,对于具体铸件来说难以全面满足,有时甚至相互矛盾。因此,必须抓住主要矛盾,从工艺措施上设法解决。例如,质量要求很高的铸件(如机床床身、立

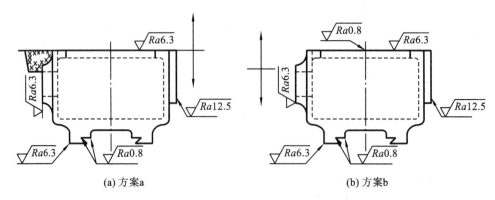

图 2-32　床身铸件

柱、钳工平板、造纸烘缸等），应在满足浇注位置要求的前提下考虑造型工艺的简化。对于没有特殊质量要求的一般铸件，则以简化工艺、提高经济效益为主要依据。不必过多考虑铸件的浇注位置。对于机床立柱、曲轴等圆周面质量要求很高又需沿轴线分型的铸件，在批量生产中又是采用"平做立浇"法，此时，采用专用砂箱，先按轴线分型来造型、下芯，合型之后，将造型翻转 90°，竖立后进行浇注。

2.3.3　工艺参数的选择

为了绘制铸造工艺图，在铸造工艺方案初步确定之后，还必须选定铸件的机械加工余量（RMA）、拔模斜度、收缩率、型芯头尺寸等工艺参数。

1. 要求机械加工余量和最小铸孔

设计铸造工艺图时，为铸件留下要切去的金属层厚度称为要求的机械加工余量等级。余量过大，机械加工费工时且浪费金属；余量过小，铸件将达不到加工面的表面特征与尺寸精度要求。

要求的机械加工余量的具体数值取决于合金的品种、铸造方法、铸件的大小等。砂型铸钢件因表面粗糙，余量应加大；非铁合金价格昂贵，且表面光洁，故余量应比铸铁件小。机器造型时，铸件精度高，余量应比手工造型小。铸件尺寸愈大，误差也愈大，故余量应随之加大。依据 GB/T 6414—1999，要求的机械加工余量等级有 10 级，称为 A，B，…，H，J，K 级，其中灰铸铁砂型铸件要求的机械加工余量如表 2-10 所示。

表 2-10　灰铸铁砂型铸件要求的机械加工余量（RMA）（摘自 GB/T 6414—1999）

零件的最大尺寸		手工造型 F～G 级	机械造型 E～G 级	零件的最大尺寸		手工造型 F～E 级	机械造型 E～G 级
大于	至			大于	至		
—	40	0.5～0.7	0.4～0.5	250	400	2.5～5.0	1.4～3.5
40	63	0.5～1.0	0.4～0.7	400	630	3.0～6.0	2.2～4.0
63	100	1.0～2.0	0.7～1.4	630	1 000	3.5～7.0	2.5～5.0

续表

零件的最大尺寸		手工造型 F~G 级	机械造型 E~G 级	零件的最大尺寸		手工造型 F~E 级	机械造型 E~G 级
大于	至			大于	至		
100	160	1.5~3.0	1.1~2.2	1 000	1 600	4.0~8.0	2.8~5.5
160	250	2.0~4.0	1.4~2.8	1 600	2 500	4.5~9.0	3.2~6.0

注：(1) 对圆柱体及双侧加工的表面，RMA 值应加倍；
(2) 对同一铸件所有的加工表面，一般只规定一个 RMA 的值。

铸件上孔、槽是否铸出，不仅取决于工艺上的可能性，还必须考虑其必要性。一般说来，较小的孔、槽不必铸出，留待机械加工制出反而经济。灰铸铁的最小孔径（毛坯孔径）推荐如下：单件生产 30~50 mm，成批生产 15~30 mm，大量生产 12~15 mm。对于零件图上不要求加工的孔、槽，无论大小均应铸出。

2. 拔模斜度

为了使模样便于从砂型中取出，凡平行拔模方向的模样表面上所增加的斜度称为拔模斜度，如图 2-33 所示。

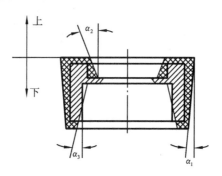

图 2-33 拔模斜度

拔模斜度的值取决于模样的高度、造型方法、模样材料等因素。依照 JB/T 5105—1991 有关规定，木模样外壁高为 40~100 mm 时，拔模斜度（此处有符号未打出）；外壁高为 100~160 mm 时（此处有符号未打出）。为使型砂便于从模样内腔中取出，内壁的拔模斜度（图 2-33 中 α_2、α_3）应比外壁大。

3. 收缩率

由于合金的线收缩，铸件冷却后的尺寸将比型腔尺寸略有缩小。为保证铸件应有的尺寸，模样尺寸必须比铸件放大一个该合金的收缩量。制造模样时，多使用特别的收缩尺，如 0.8%、1.0%、1.5%……各种比例收缩尺。

在铸件冷却过程中，其线收缩不仅受到铸型和芯型的机械阻碍，而且还受到铸件各部分的互相制约。因此，铸件的实际线收缩率除随合金的种类而异外，还与其形状、结构、尺寸有关。通常，灰铸铁为 0.8%~1.0%，铸造碳钢及低合金钢为 1.3%~2.0%，铝硅合金为 0.8%~1.2%，锡青铜为 1.2%~1.4%。

4. 型芯头

型芯头的形状、尺寸对型芯装配的工艺性和稳定性有很大影响。垂直型芯一般都有上、下芯头(见图 2-34(a)),但短而粗的型芯也可省去上芯头。芯头必须保留有一定的斜度 α。下芯头的斜度应小些($6°\sim7°$),上芯头的斜度为便于合型应大些($8°\sim10°$)。水平芯头(见图 2-34(b))的长度取决于型芯头直径及型芯的长度。悬臂型芯头必须加长,以防合型时型芯下垂或被金属液抬起。型芯头与铸型型芯座之间应有小的间隙(s),以便于铸型的装配。

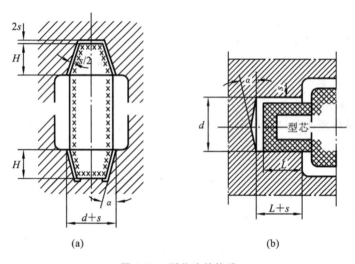

图 2-34 型芯头的构造

有关模样上型芯头长度(L)或高度(H),以及与型芯座配合间隙(s),详见 JB/T 5106—1991。

2.3.4 综合分析举例

在确定某铸件的铸造工艺方案时,首先应了解合金品种、生产批量及铸件质量要求等。分析铸件结构,以便确定铸件的浇注位置,同时,分析铸件分型面的选择方案。在此基础上,依据选定的工艺参数,用红、蓝色笔在零件图上绘制铸造工艺图(包括型芯的数量和固定、冷铁、浇冒口等),为制造模样、编写铸造工艺卡等奠定基础。

图 2-35 所示为支座,材料为 HT150,大批量生产。支座属于支承件,没有特殊的质量要求,故不必考虑浇注位置的特殊要求,主要着眼于工艺上的简化。该件虽属简单件,但底板上四个 $\phi10$ mm 孔的凸台及两个轴孔的内凸台可能妨碍拔模。同时,轴孔如果铸出,还必须考虑下芯的可能性。根据以上分析,该件可供选择的分型方案如下。

(1) 方案Ⅰ 沿底板中心线分型,即采用分开模造型。优点是底面上 110 mm

凹槽容易铸出，轴孔下芯方便，轴孔内凸台不妨碍拔模。缺点是底板上四个凸台必须采用活块，同时，铸件易产生错型缺陷，飞翅清理的工作量大。此外，若采用木模样，加强肋处过薄，木模样易损坏。

（2）方案Ⅱ　沿底面分型，铸件全部位于下箱，为铸出 110 mm 凹槽必须采用挖砂造型。方案Ⅱ克服了方案Ⅰ的缺点，但轴孔内凸台会妨碍拔模，必须采用两个活块或下型芯。当采用活块造型时 φ30 mm 轴孔难以下芯。

（3）方案Ⅲ　沿 110 mm 凹槽底面分型。其优缺点与方案Ⅱ类同，仅是将挖砂造型改用分开模造型或假箱造型，以适应不同的生产条件。

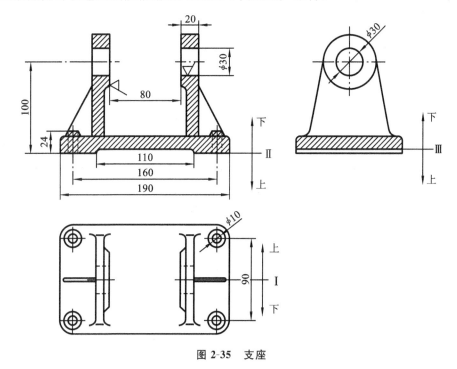

图 2-35　支座

可以看出，方案Ⅱ、Ⅲ的优点多于方案Ⅰ。但在不同的生产批量下，具体方案可选择如下。

（1）单件、小批量生产　由于轴孔直径较小、无须铸出，而手工造型便于进行挖砂和活块造型，此时依靠方案Ⅱ分型较为经济合理。

（2）大批量生产　由于机器造型难以使用活块，故应采用型芯指出轴孔内凸台。同时，应采用方案Ⅲ从 110 mm 凹槽底面分型，以降低模板制造费用。图 2-36 所示为其铸造工艺图（浇注系统图从略），由图可见，方型芯的宽度大于底板，以便使上箱压住该型芯，防止浇注时上浮。若轴孔需要铸出，采用组合型芯即可实现。

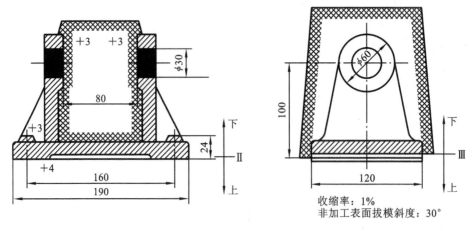

图 2-36 支座的铸造工艺图

2.4 砂型铸件的结构设计

进行铸件设计时,不仅要保证其力学性能和工作性能要求,还必须考虑铸造工艺和合金铸造性能对铸件结构的要求。铸件的结构是否合理,结构工艺是否良好,对铸件的质量、生产率及其成本有很大的影响。本节介绍砂型铸件对结构设计的主要要求。

2.4.1 铸件结构与铸造工艺的关系

铸件结构应尽可能使制模、造芯、合型和清理过程简化,并为实现机械化生产创造条件。铸造工艺对铸件结构的要求如表 2-11 所示。

表 2-11 铸造工艺对铸件结构的要求

对铸件结构的要求	图 例	
	(a)不合理	(b)合理
1.尽量避免铸件拔模方向存在外部侧凹,以便于拔模 (1)图(a)存在上下法兰,通常要用三箱造型		

续表

对铸件结构的要求	图　例	
	(a)不合理	(b)合理
(2)图(a)需增加外部圈芯才能拔模;图(b)去掉外部圈芯,简化制模和造型工艺		
2.尽量使分型面为平面 图(a)分型用挖砂造型;图(b)去掉了不必要的圆角,使造型简化		
3.凸台和肋条结构应便于拔模 (1)图(a)需要活块或增加外部型芯才能拔模;图(b)将凸台延长到分型面,省去了活块或型芯 (2)图(a)肋条和凸台阴影处阻碍拔模;图(b)肋条和凸台顺着拔模方向布置,容易拔模		
4.垂直分型面上的不加工表面最好有结构斜度,便于拔模 (1)图(b)具有结构斜度,便于拔模 (2)图(b)内部有结构斜度,便于用砂垛取代型芯		

续表

对铸件结构的要求	图 例	
	(a)不合理	(b)合理
5.尽量不用和少用型芯 (1)图(a)采用中空结构要使用悬臂型芯,要采用型芯撑加固;图(b)采用开式结构,省去了型芯 (2)图(a)因出口处尺寸小,要用型芯形成内腔;图(b)扩大了出口,且 $D>H$,故可用砂垛(自带型芯)形成内腔,从而省掉型芯		
6.应有足够的芯头,以便于型芯的固定、排气和清理 图(a)采用悬臂型芯,需采用型芯撑加固,下芯、合型和清理费工,对于薄壁件、加工表面和耐压铸件均不宜采用型芯撑;图(b)增加两个工艺孔,因而避免了型芯撑,并使型芯定位稳定,有利于排气和清理。工艺孔在加工后可用螺钉堵住		

2.4.2 铸件结构与合金铸造性能的关系

铸件的一些主要缺陷,如缩孔、缩松、变形、裂纹、浇不到、冷隔等,有时是由于铸件的结构不够合理,未能充分考虑合金的铸造性能(如充型能力、收缩性等)要求所致。因此,设计铸件时,必须考虑表 2-12 所列的诸方面。

表 2-12　铸件结构与合金铸造性能的关系

类别	对铸件结构的要求	图 例	
		(a)不合理	(b)合理
铸件的壁厚	铸件应有合适的壁厚。过厚时,铸件晶粒粗大,内部缺陷多,导致力学性能下降。为此,应选择合理的截面形状或采用加强肋,以便采用较薄的结构		
	铸件的壁厚也应防止过薄,应大于所规定的最小壁厚,以便于浇不到或冷隔缺陷		
	铸件的内壁厚散热慢,故应比外壁薄些,这样才能使铸件各部分的冷却速度趋于一致,以防缩孔及裂纹的产生		
	铸件的壁厚应尽可能均匀,以防厚壁处金属聚集,产生缩孔、缩松等缺陷。厚度差过大时,易在壁厚交接处引起热应力		

续表

类别	对铸件结构的要求	图 例	
		(a)不合理	(b)合理
壁的连接	铸件壁间转角处一般应具有结构圆角,因直角连接处的内侧较易产生缩孔和应力集中。同时,一些合金由于形成与铸件壁面垂直的柱状晶体,使转角处的力学性能下降,较易产生裂纹。结构圆角的大小应与壁面相适应。通常使转角处内接圆直径小于相邻壁厚的1.5倍		
	为减小热节和内应力,应避免铸件壁间锐角连接,而改用先直角接头后转角的结构。当接头间壁厚差别很大时,为减小应力集中,应采用逐步过渡法,防止壁厚的突变		
轮辐和肋的设计	设计铸件轮辐时,应尽量使其得以自由收缩,以防止产生裂纹。当采用直线型偶数轮辐时,因收缩不一致产生的内应力过大,使轮辐产生裂纹。而奇数轮辐可通过轮缘的微量变形自行减缓内应力。同理,弯曲的轮辐可借轮辐本身的微量变形而防止裂纹的产生		

续表

类别	对铸件结构的要求	图例	
		(a)不合理	(b)合理
轮辐和肋的设计	肋的布置有不同的方式。交叉接头因交叉处热节较大,内应力也难以松弛,故较易产生裂纹。交错接头和环状接头的热节较小,且都可通过微量变形缓解内应力,因此抗裂性能较好	交叉接头	交错接头 环状接头
	防裂肋的应用。为防止裂纹,可在铸件的易裂处增设防裂肋。为达到防裂效果,肋的方向必须与机械应力方向一致,且肋的厚度应为连接壁厚的1/4~1/3。由于防裂肋很薄,故优先凝固而具有较高强度,从而增大了壁间内应力。主要用于铸钢、铸铝易热裂合金。防裂肋铸后应切除		
防止变形的设计	细而长易变形的铸件,应尽量设计成对称截面。由于冷却过程产生的热应力相互抵消,从而使铸件的变形大为减小		
	为防止平板类铸件的翘曲变形,增设加强肋,以提高铸件的硬度		

必须指出,表 2-12 所列仅为原则性的铸件结构和性能的关系。由于各类合金的铸造性能不同,因而它们的结构要求也各有其特点。灰铸铁铸造性能优良,缩孔、缩松、热裂倾向均小,所以对铸件壁厚的均匀性、壁间的过渡性、轮辐形式等要求均不像铸钢件那样严格,许多情况下表 2-12 中(a)所列结构仍然可用,但其壁厚对力学性能的敏感性大,故以薄壁结构最为适宜。但也要避免极薄的截面,以防出现硬脆的白口组织。灰铸铁的牌号愈高,因铸造性能随之变差,故对铸件结构的要求也随之提高,但孕育铸铁可设计成较厚的铸件。钢的铸造性能差,其流动性差,收缩性高,因此铸钢件在砂型铸造时壁厚不能过薄,热节要小,并便于通过顺序凝固来补缩。

2.5 特种铸造

特种铸造是指与普通砂型铸造不同的其他铸造方法。特种铸造方法很多,各有其特点和适用范围。本节仅介绍应用较多的熔模铸造、金属型铸造、压力铸造、离心铸造和消失模铸造等。

2.5.1 熔模铸造

熔模铸造是指用易熔材料制成模样,在模样表面包覆若干层耐火涂料制成型壳,再将模样熔化排出型壳,从而获得无分型面的铸型,经高温焙烧后即可填砂浇注的铸造方法。由于模样广泛采用蜡质材料来制造,故常将熔模铸造称为"失蜡铸造"。

1. 熔模铸造的工艺过程

熔模铸造的工艺过程如图 2-37 所示,可分为蜡模制造,型壳制造,焙烧和浇注三个主要阶段,最后制成图 2-37(a)所示的铸件。

1) 蜡模制造

蜡模制造过程的步骤如下。

(1) 制造压型　压型(见图 2-37(b))是用来制造单个蜡模的专用模具。压型一般用钢、铜或铅等金属材料经切削加工制成,这种压型的使用寿命长,制出的熔模精度高,但压型的制造成本高,生产准备时间长,主要用于大批量生产。对于小批生产,压型还可采用易熔合金(如 Si、Pb、Bi 等组成的合金)、塑料、石膏或硅橡胶等直接在模样上浇注而成。

(2) 蜡模的压制　将蜡料(50% 石蜡和 50% 硬脂酸)加热到糊状后,在 2~3 个标准大气压下,将蜡料压入到压型内(见图 2-37(c)),待蜡料冷却凝固便可从压型内取出,然后修去分型面上的毛刺,即得带有内浇道的单个蜡模(见图 2-37(d))。

(3) 组装蜡模　熔模铸件一般均较小,为提高生产率、降低成本,通常将若干个蜡模焊在一个预先制好的浇道棒上构成蜡模组(见图 2-37(e)),从而可实现一型多铸。

2) 型壳制造

型壳制造是在蜡模组上涂挂耐火材料,以制成具有一定强度的耐火型壳的过程。

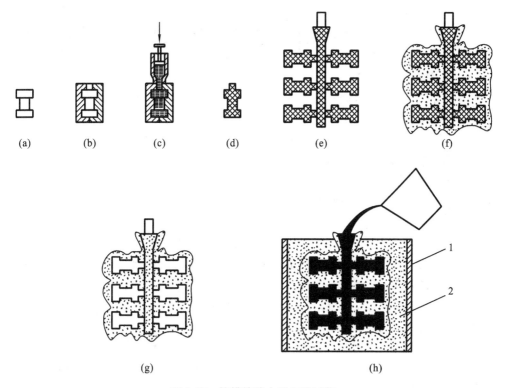

图 2-37 熔模铸造主要工艺过程

(a)铸件 (b)压型 (c)压制蜡模 (d)单个蜡模 (e)蜡模组合 (f)制造型壳 (g)脱蜡,焙烧 (h)装箱浇注

1—砂箱；2—填砂

具体步骤如下。

(1) 浸涂料 将蜡模组置于涂料中浸渍,使涂料均匀地覆盖在蜡模组的表层。一般铸件采用石英粉和水玻璃组成的耐火涂料,高合金钢铸件采用刚玉粉和硅酸乙酯水解液组成的耐火涂料。

(2) 撒砂 使浸渍涂料后的蜡模组均匀地黏附一层石英砂。撒砂的目的是用砂粒固定涂料层,增加型壳厚度,以获得必要的强度,提高型壳的退让性和透气性,防止型壳硬化而产生裂纹。

(3) 硬化 制壳时,每涂刮和撒砂一层后,必须进行化学硬化和干燥。

当以水玻璃为黏结剂时,将蜡模组浸在 NH_4Cl 溶液中,发生化学反应,析出来的凝胶将石英砂黏得十分牢固。

由于上述过程仅能结成 1~2 mm 薄壳。为使型壳具有较高的强度,故结壳过程要重复进行 4~6 次,最终制成 5~12 mm 的耐火型壳(见图 2-37(f))。

(4) 脱蜡 从型壳中取出蜡模形成铸型空腔,必须进行脱蜡。通常是将型壳浸泡于 85~95 ℃的热水中,使蜡料熔化上浮而脱除(见图 2-37(g))。脱出的蜡料经回收处理后可重复使用。

3) 焙烧和浇注

（1）焙烧　为了进一步去除型壳中的水分、残料及其他杂质，在金属浇注之前，必须将型壳送入加热炉，在 800～1 000 ℃温度下进行焙烧。通过焙烧，可使型壳的强度增加，型腔更为干净。

（2）浇注　为防止浇注时型壳发生变形和破裂，常在焙烧后用干砂填紧加固，并趁热浇注（见图 2-37(h)）。

冷却之后，将型壳破坏，取出铸件，然后去掉浇道、冒口，清理毛刺等。

2. 熔模铸造的特点和适用范围

熔模铸造的特点如下。

（1）铸件的精度高，表面光洁。如涡轮发动机的叶片，铸件精度已达到无机械加工余量的要求。

（2）可制造难以砂型铸造或机械加工的形状很复杂的薄壁铸件。因为熔模铸件使用易熔模，无须取模，同时铸型是在预热后趁热浇注的。铸出铸件最小壁厚为 0.3 mm，能铸出的最小孔径为 2.5 mm。

（3）适用于各种合金铸件。由于型壳用高级耐火材料制成，尤其适用于高熔点、难加工的高合金钢铸件，如高速钢刀具、不锈钢汽轮机叶片等。

（4）生产批量不受限制。

（5）生产工艺复杂且周期长。机械加工压型成本高，所用耐火材料、模料和黏结剂价格较高，铸件成本高。由于受熔模及型壳强度限制，铸件不宜过大（或过长），仅适于从几十克到几千克的小铸件，一般不超过 45 kg。

综上所述，熔模铸造最适于高熔点合金精密铸件的成批、大量生产，主要用于形状复杂、难以切削加工的小零件。目前，熔模铸造已在汽车、拖拉机、机床、刀具、汽轮机、仪表、航空、兵器等领域得到了广泛的应用，成为少屑、无屑加工中最重要的工艺方法。

2.5.2　金属型铸造

金属型铸造是将液态金属浇入金属铸型中，并在重力作用下凝固成形以获得铸件的方法。由于金属铸型可反复使用多次（几百次到几千次），故有永久型铸造之称。

1. 金属型铸造的类型

金属型的结构主要取决于铸件的形状、尺寸，合金的种类及生产批量等。

按照分型面的不同，金属型可分为整体式、垂直分型式、水平分型式和复合分型式。其中，垂直分型式便于开设浇道和取出铸件，也易于实现机械化生产，所以应用最广。金属型的排气依靠出气口及分布在分型面上的许多通气槽。为了能在分型过程中将灼热的铸件从型腔中推出，多数金属型设有推杆机构。

金属型一般用铸铁制成，也可采用铸钢。铸件的内腔可用金属型芯或砂芯来形成，其中金属型芯用于非铁金铸件。为使金属型芯能在铸件凝固后迅速从内腔中抽出,金属型还常设有抽芯机构。对于有侧凹的内腔,为使型芯得以取出,金属型芯可由几块组合而成。图 2-38 所示为铸造铝活塞金属型典型结构简图,由图可见,它是垂直分型和水平分型相结合的复合结构,其左、右两个半型用铰链相连接,以分、合铸型。由于铝活塞内腔存有销孔内凸台,整体型芯无法抽出,常采用组合金属型芯。浇注之后,先抽出型芯 5,然后再取出型芯 4 和型芯 6。

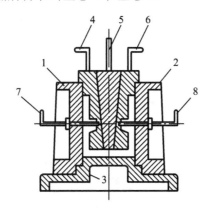

图 2-38 铸造铝活塞金属型简图
1、2—左右半型;3—底型;4、5、6—分块金属型芯;7、8—销孔金属型芯

2. 金属型铸造的工艺

由于金属型导热快,且没有退让性和透气性,为获得优质铸件和延长金属型的寿命,必须严格控制其工艺。

1) 喷刷涂料

金属型的型腔和金属型芯表面必须喷刷涂料。涂料可分衬料和表面涂料两种,前者以耐火材料为主,厚度为 0.2~1.0 mm;后者为可燃物质(如灯烟、油类),每浇注一次就喷涂一次,以产生隔热气膜。

2) 金属型应保持一定的工作温度

通常铸铁件的预热温度为 250~350 ℃,非铁金属铸件 100~250 ℃。其目的是减缓铸型时浇入金属的激冷作用,减少铸件缺陷。同时,因减小铸型和浇入金属的温差,提高了铸型寿命。

3) 适合的出型时间

浇注之后,铸件在金属型内停留的时间愈长,铸件的出型及抽芯愈困难,铸件的裂纹倾向加大。同时,铸铁件的白口倾向增加,金属型铸造的生产率降低。为此,就使铸件凝固后尽早出型。通常,小型铸铁件出型时间为 10~60 s,铸件温度为 780~950 ℃。

此外,为避免灰铸铁件产生白口组织,除应采用碳、硅含量高的铁液外,涂料中应加入些硅铁粉。对于已经产生白口组织的铸件,要利用出型时铸件的自身余热,及时进行退火。

3. 金属型铸造的特点和适用范围

金属型铸造可"一型多铸",便于实现机械化和自动化生产,从而可大大提高生产率。同时,铸件的精度和表面质量比砂型铸造显著提高(如铝合金铸件的尺寸公差等级 CT7~CT9,表面粗糙度值 3.2~12.5 μm)。由于结晶组织致密,铸件的力学性能得到显著提高,如铸铝件的屈服点平均提高 20%。此外,金属型铸造还使铸造车间面貌大为改观,劳动条件得到显著改善。它的主要特点是金属型的制造成本高、生产周期长。同时,铸造工艺要求严格,否则容易出现浇不到、冷隔、裂纹等铸造缺陷,而灰铸铁件又难以避免白口缺陷。此外,金属型铸件的形状和尺寸还有着一定的限制。

金属型铸造主要用于铜、铝合金不复杂中小铸件的大批生产,如铝活塞、气缸盖、油泵壳体、铜瓦、衬套、轻工业品等。

2.5.3 压力铸造

压力铸造简称压铸,它是指在高压下(比压为 5~150 MPa)将液态或半液态合金快速(充填速度可达 5~50 m/s)压入金属铸型中,并在压力下凝固,以获得铸件的方法。

1. 压力铸造的工艺过程

压铸是在压铸机上进行的,它所用的铸型称为压型。压型与垂直分型的金属型相似,其半个铸型是固定的,称为静型;另半个可水平移动,称为动型。压铸机上装有抽芯机构和顶出铸件机构。

压铸机主要由压射机构和合型机构组成。压射机构的作用是将金属液压入型腔;合型机构用于分合压型,并在压射金属时顶住动型,以防金属液自分型面喷出。压铸机的规格通常以合型力的大小来表示。

图 2-39 所示为卧式压铸机的工作过程。

(1) 注入金属 先闭合压型,将勺内定量的金属液通过压室上的注液孔向压室内注入(见图 2-39(a))。

(2) 压铸 压射冲头向前推进,金属液被压入压型中(见图 2-39(b))。

(3) 取出铸件 铸件凝固之后,抽芯机构将型腔两侧芯同时抽出,动型左移分型,铸件则借冲头的前伸动作离开压室(见图 2-39(c))。此后,在动型继续打开过程中,由于顶杆停止了左移,铸件在顶杆的作用下被顶出动型(见图 2-39(d))。

2. 压力铸造的特点和适用范围

1) 压力铸造的主要优点

(1) 铸件的精度及表面质量较其他铸造方法均高(尺寸公差等级 CT4~CT8,表面粗糙度值 1.6~12.5μm)。通常不经机械加工即可使用。

(2) 可铸压形状复杂的薄壁件,或直接铸出小孔、螺纹、齿轮等(见表 2-13)。

(3) 铸件的强度和硬度都较高。因为铸件的冷却速度快,又是在压力下结晶,其表面结晶细密,如抗拉强度比砂型铸造提高 25%~30%。

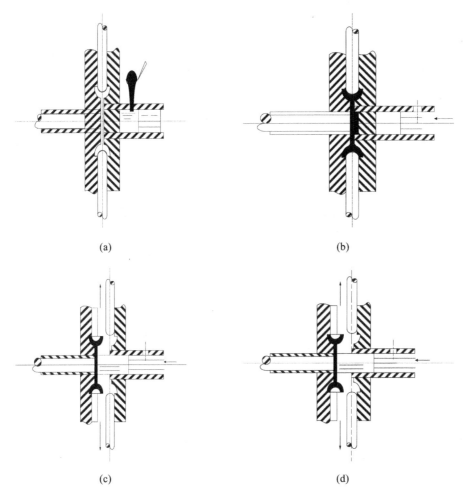

图 2-39 卧式压铸机的工作过程
(a)注入金属 (b)压铸 (c)分型 (d)取出铸件

表 2-13 压铸件的一般规范

合金种类	适宜壁厚/mm	孔的极限尺寸			螺纹极限尺寸			铸齿的最小模数
		最小孔径/mm	最大孔深(直径倍数)		最小螺距/mm	最小螺纹直径/mm		
			盲孔	通孔		外螺纹	内螺纹	
锌合金	1~4	0.7	$4d$	$8d$	0.75	6	10	0.3
铝合金	1.5~5	2.5	$>\phi 5=4d$ $<\phi 5=3d$	$>\phi 5=7d$ $<\phi 5=5d$	1.0	10	20	0.5
镁合金	1~4	2.0	$>\phi 5=4d$ $<\phi 5=3d$	$>\phi 5=8d$ $>\phi 5=6d$	1.0	6	15	0.5

(4)压铸的生产率较其他铸造方法均高。一般冷压室压铸机可压铸600~700次/h。

(5)便于采用镶铸(又称镶嵌法)。镶铸是将其他金属或非金属材料预制成的嵌件铸前先放入压型中,经过压铸使嵌件和压铸合金结合成一体(见图2-40),这既满足了铸件某些部位的特殊性能要求,如强度、耐磨性、绝缘性、导电性等,又简化了装配结构的制造工艺。

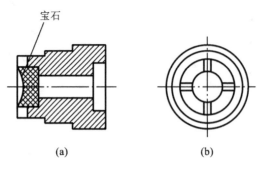

图 2-40 镶嵌件的应用

2)压力铸造的主要缺点

压铸虽是实现少屑、无屑加工非常有效的途径,但也存有以下不足。

(1)压铸设备投资大,制造压型费用高、周期长,只有在大量生产条件下经济上才合算。

(2)压铸高熔点合金(如铜、钢、铸铁)时,压型寿命很低,难以适应。

(3)由于压铸的速度极高,型腔内气体很难排除,厚壁处的收缩也很难补缩,致使铸件内部常有气孔和缩松。因此,压铸件不宜进行较大余量的机械加工,以防孔洞的外露。

(4)由于某种原因,上述气孔是在高压下形成的,热处理加热时孔内气体膨胀将导致铸件表面起泡,所以压铸件不能用热处理方法来提高性能。必须指出,随着加氧压铸、真空压铸和黑色金属压铸等新工艺的出现,使压铸的某些缺点有了克服的可能性。

目前,压力铸造已在汽车、拖拉机、航空、兵器、仪表、电器、计算机、轻纺机械、日用品等领域得到了广泛应用,如气缸体、箱体、化油器、喇叭外壳等铝、镁、锌合金铸件的大批量生产。

2.5.4 离心铸造

将液态合金浇入高速旋转的铸型,使其在离心力作用下充填铸型并结晶,这种铸造方法称为离心铸造。

1. 离心铸造的基本方式

离心铸造必须在离心铸造机上进行。离心铸造机上的铸型可以用金属型,也可以用砂型、熔模壳型等。根据铸型旋转轴空间位置的不同,离心铸造机可分为立式和卧式两大类。

在立式离心铸造机上的铸型是绕垂直轴旋转的。当其浇注圆筒形铸件时(见图 2-41(a)),金属液并不填满型腔,这样便于自动形成内腔,而铸件的壁厚则取决于浇入的金属量。在立式离心铸造机上进行离心铸造的优点是便于固定和金属的浇注,但其自由表面(即内表面)呈抛物线状,使铸件上薄下厚。显然,在其他条件不变的前提下,铸件的高度愈大,立壁的壁厚差别也愈大。因此,主要用于高度小于直径的圆环类铸件。

在卧式离心铸造机上铸型是绕水平轴旋转的。由于铸件各部分的冷却条件相近,故铸出的圆筒形铸件无论在轴向和径向的壁厚都是均匀的(见图 2-41(b)),因此适于浇注长度较大的套筒、管类铸件,是最常用的离心铸造方法。

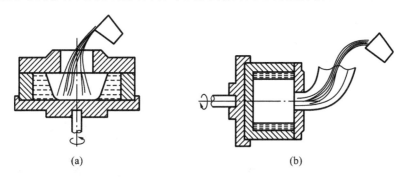

图 2-41　圆筒形铸件的离心铸造
(a)立式离心铸造　(b)卧式离心铸造

离心铸造也可用于生产成形铸件。成形铸件的离心铸造通常在立式离心铸造机上进行,但浇注时金属液填满铸型型腔,故不存在自由表面。此时,离心力的作用主要是提高金属液的充型能力,并有利于补缩,使铸件组织致密。

2. 离心铸造的特点和适用范围

1) 离心铸造的优点

(1)利用自由表面生产圆筒形或环形铸件时,可省去型芯和浇注系统,因而省工、省料,降低了铸件成本。

(2)在离心力的作用下,铸件呈由外向内的定向凝固,而气体和熔渣因密度较金属小,则向铸件内腔(即自由表面)移动而排除,故铸件内部极少有缩孔、气孔、夹渣等缺陷。

(3)便于制造双金属铸件。如可在钢套上镶铸薄层铜材,用这种方法抽出的滑动轴承较整体铜轴承节省铜料,降低了成本。

2) 离心铸造的不足之处

(1)依靠自由表面所形成的内孔尺寸偏差大,而且内表面粗糙,若需机械加工,必须加大余量。

(2)铸件易产生成分偏析,所以不适于偏析大的合金及轻合金铸件,如铅青铜、铝合金、镁合金等。此外,因需要专用设备的投资,故不适于单件、小批生产。

离心铸造是大口径铸铁管、气缸套、铜套、双金属轴承的主要生产方法,铸件的最大重量可达十多吨。在耐热钢辊道、特殊钢的无缝管坯、造纸烘缸等铸件生产中,离心铸造已被采用。

2.5.5 消失模铸造

消失模铸造又称气化模铸造或实型铸造。它是用泡沫塑料制成的模样制造铸型,之后模样并不取出,浇注时模样气化消失而获得铸件的方法。消失模铸造是在20世纪60年代出现的新技术,目前,在先进工业化国家的汽车制造业用于大批量、自动化生产,因而在铸造业占有相当重要的地位。

1. 消失模铸造的工艺过程

消失模铸造工艺包括模样制造、挂涂料、造型浇注和落砂清理等工序,如图2-42所示。

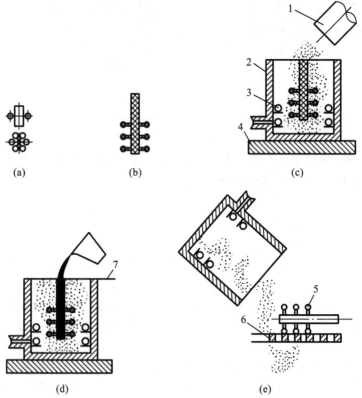

图 2-42 消失模铸造主要工艺过程
(a)制造模样 (b)组成模样簇并上涂料 (c)填砂造型 (d)抽真空浇注 (e)取出铸件
1—填砂导管;2—砂箱;3—抽气管;4—振动台;5—铸件;6—落砂栅格;7—塑料薄膜

1) 模样制造

消失模铸造所用的模样材料主要是可发性聚苯乙烯（EPS）。当铸造低碳钢或合金钢时，常以聚甲基丙烯酸甲酯（EPMMA）取代 EPS，因为 EPMMA 可减少浇注时产生的黑烟及铸件表面增碳，且预发泡后的储存时间不受限制等。

泡沫塑料模的制造步骤如下。

(1) 预发泡与熟化　采用发泡成形法制造模样前，要将 EPS 原珠粒预发泡，使珠粒体积膨胀十几倍，以获得密度、粒度适当的珠粒。生产上常用的预发泡方法是蒸气法。预发泡后的珠粒经干燥和停放一定时间（称为熟化），使颗粒稳定，强度提高。

(2) 模样成形　对单件、小批量生产或大型铸件生产时，可采用聚苯乙烯板材通过机械加工和胶接方法制造模样。对于大批量生产，则将预发泡珠粒充填于成形机的金属模具中加热（如通入蒸汽等），使珠粒进一步膨胀，表面熔融，相互黏结在一起，经过冷却后取出，形成模样（见图 2-42(a)）。

(3) 模样簇成形　为了制模方便，降低制模成本，多数模样需要先分成几块制作，然后再胶合成一完整的模样，最后再将组合的模样和浇注系统模样胶合在一起，形成一个模样簇（见图 2-42(b)）。

2) 涂料

泡沫塑料模样表面上两层涂料。第一层是表面光洁涂料，以填补泡沫塑料的表面粗糙及空洞。第二层是耐火涂料，以防泡沫塑料表面黏砂，提高模样刚度及强度，以及浇注时支撑干砂的作用。涂料多为水基涂料，以浸涂或浸涂加淋涂的方法进行。上涂料后需进行干燥。

3) 干砂造型

将模样簇放入砂箱，分层填入不加黏结剂的石英砂，同时，在振动台上进行振动紧砂（见图 2-42(c)）。

4) 浇注和落砂清理

在填砂振实后应在砂箱顶面覆盖塑料薄膜，并对砂箱抽真空（真空度为 0.02～0.06 Pa），然后浇注（见图 2-42(d)）。应合理选择浇注速度、浇注温度及铸件冷却时间等参数，否则容易产生各种缺陷。如浇注速度过高，模样汽化分解产生的气体来不及向型外排出，铸件容易产生气孔；如果浇注速度过低，铸件容易产生浇不到和冷隔缺陷。

铸件的落砂清理甚为简便。铸件凝固后，解除负压，将砂箱倾倒即可使干砂与铸件分离（见图 2-42(e)）。然后去除浇道、冒口，进行表面清理即可。

2. 消失模铸造的特点和应用范围

消失模铸造与传统的砂型铸造最大的区别在于采用可发性塑料制造模样，采用无黏结剂的干砂来造型，模样不取出，铸型没有型腔和分型面。由于这些差别使消失模铸造具有如下优越性。

(1) 它是一种近乎无余量的精密成形技术。铸件尺寸精度高，表面粗糙度低，接近熔模铸造水平。

（2）无须传统的混砂、制芯、造型等工艺及设备，故工艺过程简化，易实现机械化、自动化生产，设备投资较少，占地面积小。

（3）为铸件结构设计提供了充分的自由度，如原来需要加工成形的孔、槽等可直接铸出。

（4）铸件清理简单，机械加工量减少。

（5）适应性强。对合金种类、铸件尺寸及生产数量几乎没有限制。

据统计，建立一个消失模铸造厂与建立一个相同产量的传统湿砂型铸造厂相比，总投资可减少30%以上，而铸造成本可下降20%～30%。

消失模铸造的主要缺点是浇注时塑料模汽化有异味，对环境有污染，铸件容易出现与泡沫塑料高温热解有关的缺陷，如铸铁件容易产生皱皮、夹渣等缺陷，铸钢件可能稍有增碳，但对铜、铝合金铸件的化学成分和力学性能的影响很小。

消失模铸造的应用极为广泛，如单件、小批生产冶金、矿山、船舶、机床等一些大型铸件；汽车中的零件，典型的铸铁件有球墨铸铁轮毂、差速器壳、空心曲轴及灰铸铁发动机机座、排气管等；典型的铝合金铸件有发动机缸体、缸盖、进气管等。

总之，消失模铸造的应用领域越来越广，是一种极具发展前途的铸造新技术。

2.5.6 常用铸造方法的比较

各种铸造方法均有其优缺点及适用范围，不能认为某种方法最为完善。因此，必须依据铸件的形状、大小、质量要求、生产批量、合金的品种及现有设备条件等具体情况，进行全面分析比较，才能正确地选出合适的铸造方法。

表2-14列出了几种常用铸造方法的综合比较。可以看出，砂型铸造尽管有着许多缺点，但它对铸件的形状和大小、生产批量、合金品种的适应性最强，是当前最为常用的铸造方法，故应优先选用；而特种铸造仅是在相应的条件下，才能显示其优越性。

表2-14 常用铸造方法的比较

铸造方法 比较项目	砂型铸造	熔模铸造	金属型铸造	压力铸造	消失模铸造
铸件尺寸公差等级(CT)	8～15	4～9	7～10	4～8	5～10
铸件表面粗糙度 $Ra/\mu m$	12.5～200	3.2～12.5	3.2～50	铝合金 1.6～12.5	6.3～100
适用铸造合金	任意	不限制，以铸钢为主	不限制，以非铁合金为主	铝、镁、锌低熔点合金	各种合金

续表

铸造方法 比较项目	砂型铸造	熔模铸造	金属型铸造	压力铸造	消失模铸造
适用铸件大小	不限制	小于45 kg，以小铸件为主	中、小铸件	一般小于10 kg，也可以用于中型铸件	几乎不限
生产批量	不限制	不限制，以成批、大量为主	大批、大量	大批、大量	不限制
铸件内部质量	结晶粗、中	结晶粗	结晶细	表面结构细内部多有孔洞	同砂型铸件
铸件加工余量	大	小或不加工	小	小或不加工	小
铸件最小壁厚/mm	3.0	0.3孔 0.5	铝合金2～3，灰铸铁4.0	铝合金0.5，锌合金0.3	3～4
生产率（一般机械化程度）	低、中	低、中	中、高	最高	低、中

习　题

1. 为什么铸造是毛坯生产中的重要方法？试从铸造的特点并结合实例分析之。
2. 什么是液态合金的充型能力？它与合金的流动性有何关系？不同成分的合金为何流动性不同？
3. 既然提高浇注温度可改善充型能力，那么为什么又要防止浇注温度过高？
4. 什么是顺序凝固原则？什么是同时凝固原则？各需采取什么措施来实现？上述两种凝固原则适用场合有何不同？
5. 缩孔和缩松有何不同？为何缩孔比缩松较容易防止？
6. 某定型生产的厚铸铁件，投产以来质量基本稳定，但近一段时间浇不到和冷隔缺陷突然增加，试分析其可能的原因。
7. 某铸件时常产生裂纹缺陷，如何鉴别其裂纹性质？如果属于热裂，应该从哪些方面寻找原因？
8. 使用题图所示异形梁铸钢件，分析其热裂应力形成原因，并用虚线表示出铸件的变形方向。

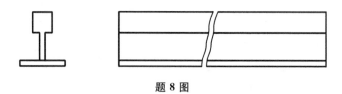

题 8 图

9. 如何区分气孔、缩孔、砂眼、夹渣缺陷？存在铸件缺陷的铸件是否都属于废品？

10. 试从石墨的存在形式，分析灰铸铁的力学性能和其他性能特征。

11. 影响石墨化的主要因素是什么？为什么铸铁的牌号不用化学成分表示？

12. 灰铸铁最适于铸造哪类铸件？试列举车床上 10 种灰铸铁零件的名称。举例说明选用灰铸铁、而不选用铸钢的原因。

13. HT100、HT150、HT200、HT300 的显微组织有何不同？为什么 HT150、HT200 的灰铸铁运用最广？

14. 某产品上的灰铸铁件壁厚有 5 mm、25 mm 两种，力学性能满足全部要求，若全部选用 HT200，是否正确？

15. 填题 15 表，比较各种铸铁。阐述灰铸铁运用最广的原因。

题 15 表

类别	石墨形状	制造过程简述（铁液成分、炉前处理、热处理）	力学性能特征			适用范围
			σ_b/MPa	δ/(%)	α_k/(J/cm^2)	

16. 为什么球墨铸铁是"以铁代钢"的好材料？球墨铸铁是否可以全部取代可锻铸铁？

17. 下列铸件宜选用哪种铸造合金？请阐述理由。

车床床身　摩托车气缸体　火车轮　压气机曲轴　气缸套　自来水管道弯头　减速器蜗轮

18. 为什么手工造型仍是目前不可忽视的造型方法？机器造型有哪些优越性？其工艺特点有哪些？

19. 在射芯机上，现代造芯法与传统造芯法有何根本不同？壳芯机制芯有何优越性？

20. 什么是铸造工艺图？它包括哪些内容？它在铸件生产的准备阶段起到哪些重要作用？

21. 浇注位置选择和分型面选择哪个重要？如果它们的选择方案发生矛盾该如何统一？

22. 题图所示铸件在单件生产条件下该选用哪种造型方法？
23. 题图所示铸件有哪几种分型方案？在大批量生产中该选择哪种方案？
24. 试绘制题图所示调整座铸件在大批量生产中的铸造工艺图。

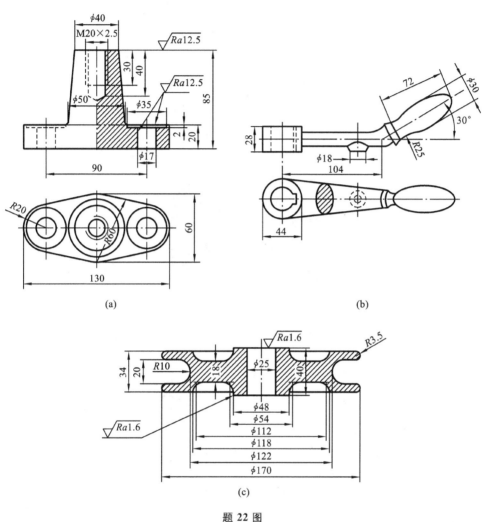

题 22 图

(a)支架　(b)手柄　(c)绳轮

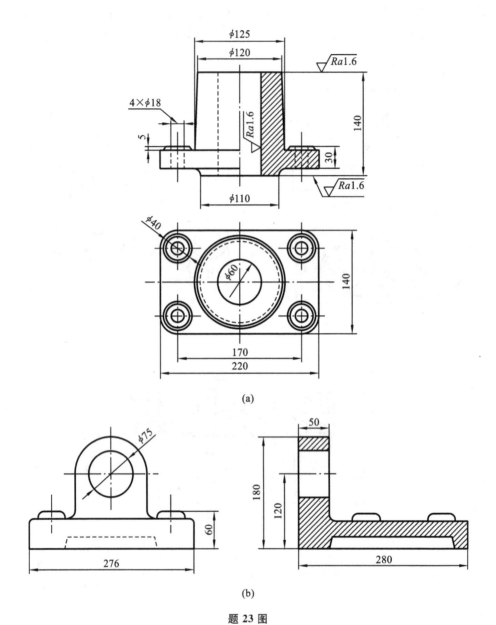

题 23 图

(a) 轴座 (b) 底座

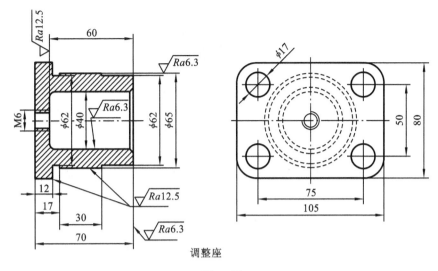

调整座

题 24 图

25. 为什么进行铸件设计时,就要初步考虑出大致分型面?

26. 什么是铸件的结构斜度?它与拔模斜度有何不同?题图所示铸件的结构是否合理?应如何改正?

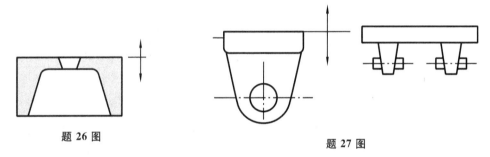

题 26 图　　　　　　　　　题 27 图

27. 题图所示铸件在大批量生产时,其结构有何缺点?该如何改进?

28. 题图所示水嘴在结构上哪处不合理?请改正。

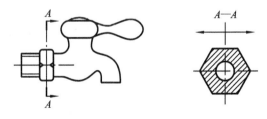

题 28 图

29. 为什么空心球难以铸造?要采取什么措施才能铸造?试用图表示。

30. 为什么铸件要有结构圆角?题图所示铸件上哪些圆角不够合理?应如何修改?

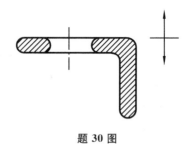

题 30 图

31. 题图所示的支架件在大批量生产中,应该如何改进其设计,才能使铸造工艺得以简化?

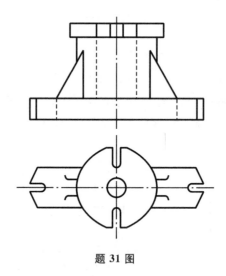

题 31 图

32. 为什么要规定铸件的最小壁厚?灰铸铁件的壁厚过大或局部过薄会出现什么情况?

33. 使用内接圆方法确定题图所示铸件的热节部位。在保证尺寸 H 的前提下,如何使铸件的厚度尽量均匀?

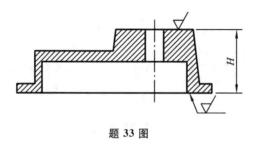

题 33 图

34. 分析题图中砂箱带的两种结构各有何优缺点?为什么?

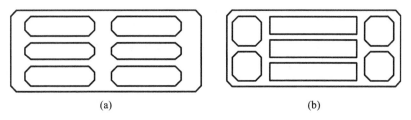

题 34 图

35. 什么是熔模铸造？试用方框图表示其大致工艺流程。
36. 为什么熔模铸造是最有代表性的精密铸造方法？它有哪些优越性？
37. 金属型铸造有何优越性？为什么金属型铸造未能广泛取代砂型铸造？
38. 压力铸造有何优缺点？它与熔模铸造的适用范围有何不同？
39. 什么是离心铸造？它在圆筒形或圆环形铸件生产中有哪些优越性？成型铸件采用离心铸造有什么好处？
40. 什么是消失模铸造？它的工艺特点有哪些？
41. 消失模铸造的基本工艺过程与熔模铸造有何不同？
42. 某公司开发的新产品中有题图所示的铸铝小连杆。请问：
(1) 试制样机时，该连杆宜采用什么铸造方法？
(2) 当年产量为 1 万吨时，宜采用什么铸造方法？
(3) 当年产量超过 10 万件时，则应改选什么铸造方法？

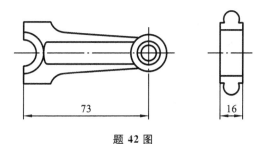

题 42 图

第 3 章　金属塑性成形

3.1　金属塑性成形概论

3.1.1　金属塑性成形的基本工艺

金属塑性成形是指利用金属材料所具有的塑性，在外力作用下发生塑性变形，获得具有一定形状、尺寸和力学性能的零件或毛坯的工艺方法。由于外力多数情况下是以压力的形式出现的，因此也称为金属压力加工，是生产金属型材、板材、线材等的主要方法，通常包括锻造、冲压、挤压、轧制、拉拔等。

锻造是指在压力设备及工（模）具的作用下，使坯料、铸锭产生局部或全部的塑性变形，以获得一定几何尺寸、形状和质量的锻件的加工方法，包括自由锻造和模型锻造两种（见图 3-1）。

冲压是指使板料经分离或成形而得到制品的工艺统称。冲压中所选用的板料通常是在冷态下进行的，所以又称为冷冲压。只有当板料厚度超过 8～10 mm 时才采用热冲压（见图 3-2）。

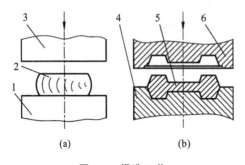

图 3-1　锻造工艺
（a）自由锻　（b）模锻
1—下砧铁；2—自由锻件；3—上砧铁；
4—下模；5—模锻件；6—上模

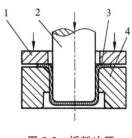

图 3-2　板料冲压
1—压板；2—凸模；
3—冲压件；4—凹模

挤压是指金属坯料在封闭挤压模内受压被挤出模孔而成形的方法（见图 3-3（a））。按金属流动方向和凸模运动的方向不同，可分为正挤压、反挤压、复合挤压和径向挤压四种。按金属坯料所处的变形温度的不同，可分为热挤压、冷挤压和温挤压三种。

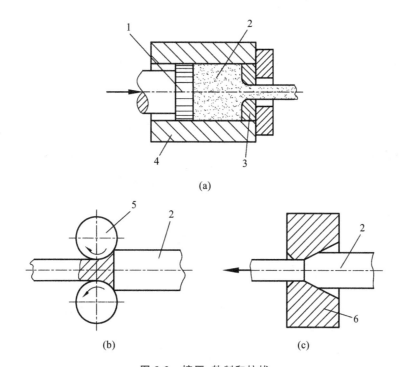

图 3-3 挤压、轧制和拉拔

(a)挤压 (b)轧制 (c)拉拔

1—凸模；2—坯料；3—挤压模；4—挤压筒；5—轧辊；6—拉拔模

轧制是指金属坯料在两个回转轧辊的空隙中受压变形，以获得各种产品的加工方法(见图 3-3(b))，主要工艺有辊锻、横轧、斜轧和旋锻等。

拉拔是指将金属坯料强行拉过拉拔模的模孔而变形的加工方法(见图 3-3(c))。多数情况下是在冷态下进行，所得产品具有较高的尺寸精度和低的表面粗糙度，常用于轧制件的再加工，可制造各种线材、薄壁管和各种特殊几何形状的型材。

承受较大或复杂负荷的机械零件，如机床主轴、内燃机曲轴、连杆以及工具、模具等通常需采用塑性成形方法。如飞机上的压力加工成形零件约占 85%，汽车、拖拉机上的锻件占 60%～80%。

3.1.2 金属塑性成形的实质

金属在外力作用下，其内部必将产生应力，此应力迫使原子离开原来的平衡位置，从而改变了原子间的距离，使金属发生变形，并引起原子位能的增高。但是处于高位能的原子具有返回原来低位能平衡位置的倾向，当导致变形的外力去除后，金属会完全恢复原状，这种变形称为弹性变形。当外力增大到使金属的内应力超过该金属的屈服强度后，即使作用在物体上的外力取消，金属的变形也不完全恢复，而产生一部分永久变形，这部分不可恢复的变形称为塑性变形。

对于单晶体,塑性变形的实质是由于金属原子某晶面两侧受切应力作用产生相对滑移或孪生。滑移是金属晶体的一部分沿着某些晶面和晶向相对另一部分发生相对滑动(见图 3-4);孪生是晶体在切应力作用下,其一部分沿一定的晶面(孪晶面)产生一定角度的切变,其晶体学特征是晶体相对孪晶面而成镜面对称。

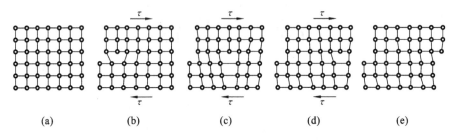

图 3-4 晶体通过位错运动形成滑移

实际金属绝大多数为多晶体。多晶体中每个晶粒的基本变形方式与单晶体相似,因此多晶体的塑性变形可以看成是许多单晶体变形的综合效果。同时,晶粒之间也有滑动和转动,而且晶粒内部都存在很多滑移面,因此整块金属的变形量可以比较大。低温时,多晶体的晶间变形不可太大,否则会导致金属破坏。

金属受外力作用后,金属内部有了应力就会发生弹性变形,应力增大到一定程度后产生塑性变形。当外力去除后,弹性变形将恢复,这种现象称为"弹复"。

3.2 金属塑性变形后组织及性能变化

对于铁、铝、铜等金属及其合金而言,在室温下进行的塑性变形称为冷塑性变形,简称冷变形。冷变形不仅可以改变金属材料的外形和尺寸,而且可以使金属的组织和性能发生明显的变化。随着冷变形量的增大,金属的强度、硬度提高,塑性、韧度下降。这种由于冷变形而引起的强度、硬度提高的现象称为加工硬化,也称为冷变形强化。图 3-5 所示为 45 钢的变形量与强度、硬度、塑性之间的关系。

金属在冷变形后,晶体缺陷密度增大,晶粒破碎拉长,产生加工硬化和残余内应力,使其内能升高。这种能量的升高在热力学上是处于一种亚稳定状态,具有自发恢复到稳定状态的倾向。如果将变形金属加热到某一温度,使原子具有足够的能量,则金属的组织和力学性能将发生一系列的变化,如图 3-6 所示,其变化过程可分为回复、再结晶和晶粒长大三个部分。

把经过冷变形的金属加热到一定温度后,因原子的活动能力增强,使原子回复到平衡位置,晶内残余应力大大减小,这种现象称为回复。回复温度为

$$T_{回} = (0.25 \sim 0.3) T_{熔}$$

式中:$T_{回}$——金属回复温度(K);

$T_{熔}$——金属熔点温度(K)。

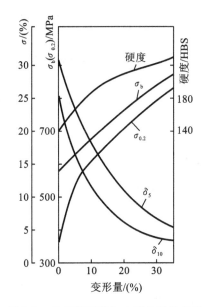

图 3-5　45 钢变形量与力学性能的关系

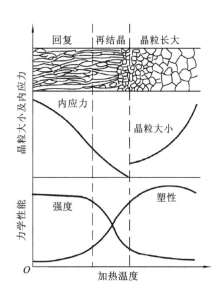

图 3-6　变形金属加热时组织和性能的变化

冷变形金属在回复后残余内应力明显下降,但由于晶粒外形未变,位错密度也并未降低很多,因而回复后,力学性能变化不大,冷变形强化状态基本保留。工业上"消除内应力退火"就是利用回复现象稳定变形后的组织,而保留冷变形强化状态。例如,用冷拉钢丝卷制的弹簧在卷成之后,要进行一次 250~300 ℃ 的低温退火,以消除内应力,促其定形。

当温度继续升高到一定温度,由于原子的活动能力增加,在晶格畸变较严重处重新形核和长大,使晶粒中位错密度降低,产生一些位向与变形晶粒不同,内部缺陷较少的等轴小晶粒。这些小晶粒不断向外扩展长大,使原先破碎、被拉长的晶粒全部被新的无畸变的等轴小晶粒所取代,这一过程称为金属的再结晶。纯金属的再结晶温度为

$$T_{再} = 0.4 T_{熔}$$

式中:$T_{再}$——金属再结晶温度(K);

　　　$T_{熔}$——金属熔点温度(K)。

再结晶完全消除了加工硬化所引起的后果,使金属的组织和力学性能恢复到未加工之前的状态,即金属的强度、硬度显著下降,塑性、韧度大大提高。在实际生产中,加工硬化是强化金属材料的重要手段之一,尤其对不能用热处理强化的材料来说,显得更为重要。但是,加工硬化会给金属的进一步加工带来困难。例如,钢板在冷轧过程中会愈轧愈硬,乃至完全不能产生变形。为此,需安排中间退火工序,通过退火来消除加工硬化,恢复塑性变形能力,使轧制得以继续进行。把消除冷加工硬化

所进行的热处理过程称为再结晶退火,目的是使金属再次获得良好的塑性,以便继续加工。

在再结晶温度以上进行的变形加工称为热变形,因冷变形引起的加工硬化可立即被再结晶过程所消除,从而使得热变形加工后的金属具有再结晶组织而无加工硬化的痕迹,金属的组织和力学性能将发生显著的变化。在一般情况下,正确的热变形加工可以改善金属材料的组织和性能。常见的热变形加工有锻造、热轧等。

热变形加工后,铸态金属中的气孔、缩松及微小裂纹被焊合、压实,材料的致密度增加。热变形加工可使铸态金属中的粗大晶粒破碎,使晶粒细化,组织均匀。由于在温度和压力作用下扩散速度快,因而钢锭中的偏析可以部分地消除,使成分比较均匀。这些变化都使金属材料的力学性能明显提高。

此外,金属在塑性加工中随着变形量的增加,其内部各晶粒的形状将沿受力方向伸长,由等轴晶粒变为扁平形或长条形。当变形量较大时,晶粒被拉成纤维状,此时的组织称为纤维组织,如图 3-7 所示。

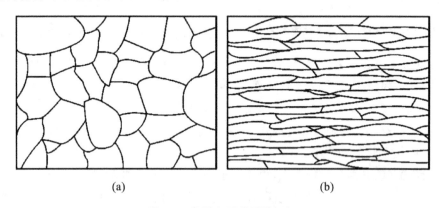

图 3-7 塑性变形前后的组织
(a)变形前的原始组织 (b)变形后的纤维组织

纤维组织使金属材料的力学性能呈现明显的各向异性,拉伸时沿着流线伸长的方向(纵向)具有较好的力学性能,垂直于流线方向的力学性能较差。纤维组织的稳定性很高,不能通过回复或再结晶改变其分布。为使零件获得最佳力学性能,在热变形加工时,应力求使纤维组织方向有正确的分布,即使方向与零件工作时的最大应力方向一致,而与冲击应力或剪应力的方向垂直。图 3-8(a)所示的锻造曲轴,其流线沿曲轴轮廓分布,它在工作时最大拉应力将与其流线平行,流线分布合理。而图3-8(b)所示的是由切削加工而成的曲轴,其纤维大部分被切断,工作时极易沿轴肩处发生断裂。

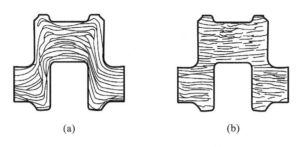

图 3-8　锻钢曲轴中流线分布情况
(a)流线分布合理　(b)流线分布不合理

3.3　自 由 锻 造

自由锻造常简称自由锻,是指金属坯料在锻锤或压力机的上、下砧铁(上砧、下砧)间受冲击力或压力而变形的加工方法。由于坯料在两砧间变形时,沿变形方向可自由流动,故而称为自由锻。自由锻所用工具通用性大,因而应用广泛,工件质量从几克到几百吨均可锻造;锻件机械性能高;对于大、重型锻件,自由锻有时是唯一的加工方法。但自由锻的锻件尺寸精度差,只能用于形状简单的锻件,材料利用率低,劳动强度大。

自由锻工序可分为基本工序、辅助工序和修整工序。

基本工序是使金属产生一定程度的塑性变形,以达到所需形状及尺寸的工艺过程,包括镦粗、拔长、冲孔、芯轴扩孔、芯轴拔长、弯曲、切割、错移、扭转等。

辅助工序是为了使基本工序操作方便而进行的预先变形工序,包括压钳口、倒棱、切肩等。

修整工序也称精整工序,是用以减少锻件表面缺陷和提高锻件尺寸和位置精度的工序,包括校正、滚圆、平整等。

常用的自由锻设备有锻锤和液压机两大类,其中锻锤产生冲击力使金属坯料变形,常用的有空气锤和蒸汽-空气锤。空气锤吨位较小,只用来锻造小型件;蒸汽-空气锤的吨位稍大(最大吨位可达 50 kN),可用来锻造质量小于 1 500 kg 的锻件;液压机产生静压力使金属坯料变形,吨位较大的水压机可以锻造质量达 300 t 的大型锻件。

3.4　模 型 锻 造

模型锻造简称模锻,是指金属坯料在一定形状的锻模模腔内受冲击力或压力而变形的加工方法。模锻的工作原理与自由锻基本相同,只是其采用专用的锻模对金属材料进行成形(见图 3-9)。

由于金属是在模膛内变形,其流动受到模壁的限制,因而模锻生产的锻件尺寸精确,表面质量好;形状结构可以比较复杂;加工余量较小,节省材料,减少切削量,生产率高;批量生产时可大大降低成本;锻件内部流线分布更合理;工人操作技术要求不高,劳动强度较低。

模锻的缺点:受设备吨位限制,质量不能太大,通常在150 kg以下;锻模成本高,不宜于单件、小批量生产;工艺灵活性较差,生产准备周期较长。

模锻按使用设备的不同,可分为锤上模锻(见图3-10)、胎模锻和其他设备上的模锻。

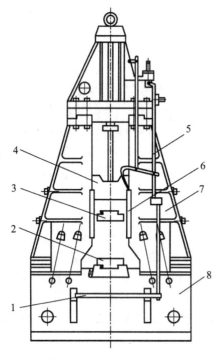
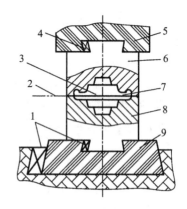

图 3-9 蒸汽-空气模锻锤
1—踏板;2—下模;3—上模;4—锤头;
5—操纵机构;6—导轨;7—锤身;8—砧座

图 3-10 锤上模锻
1—紧固楔铁;2—分模面;3—模膛;
4—紧固楔铁;5—锤头;6—上模;
7—飞边槽;8—下模;9—模垫

锻模的结构是由上下两模具组成。两模具通过燕尾和楔铁分别紧固在锤头和模座上。上、下模接触时,其接触面上所形成的空间为模膛。

模膛按其结构和功用可分为制坯模膛和模锻模膛两类。

制坯模膛的作用:是使坯料形状和尺寸接近锻件(为预锻和终锻做准备);清除坯料表面的金属氧化皮,包括拔长模膛、滚压模膛、弯曲模膛、切断模膛等。

拔长模膛:减少某部分横截面,以增加其长度,一般设在锻模边缘,操作时需一边送进,一边翻转。

滚压模膛:在坯料长度基本不减的前提下,减少某部分横截面,以增加另一部分横截面,使金属按锻件形状分布。

弯曲模膛:对于需弯曲的杆类件,用弯曲模膛来弯曲坯料。

切断模膛:它是在上、下模的角上组成一对刀口,单件时用来切下锻件或切下钳口;多件时,用它分离成单件。

模锻模膛按照功能不同,可分为预锻模膛和终锻模膛。

终锻模膛包括开式和闭式两种形式(图 3-11),其作用是使坯料变形成锻件图上要求的形状、尺寸和精度。因热胀冷缩,终锻模膛尺寸要比锻件尺寸放大一个收缩量。模膛四周有飞边槽,以增加金属从模膛中流出的阻力,容纳多余的金属。对于有通孔件,应留有冲孔连皮。

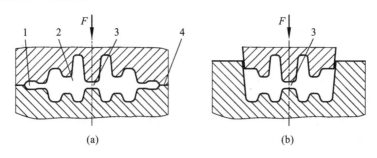

图 3-11　开式和闭式终锻模膛

(a)开式　(b)闭式

1—飞边槽;2—模膛;3—冲孔连皮;4—分模面

预锻模膛的作用是使坯料变形到接近于锻件的形状、尺寸,使金属易于充满终锻模膛;减少对终锻模膛的磨损,提高锻模寿命。预锻模膛与终锻模膛的区别在于其斜度和圆角大,没有飞边槽。对于形状简单、小批量生产的锻件,可不用预锻模膛。

3.5　冲压成形

冲压成形是指使板料在冲模之间受压分离或变形的加工方法,主要用于金属板料。通常为冷态成形,当板料厚度超过 8~10 mm 时,宜采用热态成形。

用于冲压成形的金属板料应具有较好的塑性,一般为低碳钢、铝合金、铜合金、镁合金及塑性高的合金钢。

常用冲压成形设备包括剪床和冲床,前者用于剪料,后者用于冲压成形。

冲压成形工艺的特点是:可冲压出形状复杂的工件,废料少;产品具有足够高的精度和较低的表面粗糙度,互换性好,工序少;材料消耗少,制件质量小,强度、刚度高;操作简单,便于自动化,生产率高;模具复杂,一般只适于大批量生产。

冲压成形工艺的基本工序包括分离工序和变形工序。

1. 分离工序

分离工序是指使坯料的一部分与另一部分相互分离的工序，包括冲裁、切断、修整等。

(1) 冲裁　是落料和冲孔的总称，是利用凹、凸模使坯料按封闭轮廓分离的工序。落料和冲孔的工艺过程基本相同，当坯料被冲下的部分为成品时，该工艺过程称为落料；当坯料未被冲下的部分为成品时，该工艺过程称为冲孔。

(2) 切断　是将材料沿不封闭的曲线分离的冲压方法，主要用于将板料切成具有一定宽度的条料，为成形工序的备料工序。

(3) 修整　是利用修整模沿冲裁件外缘或内孔刮削一薄层金属，以切掉冲裁件上的剪裂带和毛刺，从而提高冲裁件的尺寸精度、降低表面粗糙度值的工序。

2. 变形工序

变形工序是使坯料的一部分相当于另一部分产生位移而不破裂的工序，如弯曲、拉深、翻边和成形等。

(1) 弯曲　将板料、型材或管材在弯矩作用下弯成具有一定曲率和角度制件的成形方法称为弯曲（见图3-12）。弯曲后，制件外侧受拉应力，内侧受压应力。如果制件外侧所受拉应力$\sigma_t > \sigma_b$（材料的抗拉强度），则会导致外侧拉裂。通常板越厚、弯曲半径越小，制件外侧拉应力越大，越容易出现裂纹。因此，弯曲时应尽可能使弯曲线与毛坯的纤维方向一致，并且要求最小弯曲半径$r_{min} = (0.25 \sim 1)\delta$，$\delta$为板厚。材料塑性越好，则$r_{min}$可更小些。

弯曲时，板料产生的变形由塑性变形和弹性变形两部分组成。外载荷去除后，塑性变形保留下来，弹性变形消失，从而消去一部分弯曲变形效果的现象，称为回弹。一般回弹角为$0° \sim 10°$。因此，在设计弯曲模时，必须使模具的角度比成品件角度小一个回弹角，以保证成品件的弯曲角度准确。

(2) 拉深　指利用拉深模使平板坯料变成中空型零件，或使浅的中空型零件深度加深的变形工序（见图3-13）。

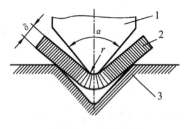

图3-12　弯曲成形
1—凸模；2—板料；3—凹模

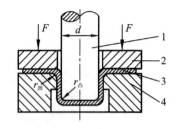

图3-13　拉深
1—凸模；2—压边圈；3—工件；4—凹模

在拉深过程中，在凸模的作用下，坯料被拉入凸模和凹模的间隙中，形成空心拉深件。拉深件的底部金属一般不变形，只起传递拉力的作用，厚度也基本不变。拉深件的直壁主要受轴向拉应力作用,厚度有所减小。直壁与底部之间的过渡圆角部位被拉薄得最为严重,此处所受拉应力最大,也是最危险的部位,当拉应力值超过材料的强度极限时,此处拉深件将被拉穿形成废品(见图3-14)。

拉深过程中的另一种常见缺陷是起皱(见图3-15)。这是拉深过程中,切向应力引起坯料失稳而形成折皱的现象。起皱现象与坯料的相对厚度和拉深系数有关。坯料的相对厚度是指坯料厚度与坯料直径之比,坯料的拉深系数是指拉深变形后拉深件的直径与坯料直径之比。坯料的相对厚度或拉深系数越小,拉深件越容易起皱。为防止起皱,可设置压边圈(见图3-13)。

图 3-14 拉穿的废品

图 3-15 起皱的拉深件

(3) 翻边 是指在坯料的平面部分或曲面部分的边缘,沿一定曲线翻成竖立直边的冲压成形工艺(见图3-16)。

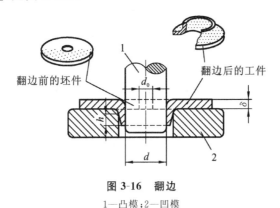

图 3-16 翻边
1—凸模;2—凹模

(4) 成形 是指利用局部塑性变形,使坯料或半成品获得所要求形状和尺寸的加工过程。主要用于制作刚性肋条凸边、凹槽,或增大半成品的部分直径等。图3-17所示的成形工艺使半成品中间的直径增大,这种工艺也称为胀形。

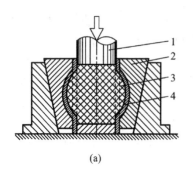 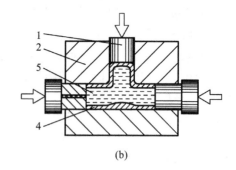

图 3-17　成形
(a)用软胶模胀形　(b)用液体胀形
1—凸模；2—凹模；3—软胶模；4—工件；5—液体

3.6　其他塑性成形方法

精密模锻是指在模锻设备上锻造出形状复杂、锻件精度高的模锻工艺。工艺特点如下。

(1)精确计算原始坯料的尺寸,严格按坯料质量下料。
(2)精细清理表面,去氧化皮,脱碳层。
(3)采用无氧化或少氧化加热,减少氧化皮。
(4)采用高精度锻模。
(5)锻模应进行润滑,冷却(热胀冷缩)。
(6)采用刚度大,运动精度高的设备。

精密模锻多用于中小型零件的大批生产。如各类医疗器械、汽车、拖拉机的直齿锥齿轮、飞机操纵杆及发动机涡轮叶片等。

习　　题

1. 何谓塑形变形？塑形变形的实质是什么？
2. 挤压的定义和分类是什么？
3. 为什么大、重型锻件适合采用自由锻的方法制造？
4. 自由锻的工序分类及作用是什么？
5. 模锻的优缺点有哪些？
6. 模锻模膛按照功能分类有哪些？各自作用是什么？
7. 下列制品选用哪些锻造方法制造？
活动扳手(大批量)　铣床主轴(成批)　大六角螺钉(成批)　起重机吊钩(小批)　万吨轮主传动轴(单件)

第4章 焊　　接

4.1 概　　述

金属焊接是指通过加热或加压使两个分离的金属物体(同种或异种金属)产生原子(分子)间结合而连成一体的连接方法。如图 4-1 所示。

焊接过程中,工件材料和焊条熔化形成熔融区域,熔池冷却凝固后便形成材料之间的连接。这一过程中,除了通常需要加热以外,必要时还需要施加压力。焊接热源有很多种,包括气体火焰、电弧、激光、离子束、电子束、摩擦和超声波等。19 世纪末之前,唯一的焊接工艺是铁匠沿用了数百年的金属锻焊。最早的现代焊接技术出现在 19 世纪末,先是弧焊和氧燃气焊,稍后出现了电阻焊。20 世纪早期,随着第一次和第二次世界大战,对金属材料廉价可靠的连接方法需求增大,故极大地促进了焊接技术的发展。近年来,焊接技术迅速发展,新的焊接方法不断出现,研究人员仍在深入研究焊接的本质,以进一步提高焊接质量与可靠性。

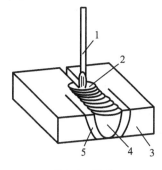

图 4-1　焊接
1—焊条;2—熔池;3—工件;
4—焊缝;5—热影响区

在各种产品制造工业中,焊接虽然比铸造、锻压等工艺起步晚,但发展速度很快,是一种十分重要的加工工艺。据工业发达国家统计,每年需要焊接加工的材料约占钢材产量的 45%。

焊接连接性好,省时省料,结构质量小,不仅可以解决各种钢材的连接,而且可以解决铜铝等有色金属及钛、锆等特种金属材料的连接,因而已广泛地应用于船舶、桥梁、建筑、石油化工、汽车、机械制造、航天航空、原子能、电力、电子技术等部门。

焊接方法有很多,按其工艺过程的特点可分为熔化焊、压力焊和钎焊三大类,如图 4-2 所示。

焊接工艺的主要特点如下。

(1)节省材料,减小质量　焊接结构(原子间连接)可比铆接结构(机械式连接)节省材料 10%～20%,采用焊接方法制造的船舶、车辆、飞机、火箭等运输工具,可以减轻自身重量,提高运载能力。

(2)简化制造工艺　焊接方法灵活,许多结构或零件多以铸-焊、锻-焊的联合工

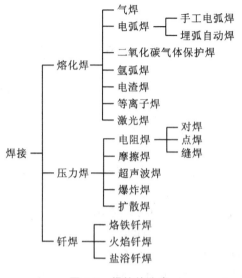

图 4-2　焊接的分类

艺,可简化大型复杂零件的制造过程,以小拼大,化繁为简,减少机加工工时,缩短生产周期。

(3)适应范围广　多种焊接方法基本可焊接绝大部分的金属材料和部分非金属材料。可焊范围较广,连接性能较好。焊接接头可达到与工件金属等强度或相应的特殊性能,焊接还可制造双金属结构。

(4)连接性能好　焊缝具有良好的力学性能,能耐高温、高压,具有良好的密封性、导电性、耐蚀性和耐磨性等。

尽管如此,焊接加工在应用中仍存在某些不足。例如,不同焊接方法的焊接性能有较大差别,焊接接头的组织不均匀,焊接过程中所造成的结构应力与变形以及各种裂纹问题等,都有待进一步研究和完善。

本章主要介绍焊接原理和方法,以及常用金属材料的焊接性能和焊接结构工艺。

4.2　焊条电弧焊

焊条电弧焊(shielded metal arc welding)是用手工操作焊条进行焊接的电弧焊方法。焊接时,在焊条末端和工件之间燃烧的电弧所产生的高温使焊条(药皮和焊芯)和工件熔化,并形成焊缝。

焊条电弧焊具有以下优点。

(1)设备简单,维护方便　焊条电弧焊使用的交流和直流焊机都比较简单,焊接操作时不需要复杂的辅助设备,只需要配备简单的辅助工具。这些焊机结构简单,价格便宜,维护方便,购置设备的投资少,这是它广泛应用的原因之一。

(2) 不需要辅助气体防护　焊条不但能提供填充金属,而且在焊接过程中能够产生保护熔池和焊接处避免氧化的保护气体,并且具有较强的抗风能力。

(3) 操作灵活,适应性强　焊条电弧焊适用于焊接单件或小批量的产品,短的、不规则的、空间任意位置的,以及其他不易实现机械化焊接的焊缝,可达性好,操作十分灵活。

(4) 应用范围广,适用于大多数工业用金属和合金的焊接　选用合适的焊条不仅可以焊接碳素钢、低合金钢,而且还可以焊接高合金钢及有色金属;不仅可以焊接同种金属,而且可以焊接异种金属,还可以进行铸铁焊补和各种金属材料的堆焊等。

但是,焊条电弧焊有以下的缺点。

(1) 对焊工操作技术要求高,焊工培训费用大　焊条电弧焊的焊接质量,除靠选用合适的焊条、焊接工艺参数和焊接设备外,主要靠焊工的操作技术和经验来保证,即焊条电弧焊的焊接质量在一定程度上取决于焊工操作技术。因此,必须经常进行焊工培训,所需要的培训费用很大。

(2) 劳动条件差　焊条电弧焊主要靠焊工的手工操作和眼睛观察完成全过程,焊工的劳动强度大,并且始终处于高温烘烤和有毒的烟尘环境中,劳动条件比较差,因此要加强劳动保护。

(3) 生产效率低　焊条电弧焊主要靠手工操作,并且焊接工艺参数选择范围小;另外,焊接时要经常更换焊条,并要经常进行焊道熔渣的清理,与自动焊相比,焊接生产率低。

(4) 不适于特殊金属以及薄板的焊接　对活泼金属(如 Ti、Nb、Zr 等)和难熔金属(如 Ta、Mo 等),这些金属对氧非常敏感,焊条的保护作用不足以防止这些金属氧化,保护效果不够好,焊接质量达不到要求,所以不能采用焊条电弧焊;对低熔点金属,如 Pb、Sn、Zn 及其合金等,由于电弧的温度对其来讲太高,所以也不能采用焊条电弧焊焊接。另外,焊条电弧焊的焊接工件厚度一般在 1.5 mm 以上,1 mm 以下的薄板不适于焊条电弧焊。

由于焊条电弧焊具有设备简单、操作方便、适应性强,能在空间任意位置焊接的特点,因此被广泛应用于各个工业领域,是目前应用最为广泛的焊接方法。

4.2.1　焊接电源

焊条电弧焊基本焊接电路如图 4-3 所示,它由交流或直流电焊机(焊接电源,welding power source)、工件、焊条、焊钳、手把线及地线等组成。图中的电路是以弧焊电源为起点,通过工件、焊条、焊钳、电缆形成回路。在有电弧存在时回路闭合,借助焊接电弧完成焊接过程。焊条和工件在这里既作焊接材料,也作导体。焊接开始后,电弧的高热瞬间熔化了焊条端部和电弧下面的工件表面,使之形成熔池,焊条端部的熔化金属以细小的熔滴状过渡到熔池中去,与母材熔化金属混合,凝固后成为焊缝。

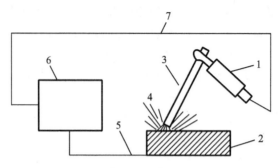

图 4-3 焊条电弧焊基本焊接电路
1—焊钳；2—工件；3—焊条；4—电弧；5—地线；6—交流或直流电焊机（焊接电源）；7—手把线

焊条电弧焊采用的焊接电流既可以是交流，也可以是直流，因此焊条电弧焊电源既有交流电源，又有直流电源。焊接时，焊接电源的选择应依据被焊材料和焊条，优先选用价格低廉、维修方便的交流焊机，例如采用酸性焊条焊接低碳钢等一般焊接结构时应选用交流焊机；重要结构或焊条使用有规定时才考虑选用直流焊机；又如使用碱性焊条焊接容器、管道等重要结构，或焊接合金钢、有色金属、铸铁时应选用直流焊机；条件允许时也可考虑选用通用性强的交、直流两用电焊机。但是，当采用某些碱性焊条时，如 E5015(J507)时，则必须选用直流焊接电源。

采用直流电源焊接时，还应考虑焊条的极性。工件和焊条与电源输出端正、负极的接法称为焊条的极性。工件接直流电源正极而焊条接负极时，称正接或正极性；工件接负极而焊条接正极时，称反接或反极性，如图 4-4 所示。无论采用直流正接或反接，其目的都是使得焊接电弧能稳定而持续地燃烧，一般情况下，碱性焊条或薄板应采用直流反接，厚板应采用直流正接。

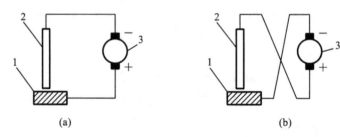

图 4-4 直流电焊机的极性与接法
(a)正接法　(b)反接法
1—工件；2—焊条；3—直流电焊机

4.2.2　焊接电弧

焊接电弧(welding arc)是指发生在电极与工件之间的强烈、持久的气体放电现象。

1. 焊接电弧的形成

常态下的气体由中性分子或原子组成，不含带电粒子。要使气体导电，首先要有一个使其产生带电粒子的过程。焊接时一般采用接触引弧。先将电极(焊条)和焊件接触形成短路(见图 4-5(a)),此时在某些接触点上产生很大的短路电流,温度迅速升高,为电子的逸出和气体电离提供能量条件,而后将电极提起一定距离(<5 mm,见图 4-5(b))。在电场力的作用下,被加热的阴极有电子高速逸出,撞击空气中的中性分子和原子,使空气电离成阳离子、阴离子和自由电子。这些带电粒子在外电场作用下定向运动,阳离子奔向阴极,阴离子和自由电子奔向阳极。在它们的运动过程中,不断碰撞和结合,产生大量的热量和强烈的弧光,形成电弧(见图 4-5(c))。焊接电弧产生的热量即为电弧热,它是焊接时热量的主要来源。

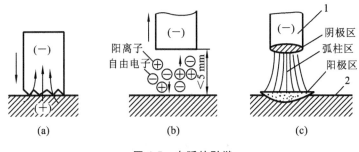

图 4-5 电弧的引燃
1—焊条(电极);2—工件

焊接过程中,当焊接弧长基本保持不变时,若在一定范围内改变电流值,电弧电压几乎不发生变化,因而焊接电流在一定范围内变化时,电弧均稳定燃烧。当焊接电流不变时,电弧越长,电弧电压就越高。电弧热与焊接电流和电压的乘积成正比,电流愈大,电弧产生的总热量就愈大。

2. 焊接电弧的温度分布

焊接电弧由阳极区、阴极区和弧柱区三部分组成(见图 4-5(c))。

阴极区发射大量电子而消耗并带走一定的能量,因而其产生的热量较少,约占电弧热的 36%,阳极表面受到高速电子的撞击,并伴随电子带来一定的能量,所以阳极区产生的热量较多,占电弧热的 43%。其余 21% 左右的热量在弧柱区产生。

焊接电弧在焊条末端和工件之间燃烧,焊条和工件都是电极,两电极的温度由极性和电极材料决定。焊接电弧中阳极区和阴极区的温度因电极的材料(主要是电极熔点)不同而有所不同。焊接钢材时,阳极区温度约 2 600 K,阴极区温度约 2 400 K;弧柱区由于处于电弧的中心且散热条件的限制,其温度高达 5 000~8 000 K。对于交流电弧两个电极的极性在不断地变化,故两个电极的平均温度是相等的,而直流电弧正极的温度比负极高 200 ℃左右,因此,直流正接时,电弧热量主要集中在阳极区(工件上),有利于加快母材熔化,保证足够的熔深,适用于焊接较厚的工件。直流反接时,即焊条接阳极,适用于焊接有色金属及薄板,以避免烧穿工件。

4.2.3 焊接冶金过程及焊缝形成

1. 焊缝形成

焊条电弧焊时,在焊条末端和工件之间电弧所产生的高温使焊条药皮、焊芯及工件熔化,熔化的焊芯端部迅速形成细小的金属熔滴,通过弧柱过渡到局部熔化的工件表面,并融合在一起形成熔池。药皮熔化过程中产生的气体和熔渣,不仅使熔池与电弧周围的空气隔绝,而且和熔化了的焊芯、母材发生一系列冶金反应,保证所形成焊缝的性能。随着电弧以恰当的弧长和速度在工件上不断地前移,熔池液态金属逐步冷却结晶,形成焊缝。焊条电弧焊焊缝的形成过程如图4-6所示。

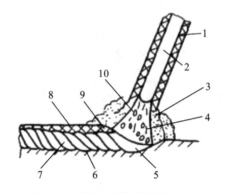

图 4-6 焊条电弧焊焊缝的形成

1—药皮;2—焊芯;3—保护气氛;4—焊接电弧;5—焊接熔池;6—母材(工件);
7—连续焊缝;8—固态渣壳;9—液态熔渣;10—熔滴过渡

焊缝的形成经历了局部加热熔化,熔池生成,再经冷却结晶凝固成为一个整体的过程。焊条药皮在电弧高温的作用下产生大量气体,包围电弧空间和焊接熔池,形成气相保护层。另一部分直接进入熔池,与熔池金属发生冶金反应,并形成熔渣而浮于熔池金属表面,构成液相保护,最后凝固成附着在焊缝表面的固态焊渣,对高温的焊缝金属实现最终的固相保护。可见,在整个焊接过程中,无论是熔池或焊缝中液态或固态的高温金属,均与空气等外部环境隔绝开来,避免金属材料在超高温的条件下(弧柱区温度高达5 000~8 000 K,金属原子在此温度下也会产生蒸发或汽化)与空气中的氧原子的发生剧烈冶金反应而影响焊缝的质量。

2. 焊接冶金过程

电弧焊时,焊接区内各种物质在高温下相互作用,产生一系列变化的过程称为冶金过程。其冶金反应如同小型电弧炼钢炉中炼钢一样,熔池中进行着熔化、氧化、还原、造渣、精炼和渗合金等一系列物理化学过程。焊接的冶金过程与通常冶炼过程相比有较大的不同,其冶金特点如下。

(1)温度高及温度梯度大,冶金反应强烈 电弧温度达5 000~8 000 K,金属强烈蒸发,周围气体电离,熔池受到常温金属包围,温度梯度大,电弧温度高。药皮中物质的分解产出大量的气体,在熔池周围形成一个保护层;同时,CO_2、H_2 等大量分解出来的气体原子或离子很容易融入到熔池金属中,由于冷却速度快,溶解度不断下降,结果来不及析出而残留在焊缝中;电弧高温作用下,还会产生金属蒸汽,合金元素易被氧化即烧损,使焊缝合金元素的含量下降,分布不均匀。

(2)焊接熔池体积小,存在时间短　焊接熔池体积小,为焊条直径的 1~1.5 倍;存在时间短,熔池从形成到结晶仅有几秒钟的时间,使得焊缝金属中各种冶金反应不充分,焊缝金属组织差异较大,成分偏析严重。

(3)熔池金属不断更新　随着焊接熔池的移动,不断有新的熔化金属和熔渣加入到熔池中参与冶金反应。焊接熔池不断地移动,参与反应的物质不断更新,使得焊接熔池冶金反应更为复杂。

(4)反应接触面大,搅拌激烈　接触面大会加速冶金反应,气体容易侵入液态金属中,造成氮化、氧化和出现气孔,但也有利于加快反应速度,有助于熔池气体逸出。以焊条直径为 $\phi3.2$ mm 的焊条电弧焊为例,熔池质量仅为 3~5 g,而熔滴的表面积可达 1~10 cm^2/g,比炼钢时大 1 000 倍,使冶金反应激烈,并有强烈的混合作用。

由于上述特点,所以在焊接过程中如不加以保护,空气中的 O_2、N_2 和 H_2 等气体就会侵入焊接区,并在高温作用下分解出原子状态的 O、N 和 H,与金属元素发生一系列如下化学作用。

$Fe+O \rightarrow FeO$　　　　　　$4FeO \rightarrow Fe_3O_4+Fe$

$C+O \rightarrow CO$　　　　　　　$C+FeO \rightarrow Fe+CO$

$Mn+O \rightarrow MnO$　　　　　$Mn+FeO \rightarrow Fe+MnO$

$Si+O_2 \rightarrow SiO_2$　　　　　　$Si+2FeO \rightarrow 2Fe+SiO_2$

其结果是,钢中的一些元素被氧化,形成 $FeO \cdot SiO_2$、$Mn \cdot SiO_2$ 等熔渣,使焊缝中 C、Mn、Si 等大量烧损。当熔池迅速冷却后,一部分氧化物熔渣残存在焊缝金属中,形成夹渣,显著降低焊缝的力学性能。

氢和氮在高温时能溶解于液态金属内,氮和铁还可以形成 Fe_4N、Fe_2N。冷却后,一部分氮保留在钢的固溶体中,Fe_4N 则呈片状夹杂物留存在焊缝中,使焊缝的塑性和韧度下降。氢的存在则引起氢脆性,促进冷裂纹的形成,易造成气孔并且有一定的延迟。

可见,为了保证焊缝质量,焊接过程中必须采取必要的工艺措施来限制有害气体进入焊缝区,并补充一些烧损的合金元素。焊条电弧焊焊条的药皮、埋弧自动焊的焊剂等均能起到这类作用。气体保护焊的保护气体虽不能补充金属元素,但能起到保护作用。

4.2.4　焊条

1. 焊条的组成及其作用

涂有药皮的供焊条电弧焊用的熔化电极称为电焊条,简称焊条。焊条由焊芯和药皮(涂层)两个部分组成,其外形如图 4-7 所示。焊芯是中间的金属芯,药皮是涂覆在焊芯表面的混合涂料层。焊条的一端为引弧端,此处的药皮被磨成一定的角度,使得焊芯外露,便于引弧。焊芯的直径即为焊条的直径。

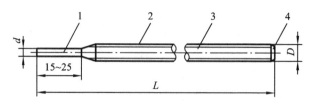

图 4-7 焊条形状

1—夹持端;2—药皮;3—焊芯;4—引弧端;
L—焊条长度;D—药皮直径;d—焊芯直径(焊条直径)

普通焊条的截面形状如图 4-8(a)所示,图 4-8(b)、(c)所示均为特殊的截面形状。图 4-8(b)所示的是一种双层药皮焊条,两层药皮按不同成分配方,主要是为了改善低氢焊条的工作性能。图 4-8(c)所示的焊芯为一空心管,外面包覆药皮,管子中心填充合金剂或涂料,这种焊条多在耐磨堆焊焊条中使用。

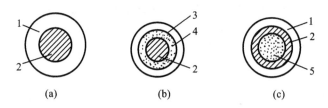

图 4-8 焊条的截面形状

(a)普通焊条 (b)双层焊条 (c)管状焊条
1—药皮;2—焊芯;3—药皮一;4—药皮二;5—合金剂

1)焊芯

焊条中被药皮包覆的金属芯称为焊芯。焊芯与焊件之间产生电弧并熔化为焊缝的填充金属。焊芯既是电极,能起传导电流的作用,又是填充金属,熔化后与母材形成焊缝。焊芯的化学成分和杂质含量直接影响焊缝质量。

2)药皮

涂覆在焊芯表面的涂料层称为药皮,也称涂层。焊条药皮是矿石粉末、铁合金粉、有机物和化工制品等原料按一定比例配置后压涂在焊芯表面上的一层涂料。药皮的作用:一是改善焊接工艺性能,如药皮中的稳弧剂能使电弧易于引燃并保持稳定地燃烧;二是起机械保护作用,药皮中含有造气剂、造渣剂,其产生的气体和熔渣对焊缝金属分别起保护作用,既隔绝空气,又覆盖焊缝金属表面,防止氧化、氮化,并且起到降低焊缝金属冷却速度的作用;三是起冶金处理及合金化的作用。药皮中含有脱氧剂、合金剂、稀渣剂等,使熔化金属顺利地进行脱氧、脱硫、去氢等冶金化学反应,并补充被烧损的合金元素。

2. 焊条分类

焊条种类繁多,根据不同特性可分成不同的型号,如图4-9所示。

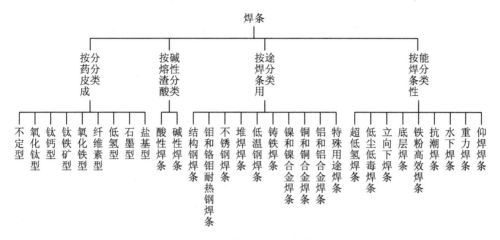

图 4-9　焊条电弧焊焊条分类方法

焊条药皮由多种原料组成,按照药皮的主要成分可将焊条分为多种类型,如图4-9所示,其中以钛钙型、低氢型最为常用;低氢型还可分为低氢钾型和低氢钙型两种。

焊条按熔渣的碱度(亦即熔渣中酸性氧化物和碱性氧化物的比例)可分为酸性焊条和碱性焊条(又称低氢焊条)两种,如图4-9所示。酸性焊条的药皮中以酸性氧化物(如 SiO_2、MnO_2 等)为主,碱性焊条药皮中以碱性氧化物(如 CaO 等)和萤石(CaF_2)为主。由于碱性焊条药皮中不含有机物,药皮产生的保护气体中含氢量极少,所以又称为低氢焊条。碱性焊条与强度级别相同的酸性焊条相比,其熔敷金属的延性和韧度高,抗裂性强,但对锈、水、油污的敏感性大,容易出气孔,在工艺措施可靠的前提下多用于重要的焊接结构。

焊条按用途不同分为十大类(见图4-9所示):结构钢焊条、不锈钢焊条、铸铁焊条、低温钢焊条、堆焊焊条、钼和铬钼耐热钢焊条、镍及镍合金焊条、铜及铜合金焊条、铝及铝合金焊条、特殊用途焊条等。其中结构钢焊条分为碳钢焊条和低合金钢焊条两类。

按性能分类的焊条,都是根据其特殊使用性能而制造的专用焊条,如图4-9所示。

3. 焊条型号

焊条型号是国家标准中规定的焊条代号。焊接结构生产中应用最广的碳钢焊条和低合金钢焊条,相应的国家标准为 GB/T 5117—2012 和 GB/T 5118—2012。标准规定,焊条型号根据熔敷金属的力学性能、药皮类型、焊接位置和焊接电流种类划分。碳钢焊条型号由字母"E"和四位数字组成。如"E4315",其含义如图4-10所示:

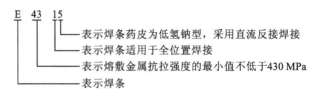

图 4-10 焊条型号示例

在图 4-10 中,字母"E"表示焊条;前两位数字表示熔敷金属抗拉强度的最小值;第三位数字表示焊条的焊接位置,"0"及"1"表示焊条适用于全位置焊接(平、立、仰、横),"2"表示焊条适用于平焊及水平角面焊,"4"表示焊条适用于向下立焊;第三位和第四位数组合时表示焊接电流种类及药皮类型(见表 4-1)。

表 4-1　不同焊条型号适用的药皮类型、焊接位置与电流种类

焊条型号	药皮类型	焊接位置	电流种类
E43 系列—熔敷金属抗拉强度≥420 MPa(43 kgf/mm^2)			
E4301	钛铁矿型	平、立、横、仰	交流或直流正、反接
E4303	钛钙型		
E4310	高纤维素钠型		直流反接
E4311	高纤维素钠型		交流或直流反接
E4312	高钛钠型	平、立、横、仰	交流或直流正接
E4313	高肽钾型		交流或直流正、反接
E4315	低氢钾型		直流反接
E4316	低氢钠型		交流或直流反接
E4320	氧化铁型	平	交流或直流正、反接
		平角焊	交流或直流正接
E4322		平	交流或直流正接
E50 系列—熔敷金属抗拉强度≥490 MPa(50 kgf/mm^2)			
E5001	钛铁矿型	平、立、横、仰	交流或直流正、反接
E5003	钛钙型		
E5010	高纤维素钠型		直流反接
E5011	高纤维素钠型		交流或直流反接
E5015	低氢钾型		直流反接
E5016	低氢钠型		交流或直流反接
E5023	铁粉钛钙型	平、平角焊	交流或直流正、反接
E5027	铁粉氧化铁型		交流或直流正接
E5028	铁粉低氢型	平、横、仰、立向下	交流或直流反接

在碳钢焊条型号中,代表熔敷金属抗拉强度最小值的数字仅有"43"和"50"系列两种,而在合金钢焊条型号中,代表熔敷金属抗拉强度最小值的数字最小为"50"系列。

4. 焊条牌号

焊条牌号是焊条生产行业统一的焊条代号。焊条牌号是用一个汉语拼音字母或汉字与三位数字来表示(如J422,A102等),拼音字母或汉字表示焊条各大类,焊条按用途分类及其对应的代号见表4-2;后面的三位数字中,前两位数字表示大类中的若干小类;对结构钢来说(如J422),前两位数字代表焊缝金属抗拉强度等级。第三位数字表示各种焊条牌号的药皮类型及焊接电源种类与极性,其含义见表4-3。

表 4-2 各类焊条拼音字母及汉字代号

序号	焊条大类	代号	
		拼音	汉字
1	结构钢焊条	J	结
2	钼及铬钼钢耐热钢焊条	R	热
3	铬不锈钢焊条	G	铬
	铬镍不锈钢焊条	A	奥
4	堆焊焊条	D	堆
5	低温钢焊条	W	温
6	铸铁焊条	Z	铸
7	镍及镍合金焊条	Ni	镍
8	铜及铜合金焊条	T	铜
9	铝及铝合金焊条	L	铝
10	特殊用途焊条	TS	特

表 4-3 焊条牌号第三位数字的含义

第三位数字	药皮类型	电流种类	第三位数字	药皮类型	电流种类
□××0	不定型	不规定	□××5	纤维素型	交流或直流正、反接
□××1	氧化钛型	交流或直流正、反接	□××6	低氢钾型	交流或直流反接
□××2	氧化钛钙型		□××7	低氢钠型	直流反接
□××3	钛铁矿型		□××8	石墨型	交流或直流正、反接
□××4	氧化铁型		□××9	盐基型	直流反接

注:表中"□"表示焊条牌号中的拼音字母或汉字(见表4-2),"××"表示牌号中的前两位数字。

对焊条制造企业来说,每种焊条产品只有一个牌号,但多种牌号的焊条可以同时对应于同一种焊条型号,表4-4列举出部分常用碳钢焊条型号与对应的焊条牌号及数字含义。

表 4-4 常用碳钢焊条型号与牌号对应表

焊条型号	焊条牌号	熔敷金属抗拉强度最低值 MPa	熔敷金属抗拉强度最低值 kgf/mm²	药皮种类	焊条类别	电流种类
E4301	J423	420	43	钛铁矿型	酸性焊条	交流或直流正、反接
E4303	J422	420	43	钛钙型	酸性焊条	交流或直流正、反接
E4311	J425	420	43	高纤维素钾型	酸性焊条	交流或直流正、反接
E4315	J427	420	43	低氢钠型	碱性焊条	直流反接
E4316	J426	420	43	低氢钾型	碱性焊条	交流或直流反接
E4320	J424	420	43	氧化钛型	酸性焊条	交流或直流正、反接
E4327	J424Fe	420	43	铁粉氧化铁型	酸性焊条	交流或直流正、反接
E5001	J503	490	50	钛铁矿型	酸性焊条	交流或直流正、反接
E5003	J502	490	50	钛钙型	酸性焊条	交流或直流正、反接
E5011	J505	490	50	高纤维素钾型	酸性焊条	交流或直流正、反接
E5015	J507	490	50	低氢钠型	碱性焊条	直流反接
E5016	J506	490	50	低氢钾型	碱性焊条	交流或直流反接
E5018	J506Fe	490	50	铁粉低氢钾型	碱性焊条	交流或直流反接

焊条型号是根据熔敷金属抗拉强度、药皮类型、焊接位置、电流种类及极性划分的,以便供用户选焊条时参考。但同一种焊条型号可能有不同性能的几种焊条牌号与之对应,如 J427 和 J427Ni 属于同一种焊条型号 E4315。

5. 焊条的选用原则

焊条的种类繁多,每种焊条均有一定的特征和用途,焊条的选用,除了要考虑焊条的成分、性能及用途外,还应该考虑被焊工件的状况、施工条件及焊接工艺等因素。选用焊条一般应考虑以下基本原则。

(1)等强度原则 焊接普通结构钢(低碳钢和低合金钢)时,通常要求焊缝金属与母材等强度,应选用抗拉强度等于或稍高于母材的焊条。例如,焊接普通碳钢或低合金钢时,应按等强度原则,即按钢材的抗拉强度选用响应的酸性焊条;对于碳含量高的工件,应按等强度原则选用相应的低氢焊条。异种材料焊接时,应就低不就高,按强度级别较低的钢材选用焊条。

(2)同成分原则 焊接耐热钢、不锈钢等金属材料时,应使焊缝金属的化学成分与母材的化学成分相同或相近,即按母材化学成分选用相应成分的焊条。

(3)焊接结构特点 焊接刚度大、形状复杂和要承受动载荷的结构时,应选用抗裂性好的低氢焊条,以免在焊接和使用过程中接头产生裂纹。

(4)工作条件 受焊接工艺条件的限制,如对焊件接头部位的油污、铁锈等清理不便,应选用抗气孔能力强的酸性焊条,以免焊接过程中气体滞留于焊缝中,形成气孔。

(5)低成本原则 在满足使用性能和操作工艺性的条件下,尽量选用成本低、效率高和工艺性能好的焊条。对于焊接工作量大的结构,应尽量采用高效率焊条,如铁粉焊条、高效率不锈钢焊条和重力焊条等,以提高焊接生产率。

4.2.5 焊接接头的组织与性能

1. 焊接工件温度的变化与分布

焊接时,电弧沿着工件逐渐移动并对工件进行局部加热。因此,在焊接过程中,焊缝及其附近的金属都是由常温状态开始被加热到较高的温度,然后再逐渐冷却到常温。随着各点金属所在位置的不同,其最高加热温度是不同的。图 4-11 所示为焊接时焊件横截面上不同点的温度变化情况,由于各点离焊缝中心距离不同,所以各点的最高温度不同;又因热传导需要一定时间,所以各点是在不同时间达到该点最高温度的。但总的看来,在焊接过程中,焊缝的形成是一次冶金过程,焊缝附近区相当于受到一次不同规范的热处理,因此必然有相应的组织与性能的变化。

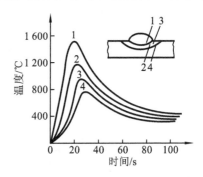

图 4-11 焊缝区各点温度变化示意图

2. 焊接接头的组织与性能

焊缝以及其周围受不同程度加热和冷却的母材是焊缝的热影响区,统称为焊接接头。

现以低碳钢为例,说明焊缝和焊缝附近区由于受到电弧不同加热而产生的金属组织与性能的变化。如图 4-12 所示,左侧下部是焊件的横截面,上部是相应各点在焊接过程中被加热的最高温度曲线(并非某一瞬时该截面的实际温度分布曲线)。图中 1、2、3 等各段金属组织性能的变化,可从右侧所示的部分铁-碳合金状态图来对照分析。工件截面图上已示出了相应各点的金属组织变化情况。

1)焊缝

焊缝的结晶首先是从熔池和母材的交界处开始,然后以联生结晶的方式,即依附于母材晶粒现成表面而形成共同晶粒的方式向熔池中心生长,形成柱状晶,如图4-13所示。因结晶时各个方向冷却速度不同,因而形成柱状的铸态组织,由铁素体和少量珠光体组成。因结晶是从熔池底壁的半熔化区开始逐渐进行的,低熔点的硫磷杂质和氧化铁等易偏析集中在焊缝中心区,将影响焊缝的力学性能,因此对焊条或其他焊接材料应慎重选用。

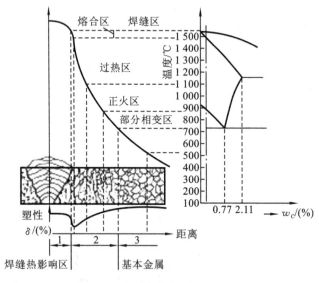

图 4-12 低碳钢焊接接头的组织

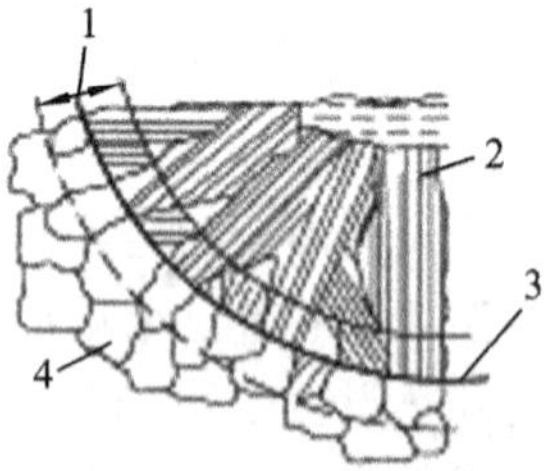

图 4-13 焊缝的柱状晶
1—熔合区；2—焊缝；
3—熔合线；4—母材

焊接时,熔池金属受电弧吹力和保护气体吹动,使熔池底壁的柱状晶体成长受到干扰,因此柱状晶体呈倾斜层状,晶粒有所细化。又因焊接材料的渗合金作用,焊缝金属中锰、硅等合金元素含量可能比母材金属高,所以焊缝金属的性能可以不低于母材金属。

2) 焊接热影响区

焊接热影响区是指焊缝两侧因焊接热作用而发生组织性能变化的区域。由于焊缝附近各点受热情况不同,热影响区可分为熔合区、过热区、正火区和部分相变区等。

(1) 熔合区 是指焊缝和基本金属的交界区,相当于加热到固相线和液相线之间,焊接过程中母材部分熔化,所以也称为半熔化区。此时,熔化的金属凝固成铸态组织,未熔化金属因加热温度过高而成为过热粗晶。在低碳钢焊接接头中,熔合区虽然很窄(0.1~1 mm),但因其强度、塑性和韧度都下降,而且此处接头断面发生变化,易引起应力集中,所以熔合区在很大程度上决定着焊接接头的性能。

(2) 过热区 被加热到 Ac_3 以上 100~200 ℃ 至固相线温度区间,奥氏体晶粒急剧长大,形成过热组织,因而过热区的塑性及韧度下降。对于易淬火硬化钢材,此区脆性更大。

(3) 正火区 被加热到 Ac_3 至 Ac_3 以上 100~200 ℃ 区间,金属发生重结晶,冷却后得到均匀而细小的铁素体和珠光体组织,其力学性能优于母材。

(4) 部分相变区 相当于加热到 Ac_1~Ac_3 温度区间。珠光体和部分铁素体发生重结晶,使晶粒细化,转变为细小的奥氏体晶粒;部分铁素体来不及转变,但其晶粒有长大的趋势。冷却后晶粒大小不匀,因此机械性能比正火区稍差。

由图 4-12 左侧缝焊横截面的下部所示的性能变化曲线可以看出,在焊接热影响区中,熔合区和过热区的性能最差,产生裂缝和局部破坏的倾向性也最大,应使其尽可能减小。焊接热影响区的大小和组织性能变化的程度取决于焊接方法、焊接参数、接头形式和焊后冷却速度等因素。表 4-5 所示的是用不同焊接方法焊接低碳钢时,焊接热影响区的平均尺寸。

表 4-5 焊接热影响区的平均尺寸

焊接方法	过热区宽度/mm	热影响区总宽度/mm
焊条电弧焊	2.2～3.5	6.0～8.5
埋弧自动焊	0.8～1.2	2.3～4.0
手工钨极氩弧焊	2.1～3.2	5.0～6.2
气焊	21	27
电渣焊	18～20	25～30
电子束焊	—	0.05～0.75

同一焊接方法使用不同焊接参数时,热影响区的大小也不相同。在保证焊缝质量的条件下,增加焊接速度或减少焊接电流都能减小焊接热影响区。

4.2.6 焊接应力与变形

1. 焊接应力与变形产生的原因

焊接应力是指焊件由于焊接而产生的应力。焊接过程中,对焊接件进行不均匀加热和冷却导致不均匀温度场,以及由它引起的局部塑性变形是产生焊接应力和变形的根本原因。焊缝是靠一个移动的点热源加热,然后逐渐冷却下来形成的,因而应力的形成、大小和分布较为复杂,其产生过程与部分成因如下。

(1)焊件的不均匀受热过程 在加热过程中,高温时焊件会产生压缩塑性变形,通常焊接过程中高温时焊件的变形方向与焊后常温时焊件的变形方向相反。因此,冷却时压缩塑性变形区要收缩,但受到周围金属材料的拘束与阻碍作用,焊接结束冷却至常温后,焊件就会有焊接残余应力,而且应力分布是不均匀的,此时,焊缝及其附近区域的残余应力通常是拉应力,如图 4-14 所示。

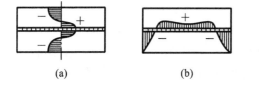 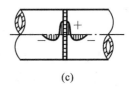

图 4-14 对接焊缝、圆周环形焊缝的应力分布

(a)纵向应力 (b)横向应力 (c)径向应力

(2) 焊缝金属的收缩　焊缝金属冷却时,当它由液态转为固态时,其体积要收缩。但是,此时焊缝金属并不能自由收缩,这将引起整个焊件的变形(见图 4-15(a)、(b)),同时在焊缝中产生残余应力。另外,一条焊缝是逐步形成的,焊缝中先结晶的部分要阻止后结晶部分的收缩,由此也会产生焊接应力与变形。

(3) 金属组织的变化　金属在加热及冷却过程中发生相变,可得到不同的组织,这些组织的比容不同,因此也会产生焊接应力与变形。

(4) 焊缝的刚度和拘束　焊缝的刚度和拘束对焊件应力和变形也有较大的影响。刚度是指焊件抵抗变形的能力,而拘束则是焊件周围物体对焊件变形的约束。刚度是焊件本身的性能,它与焊件材质、焊件截面形状和尺寸有关,而拘束是一种外部条件,焊件自身的刚度及受周围的拘束程度越小,则焊接变形越大,焊接应力也越小。可见,焊接应力与变形二者是相互影响,相伴而生的。

2. 焊接变形的基本形式

焊接应力的存在会引起焊接的变形。常见的焊接变形有收缩变形、角变形、弯曲变形、波浪变形和扭曲变形等多种形式(见图 4-15)。

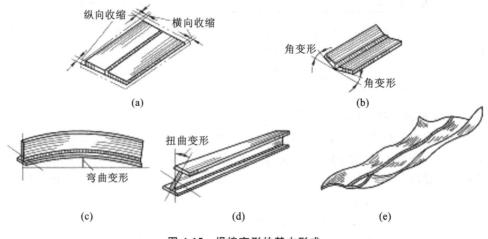

图 4-15　焊接变形的基本形式
(a)收缩变形　(b)角变形　(c)弯曲变形　(d)扭曲变形　(e)波浪变形

焊件具体会出现哪种变形,与焊件结构、焊缝布置、焊接工艺及应力分布等因素有关。收缩变形是由于焊缝金属沿纵向和横向的焊后收缩而引起的,一般对于结构简单的小型焊件容易出现;角变形是由于焊件坡口截面上下尺寸相差较大且不对称,焊后沿横向上下收缩不均匀而引起的;弯曲变形是由于焊缝布置不对称,焊缝较集中的一侧纵向收缩较大而引起的;扭曲变形常常是由于焊接顺序不合理而引起的;波浪变形则是由于薄板焊接后焊缝收缩时,产生较大的收缩应力,使焊件丧失稳定性而引起的。

3. 防止和减小应力与变形的措施

焊接应力的存在,对焊件质量、使用性能和焊后机械加工精度都有很大影响,甚至导致整个焊件断裂或报废,因此,在设计和制造焊接结构时,为减小焊接应力和变形,应该从焊缝设计和焊接工艺两方面采取措施。

1)设计方面

从设计方面,减小焊接应力与变形的措施主要有几个方面。

(1)减少焊缝的数量,在满足质量要求的前提下,尽可能地减少焊缝的数量。

(2)合理安排焊缝的位置,焊缝最好对称布置。只要结构上允许,应尽可能使焊缝对称于焊件截面的中性轴或接近中性轴(见图4-16)。

(3)选用合理的焊缝尺寸和形状,在保证焊缝承载能力的条件下,应尽量采用较小的焊缝尺寸及参数。

2)工艺措施

(1)预留收缩变形量　根据理论计算和实践经验,在焊件备料及加工时预先考虑收缩余量,以便焊后工件达到所要求的形状和尺寸。

(2)反变形法　根据理论计算和实践经验,预先估计结构焊接变形的方向和大小,然后在焊接装配时给予一个方向相反、大小相等的预置变形,以抵消焊后产生的变形(见图4-17)。

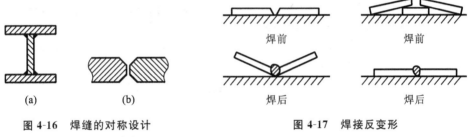

图4-16　焊缝的对称设计　　图4-17　焊接反变形
(a)对称焊缝　(b)对称坡口

(3)刚性固定法　焊接时将焊件刚性固定,焊后待焊件冷却到室温后再去除刚性固定,可有效防止角变形和波浪变形。但是此方法会增大焊接应力,只适用于塑性较好的低碳钢结构(见图4-18)。

(4)选择合理的焊接顺序　尽量使焊缝自由收缩。焊接焊缝较多的焊件时,应先焊错开的短焊缝(纵焊缝),再焊直通长焊缝(横或环焊缝),以防在焊缝交接处产生裂纹。如果焊缝较长,可用逐步退焊法和跳焊法,使温度分布较均匀,从而减小焊接应力和变形(见图4-19)。

正确合理的焊接次序对减小焊接应力与变形十分重要。开始焊接时产生的变形可被后来焊接部位的变形所抵消,从而获得无变形的焊件,如图4-20所示。

(5)焊后敲击焊缝　在焊缝的冷却过程中,用圆头小锤均匀迅速地敲击焊缝,使金属产生塑性延伸变形,可抵消一部分焊接收缩变形,从而减小焊接应力和变形。

(6)焊前加热"减应区"　焊接前,在焊接部位附近区域(称为减应区)进行加热使之伸长,焊后冷却时,加热区与焊缝一起收缩,可有效减小焊接应力和变形。

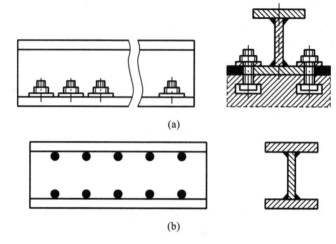

图 4-18 刚性固定法

(a)刚性固定 (b)定位焊

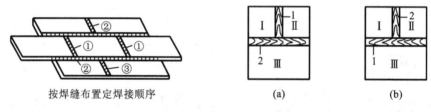

图 4-19 焊接次序对焊接应力的影响

(a)焊接应力小 (b)焊接应力大

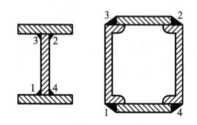

图 4-20 合理的焊接顺序

(7)焊前预热和焊后缓冷 预热的目的是减小焊缝区与焊件其他部分的温差,降低焊缝区的冷却速度,使焊件能较均匀冷却下来,从而减小焊接应力与变形。

(8)合理的焊接工艺方法,采用焊接热源比较集中的焊接方法进行焊接可降低焊接变形。如二氧化碳气体保护焊、氩弧焊等。

4. 焊接变形的矫正方法

对于已经发生的焊接变形,为确保焊接的结构形状和尺寸要求,生产中常采用机械矫正和火焰矫正两种方法。

(1) 机械矫正法　机械矫正法是利用机械外力的作用来矫正变形。可采用辊床、压力机、矫直机等设备施加机械外力矫正,对于小型焊接结构,也可用手工敲击矫正。如图 4-21 所示。

(2) 火焰矫正法　利用氧气-乙炔火焰在焊件的适当部位加热时产生的收缩塑性变形,达到矫正的目的,如图 4-22 所示。此方法主要用于金属材料塑性比较好的低碳钢或低合金钢,加热温度不宜过高,一般在 600~800 ℃ 为宜。

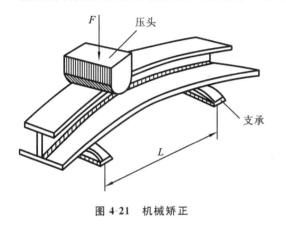

图 4-21　机械矫正

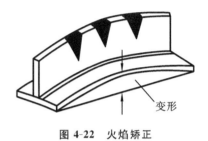

图 4-22　火焰矫正

4.3　其他常用的焊接方法

4.3.1　埋弧焊

埋弧焊是利用电弧作为热源加热,熔化焊丝和母材的焊接方法。焊接中焊丝端部、电弧和工件被一层可熔化的颗粒状焊剂所覆盖,无飞溅和可见电弧。焊剂的使用是埋弧焊区别其他焊接工艺方法的根本特点,故又称焊剂层下电弧焊。

1. 埋弧焊焊接过程

埋弧焊的焊接过程如图 4-23 所示。焊接时,焊剂由焊剂软管中流出,均匀地堆敷在装配好的焊件(母材)表面。焊丝由自动送丝机构送进,经导电嘴进入电弧区。焊接电源接在导电嘴和焊件上,以便产生电弧。焊剂、送丝机构及控制部分等通常装在一台自动行走的小车上,小车可按调定的速度,沿着焊缝实现电弧的移动。

焊接时,连续送进的焊丝在一层可熔化的颗粒状焊剂覆盖下引燃电弧,电弧热使焊丝母材和焊剂熔化,并有部分焊剂被蒸发,焊剂蒸气将熔化的焊剂(熔渣)排开,形成一个与外部空气隔绝的空腔,隔绝空气与电弧和熔池的接触,阻挡有害电弧光的辐射。电弧继续燃烧,焊丝便不断地熔化,呈小水滴状进入熔池,并与母材中熔化的金属及焊剂中带入的合金元素相混合。熔化的焊丝不断地被补充,连续送入到电弧中,同时不断添加新的焊剂。随着焊接过程的进行,电弧向前移动,焊接熔池随之冷却而

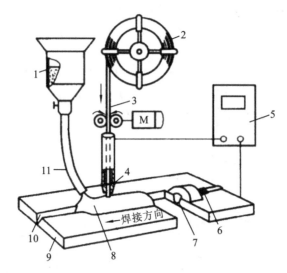

图 4-23 埋弧焊的焊接过程
1—焊剂漏斗；2—焊丝；3—送丝机构；4—导电嘴；5—电源；6—渣壳；
7—熔敷金属；8—焊剂；9—母材；10—坡口；11—软管

结晶凝固，形成连续的焊缝。密度较小的已熔焊剂浮在熔池表面形成液态熔渣，并随后冷却，形成附着在焊缝表面的固态渣壳，焊后未熔化的焊剂可回收再用。埋弧焊焊缝的形成过程如图 4-24 所示，图中 Ⅰ 至 Ⅵ 剖面表示埋弧焊焊缝形成过程中不同部位焊剂层下面的实际状况。

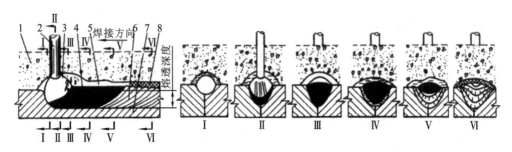

图 4-24 埋弧焊焊缝的形成过程
1—焊剂；2—焊丝；3—电弧；4—熔池；5—熔渣；6—焊缝；7—焊件；8—渣壳
Ⅰ—焊接电弧引燃前　Ⅱ—电弧产生，正在焊接的熔池　Ⅲ—焊丝已向前移动，焊缝金属呈液态
Ⅳ—焊缝金属开始凝固(结晶)，上层表面为液态熔渣　Ⅴ—逐层凝固的焊缝
Ⅵ—凝固成固态的焊缝，上层表面为渣壳

2. 埋弧焊的特点及应用

1) 生产效率高

埋弧焊所用焊接电流大(500～600 A)，电弧的熔透能力强、熔深大，焊丝的熔敷速度快，因此，焊件厚度在 20 mm 以内的对接焊缝可不开坡口一次焊成，若采用双丝

或多丝焊,焊接速度还可提高1倍以上,故其生产效率高。

2)焊接质量好

在埋弧焊的焊接过程中,焊剂对熔化金属及熔池的保护效果好;熔池冷却速度慢,液态金属与熔化焊剂之间的冶金反应充分,减少了焊缝中产生气孔、裂纹的可能性;焊剂还可以向焊缝过渡一些有益的合金元素,调整化学成分,提高力学性能;自动焊接时,焊接工艺参数通过自动调节保持稳定,对焊工操作技术要求不高,焊缝成形好,成分稳定,力学性能好,焊缝质量高。

3)节省焊接材料

焊件可以不开坡口或仅开较小坡口,既可节省因开坡口而切除掉的母材材料,又可减少焊丝的使用量。同时,埋弧焊时金属飞溅少,没有焊条头的损失,因此可节省焊接材料。

4)易实现自动化,劳动条件好,强度低,操作简单

埋弧自动焊的缺点是:适应性差。通常,只适用于平焊或平角焊焊缝的焊接,不能实现全方位和不规则焊缝的焊接(焊剂堆不住);对坡口的加工、清理和装配质量要求较高;焊接电流和熔深大,不适合薄板焊接。

埋弧焊是焊接生产中应用较为普遍的工艺方法,由于焊接熔深大、生产效率高、机械化程度高,因而适用于碳钢、低合金结构钢、不锈钢和耐热钢等中厚板结构的长直缝。

4.3.2 气体保护焊

利用气体作为电弧介质并保护电弧和焊接区的电弧焊称为气体保护电弧焊,简称气体保护焊。

气体保护焊属于明弧焊接,焊接时便于观察焊接过程,故操作方便,可实现全位置自动焊接;焊后不需要清渣,可节省焊接辅助时间,提高生产效率。另外,由于保护气流对电弧有冷却压缩作用,电弧热量集中,因而焊接热影响区窄,工件变形小,特别适合于薄板焊接。

1. 氩弧焊

氩弧焊是使用氩气(Ar)作为保护气体的一种焊接技术,又称氩气体保护焊。氩气是一种惰性气体,在高温下,它不与金属和其他任何元素起化学反应,也不溶于金属,因此保护效果良好,焊接接缝质量高。

按使用的电极不同,氩弧焊可分为不熔化极氩弧焊即钨极氩弧焊(TIG焊)和熔化极氩弧焊(MIG焊)两种,如图4-25所示。

1)钨极氩弧焊

钨极氩弧焊(TIG焊)是指在惰性气体的保护下,利用钨电极和工件间产生的电弧热熔化母材和填充焊丝(可以不用焊丝)的一种焊接方法。焊接过程中电极本身不熔化,故属不熔化极电弧焊,常采用熔点较高的钍钨棒或铈钨棒作为电极。惰性气体

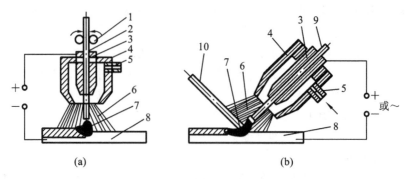

图 4-25　氩弧焊工作原理
(a)熔化极氩弧焊　(b)钨极氩弧焊
1—送丝轮；2—焊丝；3—导电嘴；4—喷嘴；5—进气管；6—氩气流；
7—电弧；8—工件；9—钨极；10—填充焊丝

有二氧化碳、氩气等。而氩气作为保护气体最好，钨极氩弧焊所使用的主要设备包括：钨极、电源、控制箱、焊枪、供气系统、水冷系统等。钨极氩弧焊分为手工焊、自动焊、半自动焊三种，其中以手工钨极氩弧焊应用最广泛。

钨极氩弧焊的特点：保护气流有力且稳定，保护效果好，合金元素烧损少，焊缝质量高；钨极电弧稳定并且热量集中，焊接热影响区窄，焊件变形小；明弧焊接，操作简便，可焊的材料范围广，适合全位置焊接；但是，焊缝熔深浅，熔敷速度小，生产效率低；钨极承载电流的能力较差；生产成本较高。因此，一般适用于焊接各种薄板结构，所焊接的材料除了常见的不锈钢、低合金钢外，几乎包括所有的金属材料，特别适宜焊接化学性能活泼的金属和合金，如铝、镁、钛等。

2）熔化极氩弧焊

熔化极氩弧焊（MIG焊）是以连续送进的焊丝（与母材材质相近）作为电极，电弧产生在焊丝与工件（母材）之间，焊丝不断送进，并熔化过渡到焊缝中去，与母材熔化金属共同形成焊缝，因而焊接电流可大大提高。为防止外界空气混入到电弧、熔池所组成的焊接区，常采用氩气保护或氩气与二氧化碳混合气体保护（MAG）。

熔化极氩弧焊可分为半自动焊和自动焊两种。与TIG焊相比，MIG焊可采用高密度电流，母材熔深大，填充金属熔敷速度快，生产率高。

MIG焊和TIG焊一样，几乎可焊接所有的金属，尤其适合于焊接铝及铝合金、铜及铜合金，以及不锈钢等材料。主要用于中、厚板的焊接，目前，采用熔化极脉冲氩弧焊可以焊接薄板，进行全位置焊接，并能实现单面焊双面成形及封底焊。

2. 二氧化碳气体保护焊

二氧化碳（CO_2）气体保护焊是利用二氧化碳作为保护气体的电弧焊。

二氧化碳气体保护焊的焊接装置如图 4-26 所示。它是利用焊丝作电极，焊丝由送丝机构通过软管经导电嘴送入。电弧在焊丝与工件之间产生，二氧化碳气体从喷嘴中以一定的流量喷出，保护在电弧和熔池周围，从而防止空气对液体金属的有害作用。二氧化碳气体保护焊可分为自动焊和半自动焊,适合全方位焊接。目前,应用较多的是半自动焊。

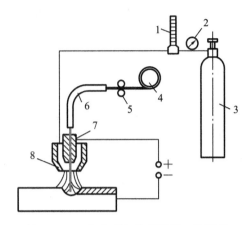

图 4-26　二氧化碳气体保护焊工作原理
1—流量计;2—减压器;3—二氧化碳气瓶;4—焊丝盘;
5—送丝机构;6—送丝软管;7—导电嘴;8—焊枪喷嘴

二氧化碳气体保护焊有如下焊接优点。

(1)保护效果及焊接质量较好　由于二氧化碳气体密度较大,并且受电弧加热后体积膨胀也较大,所以在隔离空气保护焊接熔池和电弧方面效果良好。抗蚀能力较强,焊缝含氢量低,抗裂性好。

(2)成本低、节省能源　二氧化碳气体来源广、价格低,因而焊接成本只有埋弧焊和焊条手弧焊的 40%～50%。二氧化碳气体保护焊与焊条手弧焊相比,对于 3 mm 厚的钢板,每米焊缝消耗的电能约为后者的 70%;对于 25 mm 厚的钢板,约为后者的 40%,是较好的节能焊接方法。

(3)生产效率高、适应范围广　与焊条电弧焊相比,二氧化碳气体保护焊的电弧穿透力强、熔深大,而且焊丝的熔化率高,熔敷速度快,生产率高;适用范围广,可全位置进行焊接。薄板可焊到 1 mm 左右,最厚几乎不受限制(采用多层焊)。而且焊接薄板时,较之气焊速度快,焊后变形小。

(4)操作控制简便、便于机械化与自动化　由于是明弧操作,便于观察和控制,焊后不需要清渣,因此有利于实现焊接过程的机械化和自动化。

但是,由于二氧化碳气体是氧化性气体,高温时可分解成一氧化碳和氧原子,易造成合金元素烧损,焊缝吸氧,导致电弧稳定性差、飞溅较多、弧光强烈、焊缝表面成形不够美观等缺点。若控制或操作不当,还容易产生气孔。二氧化碳气体保护焊的电弧气氛具有较强的氧化性,为保护焊缝的合金元素,需采用含脱氧剂和合金元素较高的焊丝(如 H08Mn2SiA)。

鉴于二氧化碳气体保护焊有以上诸多优点,目前,在欧美等发达国家采用二氧化碳气体保护焊消耗的焊接金属材料重量占全部焊接材料总重量的 50%～75%。在我国,二氧化碳气体保护焊已广泛应用于金属结构制造中,特别适于焊接低碳钢和低合金结构钢($\sigma_b \leqslant 600$ MPa)。还可使用氩和二氧化碳气体混合保护来焊接强度级别较高的低合金结构钢。为了稳定电弧,减少飞溅,二氧化碳气体保护焊宜采用直流反接。

4.3.3 气焊和气割

1. 气焊

气焊是利用气体火焰作热源的一种焊接方法。最常利用的是氧-乙炔焰,乙炔(C_2H_2)为可燃气体,氧气为助燃气体。乙炔和氧气在焊炬中混合均匀后从焊嘴喷出燃烧,将焊件和焊丝熔化并形成熔池,再经冷却凝固后形成焊缝,如图4-27所示。气焊时随着气体燃烧,产生大量二氧化碳、一氧化碳、氢等气体保护熔池。气焊使用不带药皮的光焊丝作填充金属。

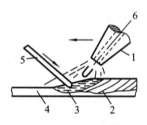

图 4-27 气焊工作原理
1—焊嘴;2—焊缝;3—熔池;4—工件;5—焊丝;6—乙炔+氧气

气焊设备简单,操作灵活方便,不需电源,但气焊火焰温度较低(最高约3 150 ℃),且热量较为分散,生产率低,工件变形大,所以应用不如焊条电弧焊广泛,焊接质量也不高。主要用于焊接厚度在3 mm以下的薄钢板和铜、铝等有色金属及其合金,低熔点材料及铸铁焊补等。气焊设备由焊炬、乙炔瓶、氧气瓶、减压阀及回火保险装置等组成。如图4-28、图4-29所示。

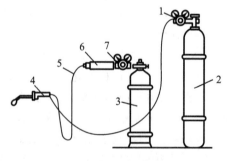

图 4-28 气焊设备
1—减压阀;2—氧气瓶;3—乙炔瓶;4—焊炬;5—胶皮管;6—回火防止器;7—减压阀

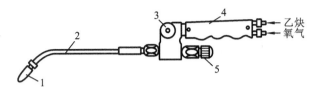

图 4-29 焊炬
1—焊嘴;2—混合管;3—乙炔阀;4—手把;5—氧气阀

1)气焊火焰的种类及应用

气焊时通过氧气和乙炔调节阀,可以改变氧气和乙炔的混合比例,从而得到三种不同的气焊火焰:中性焰、碳化焰和氧化焰,如图 4-30 所示。

(1)中性焰(正常焰)　中性焰是指在一次燃烧区内既无过量氧又无游离碳的火焰(最高温度 3 100~3 200 ℃),其中氧:乙炔为 1:(1~1.2)。其火焰由焰芯、内焰、外焰三部分组成。焰芯呈亮白色清晰明亮的圆锥形,内焰的颜色呈淡橘红色,外焰为橙黄色不甚明亮。由于内焰温度高(约 3 150 ℃),又具有还原性(含有一氧化碳),故最适宜气焊操作,适合焊接中、低碳钢、低合金钢、紫铜、铝合金等。

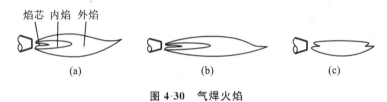

图 4-30 气焊火焰
(a)中性焰　(b)碳化焰　(c)氧化焰

(2)碳化焰　碳化焰是当氧、乙炔混合比小于 1 时得到的。因火焰中乙炔过剩,使火焰焰芯拉长,白炽的碳层加厚,呈羽翅状延伸入内焰区中。整个火焰燃烧软弱无力并冒黑烟。用此种火焰焊接金属能使金属增碳,通常用于焊接高碳钢、高速钢、铸铁及硬质合金等。

(3)氧化焰　当氧、乙炔混合比大于 1.2 时,得到的火焰是氧化焰。火焰中有过量的氧,焰芯变短变尖,内焰区消失,整个火焰长度变短,燃烧有力并发出响声。用此种火焰焊接金属能使熔池氧化沸腾,钢变脆,故除焊接黄铜之外,一般很少使用。

2)接头形式和焊接准备

气焊可以进行全位置的焊接,其接头形式以搭接和对接为主。施焊前,应彻底清除焊件接头处表面的油污、铁锈和水分等。

3)焊丝与焊剂

气焊时,焊丝作为填充金属与熔化的母材一起形成焊缝,因此,焊丝质量对焊件性能有很大的影响。焊剂的作用是保护熔池金属,去除焊接过程中形成的氧化物,增加液态金属的流动性与浸润性。焊接低碳钢时,由于中性焰本身具有相当的保护作用,可不用焊剂。

2. 气割

气割是指利用高温的金属在纯氧中燃烧并被吹离而将工件分割的一种工艺方法。气割使用的气体和供气装置与气焊相同。

气割时，先利用氧-乙炔焰将金属材料加热到燃点，然后打开切割氧阀门，放出一股纯氧气流，使高温金属燃烧。燃烧后生成的液体熔渣被高压氧流吹走，形成切口，如图 4-31 所示。金属燃烧放出大量的热，又预热了待切割的金属。所以气割是"预热→燃烧→吹渣→形成切口→不断切割"的过程。气割所用的割炬与焊炬略有不同，多了一个切割氧气管及控制阀门，割炬如图 4-32 所示。

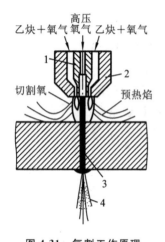

图 4-31 气割工作原理
1—切割嘴；2—预热嘴；
3—切口；4—氧化渣

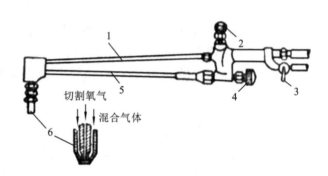

图 4-32 割炬
1—切割氧气管；2—切割氧阀门；3—乙炔阀门；
4—预热氧阀门；5—混合气体管；6—割嘴

金属材料需符合下列条件才能进行气割。

(1) 金属的燃点应低于本身的熔点，否则变为熔割，使切割质量降低，甚至不能切割。

(2) 金属氧化物的熔点应低于金属本身的熔点，否则高熔点的氧化物会阻碍着下层金属与氧气流接触，使气割无法继续进行。另外，气割时所产生的氧化物应易于流动。

(3) 金属的导热性不能太高，否则使气割处的热量不足，造成气割困难。

(4) 金属在燃烧时所产生的大量热能应能维持气割的进行。

碳素钢和低合金结构钢具有很好的气割性能，因为钢中主要成分是铁，其燃烧时生成 FeO、Fe_3O_4 和 Fe_2O_3 并放出大量的热量，而且熔点低流动性好，故切口光洁整齐质量好。但是铸铁气割时，因其燃点高于熔点造成熔割，且渣中有大量黏稠的 SiO_2，妨碍吹渣，使得气割较为困难；气割铝和不锈钢时，因存在高熔点 Al_2O_3 和 Cr_2O_3 氧化层，故也不能用一般的气割方法切割。

4.3.4 电渣焊

电渣焊是利用电流通过熔渣所产生的电阻热作为热源,将填充金属和母材熔化,凝固后形成金属原子间牢固连接。它与电弧焊不同,除引弧外,焊接过程中不产生电弧。电渣焊一般在立焊位置进行。

焊接过程如图 4-33 所示。焊件与填充焊丝接电源两极,在接头底部焊有引弧板,顶部装有引出板。在接头两侧还装有强制成形装置即冷却滑块(一般用铜板制成并通水冷却),以利于熔池冷却结晶。焊接时将焊剂装在引弧板、冷却滑块围成的盒状空间里。送丝机构送入焊丝,与引弧板接触后引燃电弧。电弧高温使焊剂熔化,形成液态熔渣池。当渣池液面升高淹没焊丝末端后,电弧自行熄灭,电流通过熔渣,进入电渣焊过程。由于液态熔渣具有较大电阻,电流通过时产生的电阻热将使熔渣温度升高达 1 700~2 000 ℃,使与之接触的那部分焊件边缘及焊丝末端熔化。熔化的金属在下沉过程中,同熔渣进行一系列冶金反应,最后沉积于渣池底部,形成金属熔池。随着焊丝不断送进与熔化,金属熔池不断升高并将渣池上推,冷却滑块也同步上移,渣池底部则逐渐冷却凝固成焊缝,将两焊件连接起来。密度小的渣池浮在上面,既作为热源,又隔离空气,保护熔池内的金属。

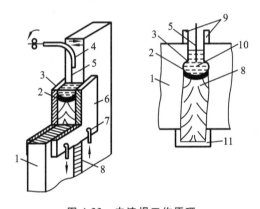

图 4-33 电渣焊工作原理

1—工件;2—金属熔池;3—熔渣;4—导丝管;5—焊丝;6—冷却滑块;
7—水管;8—焊缝;9—引出板;10—金属熔滴;11—引弧板

电渣焊的特点如下。

(1)对于大截面的焊件可一次焊成,生产率高。工件不开坡口,焊接同等厚度的工件,只要留有一定装配间隙,便可一次焊接成形,生产率高。

(2)由于熔渣对熔池保护严密,避免了空气对金属熔池的有害影响,熔池金属保持液态时间长,有利于冶金反应充分,并且夹杂物及气体有较充分的时间上浮至渣池表面或逸出,故不易产生气孔和夹渣,因此焊缝金属比较纯净,质量较好。

(3)调整焊接电流或焊接电压,可在较大范围内调节金属熔池的熔宽和熔深,这一方面可以调节焊缝的成形系数,以防止焊缝中产生热裂纹;另一方面,还可以调节母材在焊缝中的比例,从而控制焊缝的化学成分和力学性能。

(4)电渣焊渣池体积较大,高温停留时间较长,加热及冷却速度缓慢,焊接中、高碳钢及合金钢时,不易出现淬硬组织,冷裂纹的倾向较小。

(5)由于加热及冷却速度缓慢,高温停留时间较长,焊接热影响区较其他焊接方法宽,并造成焊接接头晶粒粗大,力学性能下降。因此,焊后应进行退火加回火热处理,以细化晶粒,提高冲击韧度,消除焊接应力。

电渣焊不仅适合中、低碳钢、合金结构钢的焊接,也适用于某些焊接性差的金属如高碳钢、铸铁等的焊接。焊接结构上特别适用于焊接厚度较大的焊缝,目前,电渣焊是焊接大型铸-焊、锻-焊复合结构,如水压机、水轮机和轧钢机上大型零件的重要工艺方法。

4.3.5 等离子弧焊

等离子弧焊是利用等离子弧作热源进行焊接的一种工艺方法。焊接时,在等离子弧周围需要喷射保护气体来保护熔池。一般保护气体和等离子气体相同,通常为氩气。

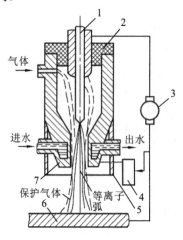

图 4-34 等离子弧焊工作原理
1—电极;2—陶瓷垫圈;3—焊接电源;
4—高频振荡器;5—同轴喷嘴;
6—工件;7—水冷喷嘴

等离子弧作为热源,其产生原理如图 4-34 所示。电极与工件之间加一高压,经高频振荡器的激发,使气体电离形成电弧,电弧通过细孔喷嘴时,弧柱截面缩小,产生机械压缩效应;向喷嘴内通入高速保护气流,均匀地包围着电弧,使弧柱外围受到强烈冷却,于是弧柱截面进一步缩小,产生了热压缩效应;此外,带电离子在弧柱中的运动可看成是无数根平行的通电"导体",其自身磁场所产生的电磁力使这些"导体"互相吸引靠拢,电弧受到进一步压缩,这种作用称为电磁压缩效应。这三种压缩效应作用在弧柱上,使弧柱被压缩得很细,极大地提高了电流密度,能量高度集中,弧柱区内的气体完全电离,从而获得等离子弧。这种等离子弧的温度可高达 14 000~50 000 K,能够用于焊接和切割。

按焊接电流大小,等离子弧焊分为微束等离子弧焊和大电流等离子弧焊两种。微束等离子弧焊的电流一般为 0.1~30 A,可用于厚度为 0.025~2.5 mm 箔材和薄板的焊接。大电流等离子弧焊主要用于焊接厚度大于 2.5 mm 的焊件。

等离子弧焊具有能量集中,穿透能力强,电弧稳定等优点。因此,焊接 12 mm 厚的工件可以不开坡口,能一次单面焊透双面;其焊接热影响区小,焊件变形小;而且焊接速度快,生产率高。但等离子弧焊设备复杂,气体消耗大,焊接成本较高,并且只适宜于室内焊接,因此应用范围受到一定限制。

等离子弧焊主要用于碳钢、低合金钢、耐热钢、不锈钢、铜及铜、铝、钛、钨、钼、铬、镍等合金的焊接。此外,利用高温高速的等离子弧还可以切割任何金属和非金属材料,包括气割不能切割材料,而且切口窄而光滑,切割效率比气割高 1~3 倍。

4.3.6 压焊与钎焊

1. 压焊

利用加压(或同时加热)的方法,使两工件的结合面紧密接触并产生一定的塑性变形,借用原子之间的结合力将它们牢固地连接起来。这类焊接方法称为压焊。根据加热加压的方式不同,压焊可分为电阻焊、摩擦焊、超声波焊、扩散焊和爆炸焊等。

1) 电阻焊

电阻焊是利用电流通过焊件及其接触处所产生的电阻热,将焊件局部加热到塑性或熔化状态,然后在压力下形成焊接接头的焊接方法。

电阻焊在焊接过程中产生的热量,可用焦耳-楞次定律计算,即

$$Q = I^2 R t$$

式中: Q ——电阻焊时所产生的电阻热(J);

I ——焊接电流(A);

R ——工件的总电阻,包括工件本身的电阻和工件间的接触电阻(Ω);

t ——通电时间(s)。

由于工件的总电阻很小,为使工件在极短的时间(0.01 s 到几秒)迅速加热到焊接温度,必须采用很大的焊接电流($I = 10^3 \sim 10^4$ A),因此,电阻焊设备的特点就是低电压、大电流。

与其他焊接方法相比,电阻焊具有生产率高、焊件变形小、劳动条件好、不需另加焊接材料、操作简便、易于实现自动化等优点。但设备较一般熔化焊复杂,耗电量大,适用的接头形式与可焊工件厚度(或断面尺寸)受到一定限制,且焊件焊前清理要求高。

电阻焊分为点焊、缝焊、对焊三种形式,如图 4-35 所示。

(1) 点焊 点焊是利用柱状电极加压通电,在搭接工件接触面之间焊成一个个焊点的焊接方法,如图 4-35(a)所示。

点焊的焊接过程分预压、通电加热和断电冷却几个阶段。

① 预压 将表面已清理好的工件叠合起来,多为搭接连接,置于两电极之间预压压紧,使工件待焊处紧密接触。

② 通电加热 由于电极与被焊工件之间所产生的热量被电极内部冷却水所带走,故电阻热主要集中在两工件接触处,该处金属迅速被加热到熔化状态而形成熔核,熔核周围的金属被加热到塑性状态,在压力作用下发生较大的塑性变形。

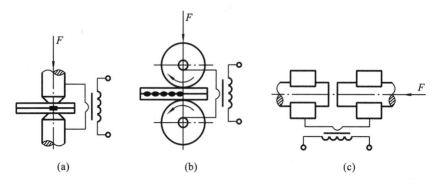

图 4-35 电阻焊工作原理
(a)点焊　(b)缝焊　(c)对焊

③断电冷却　当塑性变形量达到一定程度后,切断电源,并保持压力一段时间,使熔核在压力作用下冷却结晶,形成焊点,实现原子或分子之间的结合。

焊完一个点后,电极移动至另一点继续焊接,此时会有一部分电流流经已焊好的焊点,这种现象称为分流。分流会使焊接处电流减小,影响焊接质量。因此,两焊点间应有一定距离。被焊材料的导电性越好,焊件厚度越大,分流现象越严重,焊点间距就应越大。

点焊主要用于薄板结构,板厚一般在 4 mm 以下,条件合适的情况下可达 10 mm。目前,点焊已广泛用于制造汽车、车厢、飞机等薄壁结构,以及罩壳和轻工、生活用品等。

(2)缝焊　缝焊过程与点焊基本相似,其焊缝即由许多焊点相互依次重叠而形成的连续焊缝,焊接电极由两个可以旋转的盘状电极组成,如图 4-35(b)所示,所以缝焊又称滚焊。利用圆盘电极对施焊部位施加一定的压力并断续送电,工件接触面间形成连续而彼此重叠的焊点,即缝焊焊缝,焊点相互重叠率在 50% 以上。

缝焊在焊接过程中分流现象严重,因此缝焊只适于焊接 3 mm 以下的薄板焊件。缝焊焊缝表面光滑美观,气密性好,已广泛应用于家用电器(如电冰箱壳体)、交通运输(如汽车、拖拉机油箱)及航空航天(如火箭燃料箱)等工业部门中要求密封的焊件的焊接。

(3)对焊　对焊是利用电阻热,使两个工件在整个接触面上焊接起来的一种压焊方法,如图 4-35(c)所示。根据焊接操作工艺的不同,对焊又可分为电阻对焊和闪光对焊。

①电阻对焊　把工件装在对焊机的两个电极夹具上对正、夹紧,并施加预紧压力,然后通电,由于两个工件实际接触面积较小,电阻较大,当电流通过时,就会在此产生大量的电阻热,使接触面附近金属迅速加热到塑性状态,再对工件施加较大的压力并同时断电,使接头在高温下产生一定的塑性变形而焊接起来。

电阻对焊具有接头光滑、毛刺小、操作简单等优点,但接头的力学性能不高。焊前必须对焊件端面进行除锈、清理,否则焊接质量难以保证。电阻对焊适用于截面形状简单、尺寸小(如金属型材)的焊接。

②闪光对焊 焊接时,将工件装在电极夹头上固定,然后先通电,再逐渐靠拢;由于工件接头端面比较粗糙,开始只有少数几个点接触,当强大的电流通过时,就会产生大量的电阻热,使接触点的金属迅速熔化甚至气化,熔化的金属在电磁力和气体爆炸力作用下连同表面的氧化物一起向四周喷射,产生火花四溅的"闪光"现象;继续推压工件,便在新的接触点产生闪光;待两工件的整个接触端面有薄薄一层金属熔化时,迅速加压并断电,两待焊工件便在压力作用下焊在一起。

闪光对焊对焊前工件端面的质量要求不高,焊接中夹渣少,接头质量也较电阻对焊的好,但操作较复杂,飞溅大,对环境也会造成一定污染,焊后工件的毛刺需要清理。

2)摩擦焊

摩擦焊是利用工件间相互摩擦产生热量,同时加压而进行焊接的方法。

(1)摩擦焊工作原理 如图4-36所示,将两待焊工件分别夹持在旋转和移动夹头上,使工件Ⅰ高速旋转;工件Ⅱ逐渐向工件Ⅰ靠近,两工件接触、摩擦生热并被加热到塑性状态;此时轴向施压产生塑性变形将两端面上的氧化物及杂质迅速挤出,露出纯净金属表面;当接触处温度合适时,工件Ⅰ的旋转被刹停并加大轴向压力,使两工件焊接在一起。

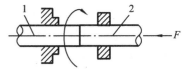

图4-36 摩擦焊工作原理
1—焊件Ⅰ;2—焊件Ⅱ

(2)摩擦焊特点如下。

①焊接接头质量高且稳定 由于工件接触表面强烈摩擦,使工件接触表面的氧化膜和杂质挤出焊缝之外,因而接头质量好,焊件尺寸精度高,焊后变形小。

②可焊接的金属范围广 不仅可焊同种金属,也可焊异种金属(如高速钢与45钢、铜合金与铝合金焊接等)。

③操作简单 不需要焊接材料,容易实现自动控制,生产率高。

④电能消耗少 为闪光对焊的1/10~1/5,没有火花和弧光,劳动条件好。

⑤设备复杂,一次性投资大。

摩擦焊接头一般是等截面的,特殊情况下也可以是不等截面的。

2. 钎焊

钎焊是利用熔点比焊件低的钎料作为填充金属,加热时钎料熔化而将焊件连接起来的焊接方法。钎焊时,将表面清理好的工件以搭接形式装配在一起,把钎料放在接头间隙附近或接头间隙之间。当工件与钎料被加热到稍高于钎料的熔点温度后,钎料熔化(此时工件不熔化),借助毛细管作用钎料被吸入并充满固态工件间隙,液态钎料与工件金属相互扩散溶解,冷凝后即形成钎焊接头。

1)软钎焊与硬钎焊

根据钎料熔点的不同,钎焊可分为硬钎焊与软钎焊两类。

(1) 软钎焊　钎料熔点在 450 ℃ 以下的,如锡基和铅基钎料。软钎焊强度较低,一般不超过 70 MPa。用于焊接强度无要求或低要求的焊件,如电子产品和仪表中线路的焊接。

(2) 硬钎焊　钎料熔点在 450 ℃ 以上,常用的有银基和铜基钎料。硬钎焊(硬钎料)接头强度较高,在 200 MPa 以上。常用于焊接工作温度较高或需要一定承载能力的工件,如车刀上硬质合金刀头与刀杆的焊接。

2) 钎焊工艺

(1) 焊件去膜　空气中的金属表面常覆盖着一层氧化膜,它的存在会使液态钎料不能浸润工件而难于焊接,有必要清除。常用的方法有:钎剂去膜法(如锡焊时采用松香,铜焊时采用硼酸或硼砂)和机械去膜法(如利用器械刮除)。

(2) 接头形式　钎焊常采用装配较为方便的搭接接头,其接头的强度低于母材金属的强度。

(3) 钎焊的加热方法如下。

① 烙铁加热　利用烙铁熔化钎料并加热工件,一般采用钎剂去膜。只适用于软钎料焊接薄壁件,多用于电工、仪表等线路连接。

② 火焰加热　利用可燃性气体或液体燃料所形成的火焰来加热焊件和熔化钎料,手工操作,对工人的技术水平要求较高。常用银基和铜基钎料,可焊接碳钢、低合金钢、不锈钢、铜合金等材料的薄壁或小型焊件。

③ 电阻加热　利用电阻热加热焊件和熔化钎料,并施加一定的压力完成焊接过程。加热迅速、生产率高,易于实现自动化,但接头尺寸不能太大。目前,主要用于钎焊刀具、工具、导线端、电路触点与集成电路元器件的焊接。

④ 感应加热　利用磁场中产生感应电流的电阻热来完成钎焊。加热速度快,生产率高,易于实现自动化。特别适用于管件套接、管子和法兰、轴和轴套等接头的焊接。

钎焊与一般焊接方法相比,加热温度较低,焊件的应力和变形较小;对材料的组织和性能影响很小,易于保证焊件尺寸。钎焊还能实现异种金属甚至金属与非金属的连接,因此在电工、仪表、航空等行业中得到广泛应用。

4.4　常用金属材料的焊接

4.4.1　金属材料的焊接性

1. 金属材料的焊接性

金属材料的焊接性是指被焊金属在采用一定的焊接方法、焊接材料、工艺参数及结构形式条件下,获得优质焊接接头的难易程度。金属材料的焊接性是一项重要的工艺性能,通常以金属材料在焊接时形成裂纹的倾向及焊接接头区淬硬倾向作为评价金属材料焊接性的主要指标。

金属材料的焊接性不是一成不变的。同一种金属材料,采用不同的焊接方法和焊接材料,其焊接性差别较大。如铸铁用普通焊条不易保证焊接质量,但用镍基焊条则质量较好。随着焊接技术的发展,过去某些难焊接的金属材料,现在可以用一定的方法进行焊接。例如钛的化学性能活泼,焊接困难,但氩弧焊的出现,使钛及其合金的焊接结构已在工业中广泛采用。由于等离子弧焊、电子束焊和激光焊等新的焊接方法的出现,使高熔点的金属(钨、钼、钽、铌和锆等)及其合金的焊接成为可能。

2. 碳当量法

影响钢材焊接性的主要因素是化学成分。在各种元素中,碳的影响最明显,随着碳含量的增加,焊接性逐渐变差。其他元素对焊接性也有一定的影响(如硅和锰等),但都不及碳作用强烈。这样,将其他元素的影响可折合成碳的影响,因此可用碳当量方法来估算被焊钢材的焊接性。碳当量计算的经验公式为

$$C_{eq} = w_C + \frac{w_{Mn}}{6} + \frac{w_{Cr} + w_{Mo} + w_V}{5} + \frac{w_{Ni} + w_{Cu}}{15}$$

式中:C_{eq}——碳当量;

当 $C_{ep} \leqslant 0.4\%$ 时,钢材塑性良好,淬硬倾向不明显,焊接性良好。

当 $C_{ep} = 0.4\% \sim 0.6\%$ 时,钢材塑性下降,淬硬倾向明显,焊接性较差,焊前需适当预热。

当 $C_{ep} \geqslant 0.6\%$ 时,钢材塑性较差,淬硬倾向很强,焊接性不好,属难焊材料,需采用较高的预热温度和严格的焊接工艺。

钢材中氧、氢、氮、硫、磷属有害元素,同样影响焊接性能,因此在各类钢材中,这些元素的含量都要严格限制。

4.4.2 碳钢的焊接

碳钢又称碳素钢,是钢材中产量最多、应用最广的材料,其产量约占钢材总产量的80%,其中约有40%以上的钢材离不开焊接。

碳钢以 Fe 为基础,以 C 为合金元素,但碳含量≤1.4%,此外,含有少量 Si、Mn,其他元素如 Ni、Cr 和 Cu 等控制在残余量的限度内,远非合金成分。杂质元素 S、P 等,根据钢材品种等级的不同,也都有严格限制。

碳钢按其碳含量可以分为低碳钢、中碳钢和高碳钢三种。碳钢焊接性与碳含量的关系如表 4-6 所示。

表 4-6 碳钢焊接性与碳含量的关系

名称	碳含量/(%)	典型硬度	焊接性	典型用途
低碳钢	≤0.15	60HRB	优	特殊板材和型材薄板、带材、焊丝
	0.15~0.25	90HRB	良	结构用型材、板材和棒材

续表

名称	碳含量/(%)	典型硬度	焊 接 性	典型用途
中碳钢	0.25～0.60	25HRC	中（通常需要预热和后热，推荐使用低氢焊条焊接）	机器部件和工具
高碳钢	≥0.60	40HRC	劣（必须用低氢焊条，需预热、层间保温和后热）	弹簧、模具、钢轨

1. 低碳钢的焊接

低碳钢的碳含量≤0.25%，也被称为软钢，通常情况下不会因焊接而引起严重硬化组织和淬火组织，因此焊接性良好，焊接时一般不需要采取特殊的工艺措施，用各种焊接方法都能获得优质焊接接头。只有厚大结构件在低温下焊接时，才应考虑焊前预热，例如焊接板厚大于 50 mm、温度低于 0 ℃ 的低碳钢梁、柱等结构，焊前应预热到 100～150 ℃。

低碳钢结构件焊条电弧焊时，按等强度原则，根据母材强度等级，一般焊接结构选用 J422(E4303)、J424(E4320) 等酸性焊条；对承受动载荷、结构复杂的厚大焊件，选用抗裂性好的 J507(E5015)、J506(E5016) 等低氢焊条。埋弧焊时，一般选用焊丝 H08A 或 H08MnA 配合焊剂 HJ431。

沸腾钢脱氧不完全，氧含量较高，硫、磷等杂质分布不均匀，局部区域硫、磷含量可能超出规定范围，焊接时裂纹倾向大，不宜作为焊接结构件，应改用镇静钢。

2. 中、高碳钢焊接

中碳钢碳含量不高，接近 0.30% 时（如 35 钢），焊接性良好，等同低碳钢。当碳含量接近 0.50% 时（如 45、55 钢）时，热影响区组织淬硬倾向增大而产生淬硬的马氏体组织，易于开裂，焊接性不好，应采取一定的工艺措施。如 45、55 钢焊接时，焊前应预热到 150～250 ℃。根据母材强度级别，选用焊条 J507(E5015)、J506(E5016)。为避免母材过量融入焊缝中导致碳含量升高，应开坡口，并采用细焊条、小电流、多层多道焊等工艺。焊后缓冷，并进行 600～650 ℃ 回火处理，以消除应力。

高碳钢除高碳结构钢以外，还包括高碳工具钢和高碳碳素钢铸件，碳含量均在 0.60% 以上，淬硬倾向与裂纹敏感倾向更大，易出现裂纹和气孔，焊接性差，一般不用于焊接结构，而用于高硬度或耐磨零、部件和工具，以及某些高碳钢铸件。因此，焊接多用于修复，焊补时通常采用焊条电弧焊或气焊，焊条选用 J607(E6015)、J707(E7015) 等，焊前预热到 250～350 ℃，焊后缓冷，并立即进行 650 ℃ 以上高温回火，以消除应力。

4.4.3 低合金钢的焊接

低合金钢是在碳素钢的基础上添加一定量的合金化元素而成，其合金元素一般不超过5%。有高强度结构钢和特殊性能钢之分。其中高强度结构钢应用很广,其按屈服强度可分为三类:$\sigma_s=294\sim490$ MPa 的热轧及正火钢(焊前为热轧及正火状态),$\sigma_s=490\sim980$ MPa 的低碳调质钢(碳含量<0.25%,焊前为调质状态)和 $\sigma_s=880\sim1\,176$ MPa 的中碳调质钢(碳含量为0.25%~0.45%,焊前为调质状态)。特殊性能钢包括低温钢、耐热钢和耐蚀钢。

1. 高强度结构钢焊接

高强度结构钢常用的焊接方法有焊条电弧焊、埋弧焊、电渣焊和二氧化碳气体保护焊等,表4-7中列出了几种常用的热轧及正火强度用钢焊接工艺。

低、中碳低合金调质钢的碳当量数值在0.45%以上,焊接时热影响区产生淬硬组织倾向较大,易产生冷裂纹,且钢的强度级别越高,冷裂倾向越大。因此,焊接前应预热,预热温度取决于焊件厚度和现场环境温度,以16Mn为例,其预热温度见表4-8。

表4-7 常用高强度结构钢焊接工艺特点

钢 号	09Mn2	16Mn	15MnV	15MnVN	14MnMoV
碳当量值	0.36	0.39	0.40	0.43	0.50
屈服强度 σ_s /MPa	294	343	392	441	491
抗拉强度 σ_b /MPa	≈420	≈490	≈540	≈590	≈690
预热温度 /℃	不预热(板厚 $h\leqslant16$ mm)	100~150 ($h\geqslant30$ mm)	100~150 ($h\geqslant28$ mm)	100~150 ($h\geqslant25$ mm)	≥200
焊条型号	E4303 E4315	E5003 E5015 E5016	E5003 E5015 E5016 E5015	E5015 E6015	E6015
埋弧焊焊丝	H08A H08MnA	H08A(不开坡口) H08MnA(不开坡口) H10Mn2	H08MnA(不开坡口) H10Mn2(中板开坡口)	H08MnA(厚板开深坡口)	H08MnMoA H04MnVTiA	H08Mn2MoA
埋弧焊焊剂	HJ431	HJ431	HJ431	HJ350 HJ250	HJ431 HJ350	HJ350
CO_2 焊焊丝	H08Mn2Si、H08Mn2SiA				H06Mn2SiMoA

续表

钢　号	09Mn2	16Mn	15MnV	15MnVN	14MnMoV
焊后热处理规范	电弧焊、电渣焊不热处理	电弧焊:600～650℃回火 电渣焊:900～930℃正火、600～650℃回火	电弧焊:550℃或600℃回火 电渣焊:950～980℃正火、550℃或600℃回火	电弧焊:550℃或600℃回火 电渣焊:950℃正火、650℃回火	电弧焊:550℃或600℃回火 电渣焊:950～980℃正火、550～600℃回火

表 4-8　焊接 16Mn 预热温度

板厚/mm	不同环境温度下的预热温度
16 以下	不低于 −10 ℃不预热，−10 ℃以下预热到 100～150 ℃
16～24	不低于 −5 ℃不预热，−5 ℃以下预热到 100～150 ℃
25～40	不低于 0 ℃不预热，0 ℃以下预热到 100～150 ℃
40 以上	均预热到 100～150 ℃

2. 特殊性能钢焊接

低合金耐热钢是以 Cr、Mo 为基础的低、中合金钢，如 12CrMo、12Cr3MoVSiTiB 等。其碳当量值为 0.45%～0.90%，裂纹倾向较大，焊接性较差。焊条电弧焊时，要选用与母材成分相近的焊条，预热温度为 150～350 ℃，焊后应及时进行高温回火处理。如果焊前不能预热，应选用 Ni、Cr 含量较高的焊条。

低温钢中含 Ni 量较高，焊前不需预热，焊条成分要与母材匹配，焊接时线能量输入要小，焊后回火注意避开"回火脆性区"。耐蚀钢中除 P 含量较高的钢以外，其他耐蚀钢焊接性较好，不需预热或焊后热处理等，但要选择与母材相匹配的耐蚀焊条。

4.4.4　不锈钢的焊接

不锈钢是指主加合金元素为铬，能使钢处于钝化状态又具有不锈钢特性的钢。为此，铬含量应高于 12%。不锈钢按组织类型，可分为五类，即奥氏体不锈钢、马氏体不锈钢、铁素体不锈钢、双相不锈钢和沉淀不锈钢。

奥氏体不锈钢是实际应用最为广泛的不锈钢，以高 Cr-Ni 型不锈钢最为普遍，如 0Cr18Ni9、00Cr19Ni10 等，虽然 Cr、Ni 元素含量较高，但碳含量低，焊接性良好，焊接时一般不需要采取工艺措施。焊条电弧焊、埋弧焊、钨极氩弧焊时，焊条、焊丝和焊剂的选用应保证焊缝金属与母材成分类型相同。

焊接马氏体不锈钢时，在空冷条件下焊缝就可转变为马氏体组织，所以焊后淬硬倾向大，易出现冷裂纹。如果碳含量较高，淬硬倾向和冷裂纹现象将更严重。因此，焊前预热温度为 200～400 ℃，焊后要进行热处理。如果不能实施预热或热处理，应选用奥氏体不锈钢焊条。

在焊接铁素体不锈钢如 00Cr12、1Cr17Mo 等时，热影响区中的铁素体晶粒易过热粗化，使焊接接头的塑性及韧度急剧下降甚至开裂。因此，焊前预热温度应在 150 ℃ 以下，并采用小电流、快速焊等工艺，以降低晶粒粗大倾向。

马氏体不锈钢和铁素体不锈钢焊接的常用方法是焊条电弧焊和氩弧焊。

4.4.5　铸铁的焊补

铸铁碳含量高，组织不均匀，塑性很低，属于焊接性很差的材料，因此不应用铸铁设计和制造焊接构件。但铸铁常出现铸造缺陷，铸铁零件在使用过程中有时会发生局部损坏或断裂，用焊接手段将其修复，其经济效益较高。所以，铸铁的焊接主要是用于焊补。

铸铁焊补的主要问题有三个：一是焊接接头易生成白口组织和淬硬组织，难以机加工；二是焊接接头易出现裂纹；三是容易产生气孔。

根据铸铁的焊接特点，采用气焊、焊条电弧焊较为事宜。根据焊前是否预热，铸铁焊补可分为热焊法和冷焊法两种。

1. 热焊法

焊前将工件预热至 600～700 ℃，并在此温度下施焊，焊后缓冷以消除应力。常用的焊补方法是焊条电弧焊和气焊。焊条电弧焊适于中等厚度以上（>10 mm）的铸铁件，选用铁基铸铁焊条或低碳钢芯铸铁焊条。10 mm 以下薄件为防止烧穿，采用气焊，用气焊火焰预热和缓冷焊件，选用铁基铸铁焊丝并配合焊剂使用。热焊法劳动条件差，一般用于焊补复杂、重要铸铁件，如汽车的缸体、缸盖和机床导轨等。

2. 冷焊法

焊前工件不预热（或局部预热至 300～400 ℃，称半热焊），焊后缓冷。常用的焊补方法是焊条电弧焊，焊条的选择应考虑：母材碳、硅含量；焊缝不致生成白口组织；焊缝为塑性好的非铸铁型组织；保证焊后工件的加工性能和使用性能。焊接时采用合适的工艺，焊后缓冷和并敲击焊缝，以减小焊接应力，防止白口组织生成。

铸铁焊补的焊条有多种，如铸铁芯铸铁焊条、钢芯铸铁焊条和镍基铸铁焊条。铸铁芯铸铁焊条和钢芯铸铁焊条的焊接热影响区易出现白口组织和裂纹，适于非加工面的焊补。镍基铸铁焊条的焊缝金属有良好的抗裂性和加工性，但价格较贵，主要用于重要铸铁件或加工面的焊补，如机床导轨面的焊补。

冷焊法生产率高，劳动条件好，焊补成本低（镍基铸铁焊条除外），应优先采用。

4.4.6　非铁金属及其合金的焊接

常用的非铁金属有铝、铜、钛及其合金等。由于非铁金属具有许多特殊性能，在工业中应用越来越广，其焊接技术也越来越重要。

1. 铜及铜合金的焊接

铜具有面心立方结构,具有优良的加工成形性,因而获得广泛应用。铜及铜合金分为黄铜(铜锌合金)、青铜(铜锌锡合金)和紫铜等。焊接结构件常用的是紫铜和黄铜,铜及铜合金焊接的主要问题如下。

(1)难熔合及易变形 由于铜的导热性很强,为钢的 7~11 倍,焊接时热量极易散失,不易达到焊接所需的温度,出现填充金属与母材金属难熔合、工件焊不透、焊缝成形差等缺陷,导热性强还使热影响区范围宽;铜的线膨胀系数和凝固收缩率都较大,结果焊接应力大,焊后变形严重。

(2)热裂纹倾向大 铜和铜合金中一般含有 S、P、Bi 等杂质,液态时氧化形成 Cu_2O,硫化形成 Cu_2S,形成低熔点共晶体存在于晶界上,易引起热裂纹。

(3)易产生气孔 氢在液态铜中的溶解度比在固态铜中的溶解度高 3~4 倍,焊缝凝固时氢来不及完全析出,形成扩散性气孔;另外,氢还与熔池中的 Cu_2O 等发生冶金反应,生成水蒸气和 CO_2,形成反应性气孔;铜的导热性强还造成焊缝冷速快,气孔敏感性增大。

由于上述原因,铜及铜合金焊接接头的塑性和韧度下降明显,为此焊接采用大功率、高能束的熔焊热源,并且焊前需预热(150~550 ℃)来防止难熔合、焊不透现象,以减小焊接应力与变形;严格限制杂质含量,加入脱氧剂控制氢来源;用层间保温和后热来降低溶池冷却速度,防止裂纹、气孔的产生;焊后采用退火处理以消除应力等措施。

焊接铜和铜合金常用的方法有氩弧焊、气焊、焊条电弧焊、埋弧焊、钎焊和等离子弧焊等。氩弧焊是焊接铜和铜合金应用最广的熔焊方法。厚度小于 3 mm 的工件采用 TIG 焊,可不开坡口不加焊丝;厚度 3~12 mm 的工件采用填丝 TIG 焊或 MIG 焊;厚度大于 12 mm 的工件一般采用 MIG 焊。选用焊丝除满足一般工艺、冶金要求外,应注意控制其杂质含量和提高脱氧能力。气焊黄铜采用弱氧化焰,其他均采用中性焰,由于温度较低,除薄件外,焊前应将工件预热至 400 ℃ 以上,焊后应进行退火或敲击处理。埋弧焊适用于中、厚板长焊缝的焊接,厚度 20 mm 以上的工件焊前应预热,单面焊时背面应加成形垫板。铜及铜合金的钎焊性优良,硬钎焊时采用铜基钎料、银基钎料,配合硼砂、硼酸混合物等作为钎剂;软钎焊时可用锡铅钎料,配合松香、焊锡膏作为钎剂。

2. 铝及铝合金的焊接

铝及铝合金具有密度小、比强度高,导电、导热性高和耐蚀性强的特性,在现代焊接结构中应用越来越广泛,如飞机、飞船、火箭、轻型汽车、自行车和小型舰船等。

铝及铝合金焊接的主要问题如下。

(1)极易氧化 铝极易生成难熔的 Al_2O_3 薄膜,熔点高(2 050 ℃),非常稳定,能吸潮,不易去除,覆盖在金属表面,阻碍母材熔合。薄膜密度大,易进入焊缝,造成夹杂而脆化。

(2) 易生成气孔　氢在铝合金中的溶解度变化大,液态比固态大 20 多倍,所以氢来不及逸出,造成焊缝气孔。另外,Al_2O_3 易吸附水分,也增加了焊缝出现气孔的倾向。

(3) 熔融状态控制难　铝及铝合金从固态熔融为液态时,无明显色泽变化,操作观察困难,不易控制熔融时间和温度,可能出现烧穿等缺陷。

焊接铜及铜合金的方法也常用于焊接铝及铝合金。但是,由于有"阴极破碎"作用可避免氧化问题,氩弧焊是焊接铝及铝合金相对理想的方法。为保证焊接质量,焊前要严格清理焊件表面的氧化膜,焊丝、焊剂要烘干,焊接时尽量选用与母材化学成分相近的专用焊丝。

3. 钛及钛合金的焊接

钛(熔点 1 725 ℃,密度为 4.5)及钛合金的比强度大,又具有较好的低温韧度和抗蚀性,是航天工业的理想材料,因此焊接是钛合金应用中必然要遇到的问题。

由于钛及钛合金化学性质非常活泼,极易出现多种焊接缺陷:钛及钛合金极易吸收各种气体,使焊缝出现气孔;产生粗晶及钛马氏体;氢、氧、氮与母材金属的激烈反应,使焊接接头脆化及冷裂倾向加大;另外,氢还会使焊缝出现延迟裂纹;因此焊接性较差。主要采用氩弧焊、等离子弧焊、真空电子束焊等方法焊接。

4.5　焊接结构设计

4.5.1　焊接生产过程

各种焊接结构,其主要的生产工艺过程为:备料→装配→施焊→变形矫正→质量检验→表面处理(油漆、喷塑或热喷涂等)。

1. 备料

包括型材选择,型材外形矫正,按比例放样、画线,下料切割,边缘加工(开坡口),成形加工(折边、弯曲、冲压、钻孔等)。

2. 装配

利用专用夹具或其他紧固件装置将加工好的零部件组装成一体,进行定位焊,并进行焊前准备。

3. 施焊

根据焊件材质、尺寸、使用性能要求、生产批量及现场设备情况选择焊接方法,确定焊接工艺及其参数,按合理顺序施焊。

4.5.2　焊接结构工艺设计

焊接结构件种类各式各样,在其材料确定以后,对焊接结构件进行工艺设计的内容主要包括三个方面:焊缝布置,焊接方法的选择,焊接接头设计。

1. 焊缝布置

焊缝布置是否合理,直接影响结构件的焊接质量和生产率。因此,设计焊缝位置时应考虑下列原则。

1)尽量减少焊缝数量、长度及尺寸

设计焊件结构时,可通过选取不同形状的型材、冲压件来减少焊缝数量。如图4-37所示的箱式结构,若用平板拼焊需四条焊缝,若改用槽钢拼焊仅需两条焊缝。焊缝数量的减小,焊接应力和变形也随之减少。

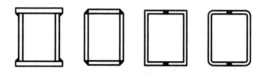

图 4-37 减少焊缝数量示例

焊缝截面尺寸的增大会使焊接变形量随之增大,但过小的焊缝截面尺寸又可能降低焊件强度,且截面过小,焊缝冷速过快,易产生缺陷,因此在满足焊件使用性能前提下,应尽量减少不必要的焊缝截面尺寸。

2)焊缝要布置在便于施焊的位置

焊条电弧焊时,焊条要能伸到焊缝位置,如图4-38所示。点焊、缝焊时,应方便电极伸到待焊位置,如图4-39所示。埋弧焊时,要考虑焊缝所处的位置能否存放焊剂。

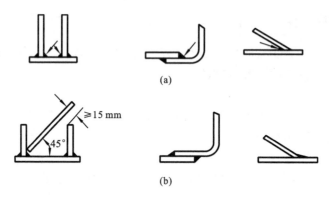

图 4-38 焊缝位置应便于施焊
(a)不合理 (b)合理

3)焊缝布置应尽量对称

当焊缝布置对称或接近于焊件截面中心轴时,可使焊接中产生的变形相互抵消。特别是在梁、柱、箱体等结构的设计中尤其重要。如图4-40所示,图(a)中焊缝布置在焊件的非对称位置,会产生较大弯曲变形,不合理;图(b)、图(c)将焊缝对称布置,均可减小焊件的弯曲变形。

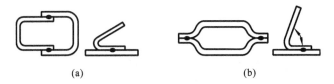

图 4-39 点焊、缝焊焊缝位置应便于电极施焊

(a)电极难以伸入　(b)方便操作的设计

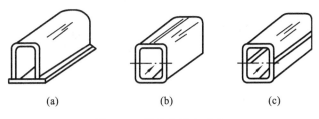

图 4-40 焊缝布置应对称

4) 焊缝应避免交叉

焊缝密集或交叉会使接头处严重过热,导致焊接应力与变形增大,甚至开裂。因此,两条焊缝之间应隔开一定距离,一般要求大于三倍的板材厚度,且不小于 100 mm,如图 4-41 所示。

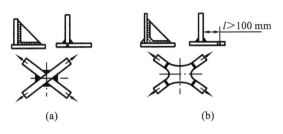

图 4-41 焊缝布置应避免交叉

(a)不合理　(b)合理

5) 应尽量避开最大应力或应力集中位置

尽管优质的焊接接头能与母材等强度,但焊接时难免出现程度不同的焊接缺陷,如气孔、夹渣、未焊透等,使结构的承载能力下降。所以在设计焊接结构时,最大应力和应力集中的位置应避免布置焊缝。在图 4-42(a)中,大跨度钢梁的最大应力处在钢梁中间,若此处设计焊缝即没有避开最大应力处,使得整个结构的承载能力下降;若改用图(b)结构,钢梁由三段型材焊成,虽增加了一条焊缝,但因焊缝避开了最大应力处而提高了钢梁的承载能力。压力容器的结构设计,为使焊缝避开应力集中的转角处,不应采用图 4-42(c)所示的无折边封头结构,应采用图 4-42(d)所示有折边封头结构。

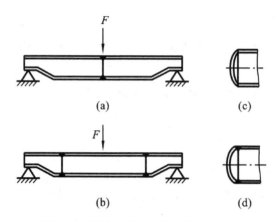

图 4-42 焊缝应避开应力集中处的布置
(a)不合理 (b)合理 (c)不合理 (d)合理

6) 应避开机械加工表面

有些焊件需切削加工,如采用焊接结构制造的零件如轮毂等(见图 4-43)。为便于机加工,采取先车削内孔后焊接轮辐的工艺,为避免内孔加工精度受焊接变形的影响,必须采用图 4-43(b)的结构,使焊缝远离加工面。同样,图 4-43(d)所示的结构比图 4-43(c)所示的结构合理。

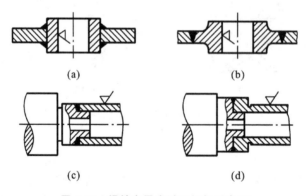

图 4-43 焊缝布置应避开机加工表面

2. 焊接方法的选择

各种焊接方法都有其各自特点及适用范围,选择焊接方法时要根据焊件的结构形状及材质、焊接质量要求、生产批量和现场设备等,在综合分析焊件质量、经济性和工艺可能性之后,确定最适宜的焊接方法。

常用焊接方法的特点及适用范围见表 4-9。

表 4-9 常用焊接方法的特点及适用范围

焊接方法	焊接热源	焊接位置	适用钢板厚度/mm	焊缝成形	生产率	设备费用	可焊材料	适用范围及特点
焊条电弧焊	电弧热	全位置	>1 各种厚度	较好	中	较低	碳钢、低合金钢、不锈钢、铸铁等	成本较低,适应性强
气焊	氧-乙炔气体或其他可燃气体	全位置	1～3	较差	低	低	碳钢、低合金钢、铸铁、铝及铝合金、铜及铜合金焊条	薄板、薄管焊件,灰铸铁补焊,铝铜及其合金薄板,焊接变形大,焊接质量较差
埋弧焊	电弧热	平焊	≥3 常用 4～60	好	高	较高	碳钢、低合金钢等	适合批量焊接中厚板长直焊缝和直径>250 mm的环焊缝
氩弧焊	电弧热	全位置	0.5～25	好	中	较高	铝、铜、钛、镁及其合金、不锈钢、耐热钢	焊接质量好,成本高
CO_2 焊	电弧热	全位置	0.8～50	较好	高	较高	碳钢、低合金钢	生产率高,无渣壳,成本低,宜焊薄板,也可焊中厚板
电渣焊	电阻热	立焊	25～1 000 常用 40～450	好	高	高	碳钢、低合金钢、铸铁	较厚工件立焊缝
点焊	电阻热	全位置	常用 0.5～6	好	很高	—		焊接薄板,接头为搭接
缝焊	电阻热	平焊	<3	好	很高	较高		焊接有密封要求的薄板容器和管道,接头为搭接
对焊	电阻热	—	—	—	高	—		焊接杆状零件,接头为对接
钎焊	各种热源(常用烙铁和氧-乙炔焰)	平、立焊	—	好	高	低	一般为金属材料	常用于电子元件、仪器、仪表的焊接,可实现其他焊接方法难以完成的异种金属间焊接,但接头强度较低,接头多为搭接

选择焊接方法时应依据下列原则。

1)力学性能与接头质量符合技术要求

选择焊接方法时,既要考虑焊缝力学性能要求符合设计要求,又要考虑接头质量能否符合技术要求。如点焊、缝焊都适于薄板轻型结构焊接,缝焊才能焊出有密封要求的焊缝。又如氩弧焊和气焊虽都能焊接铝材容器,但接头质量要求高时,应采用氩弧焊。又如焊接低碳钢薄板,若要求焊接变形小时,应选用二氧化碳气体保护焊或点(缝)焊,而不宜选用气焊。

2)提高生产率,降低成本

若板材为中等厚度时,选择焊条电弧焊、埋弧焊和气体保护焊均可;如果是平焊长直焊缝或大直径环焊缝,批量生产,应选用埋弧焊;如果是处于不同空间位置的短曲焊缝,单件或小批量生产,采用焊条电弧焊为好。氩弧焊几乎可以焊接各种的金属及合金,但成本较高,所以主要用于焊接铝、镁、钛合金结构及不锈钢等重要焊接结构。焊接铝合金工件,板厚 $\delta>10$ mm 采用熔化极氩弧焊为好,板厚 $\delta<6$ mm 采用钨极氩弧焊适宜。若是板厚 $\delta>40$ mm 的立缝,采用电渣焊为宜。

3)现场设备条件及工艺可能性

选择焊接方法时,要考虑现场具有的焊接设备条件。例如,在焊接重要结构时,需采用低氢焊条,选择 J507(E5015)焊条必须直流反接,但现场却没有直流电源(焊机),此时采用交直流两用正反接焊条 J506(E5016)更为合适。又如,当无法采用正反双面焊却又要求焊透时,可采用钨极氩弧焊(甚至钨极脉冲氩弧焊)单面打底焊接工艺,也能保证焊接质量。

3. 焊接接头设计

焊接接头设计包括接头形式设计和坡口形式设计。

1)焊接接头形式设计

设计接头形式主要考虑焊件的结构形状和板厚、接头使用性能要求等因素。

常见的焊接接头有:对接接头、搭接接头、角接接头和 T 形接头,如图 4-44 所示。另外,盖板接头、十字形接头和卷边接头都是接头基本形式的变形。对接接头应力分布均匀,节省材料,易于保证焊缝力学性能及焊接质量,但对焊前工件装配质量要求高,是焊接接头中应用最多的一种;搭接接头部分材料重叠,其应力分布不均,会产生附加弯曲力,降低了疲劳强度,增加材料耗费,但对下料尺寸和焊前装配质量要求不高,因此薄板焊接结构中常用;点焊、缝焊工件的接头为搭接,钎焊也多采用,以增加结合面;角接接头和 T 形接头根部易出现未焊透,引起应力集中,因此接头处常开坡口,以保证焊接质量,角接接头多用于箱型结构;对 1~2 mm 薄板,气焊或钨极氩弧焊时为避免接头烧穿又节省填充焊丝,可采用卷边接头等。

2)焊接接头坡口形式设计

开坡口的根本目的是为使接头根部焊透,因此,设计坡口形式主要考虑焊缝能否焊透、坡口加工难易程度、生产率、焊条消耗量、焊后变形大小等因素。同时,也使焊

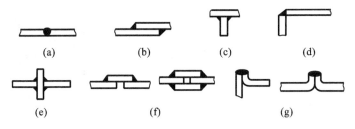

图 4-44　焊接接头形式

(a)对接接头　(b)搭接接头　(c)T形接头　(d)角接接头　(e)十字接头　(f)盖板接头　(g)卷边接头

缝成形美观,通过坡口形式及尺寸的设计,能调整焊缝中母材金属与填充金属的比例,使焊缝金属达到所需的化学成分。加工坡口的常用方法有气割、切削加工(车或刨)和碳弧气刨等。

坡口基本形式有 I 形坡口、V 形坡口、双 V 形坡口、U 形坡口、双 U 形坡口、K 形坡口等,对接接头、角接接头和 T 形接头坡口形式如图 4-45、图 4-46、图 4-47 所示。

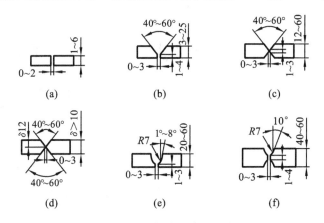

图 4-45　对接接头坡口形式

(a)I 形坡口　(b)Y 形坡口　(c)双 Y 形坡口　(d)双 V 形坡口
(e)带钝边 U 形坡口　(f)带钝边双 U 形坡口

坡口形式的选择既取决于板材厚度,也要考虑加工方法和焊接工艺性。板厚 δ <6 mm 的焊条电弧焊时,一般采用 I 形坡口;板厚 δ>3 mm 的重要结构就需要开坡口,以保证焊接质量。板厚在 6～26 mm 之间可采用 V 形坡口,这种坡口加工简单,但焊后角变形大。板厚在 12～60 mm 之间可采用双 V 形坡口;同等板厚情况下,双 V 形坡口的金属填充量比单 V 形坡口少 1/2 左右,且焊后角变形小,特别是要求焊透的重要受力焊缝,应尽量采用双面焊,以保证接头质量。U 形比 V 形坡口金属填充量更少,但坡口加工不便,需切削加工。

埋弧焊焊接较厚板时,宜采用 I 形坡口,为使焊剂与焊件贴合,接缝处可留一定间隙。

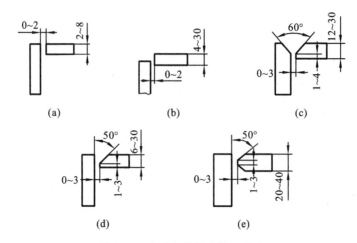

图 4-46 几种角接接头坡口形式

(a)I 形坡口　(b)错边 I 形坡口　(c)Y 形坡口

(d)带钝边单边 V 形坡口　(e)带钝边双单边 V 形坡口

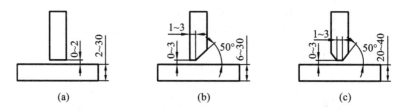

图 4-47 三种 T 形接头坡口形式

(a)T 形坡口　(b)带钝边单边 V 形坡口　(c)带钝边双单边 V 形坡口

对于不同厚度的板材,为减少应力集中,应使焊缝接头平滑过渡,如图 4-48 所示。

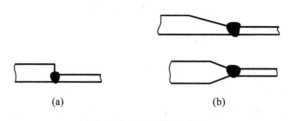

图 4-48 不同板厚对接

(a)不合理　(b)合理

4.5.3　焊接结构工艺设计实例

图 4-49(a)所示低压储气罐,壁厚 8 mm,压力为 1.0 MPa,温度为常温,介质为压缩空气,大批量生产。

焊接结构工艺设计要求如下。

(1) 图 4-49(b) 所示为低压储气罐装配焊接图,筒节、封头Ⅰ、封头Ⅱ焊合成筒体,储气罐由筒体及四个法兰管座焊合而成。

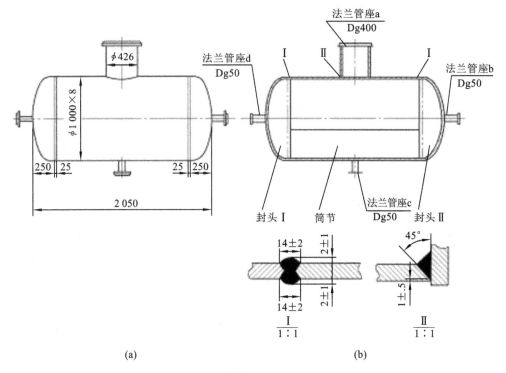

图 4-49 低压储气罐设计、焊接装配示意图
(a) 设计图 (b) 焊接装配图

(2) 选择母材材料 根据技术参数,考虑到封头拉深、筒节卷圆、焊接工艺及成本,筒节、封头及法兰选用塑性和焊接性好的普通碳素结构钢 Q235A,短管选用优质碳素结构钢 10 钢。

(3) 设计焊缝位置及焊接接头、坡口形式 筒节的纵焊缝和筒节与封头相连处的两条环焊缝均采用对接Ⅰ形坡口双面焊,法兰与短管焊合采用不开坡口角焊缝,法兰管座与筒体焊合采用开坡口角焊缝。

(4) 选择焊接方法和焊接材料 由于各条角焊缝长度均较短,且大部分焊缝在弧面上,故采用焊条电弧焊方法,焊条选用 J422(E4303),选用弧焊变压器(交流焊机)。焊接纵、环焊缝时,为保证质量,提高生产率,采用埋弧焊方法,焊丝选用 H08A,配合焊剂 HJ431。

(5) 主要工艺流程如下。

① 筒体。

封头:气割、下料、拉深、切边、开管座孔 b、d。筒节:剪切下料→卷圆→焊接内纵缝→焊接外纵缝。筒节与封头：Ⅰ、Ⅱ组对→开管座孔 a、c→焊接内环缝→焊接外环缝→射线探伤→法兰、短管、筒体装配与焊接→清理→水压试验→气密性试验。

②法兰管座。

法兰：下料、切削、加工、钻孔。

短管：下料。

习　　题

1. 焊接电弧是如何产生的？电弧中各区的温度是多少？直流或交流电焊接效果一样吗？

2. 何谓焊接热影响区？低碳钢焊接时热影响区有哪些？各区对焊接接头性能有何影响？减少热影响区的方法有哪些？

3. 焊接过程中对焊缝金属都有哪些保护？为什么要进行保护？说明各电弧焊方法中的保护方式和保护效果有什么不同？

4. 焊接变形的形式有哪些？减少焊接应力与变形的设计与工艺措施有哪些？

5. 焊芯的作用是什么？其化学成分有何特点？焊条药皮有哪些作用？

6. 等离子弧焊与一般电弧焊有何异同？等离子弧焊切割与气割的原理与应用有何不同？

7. 低碳钢焊接有何特点？普通低合金钢焊接的主要问题是什么？焊接时应采取哪些措施？

8. 试从焊接质量、生产率、焊接成本与应用范围等方面对下列焊接方法进行比较：焊条电弧焊、气焊、埋弧焊、氩弧焊、二氧化碳气体保护焊和电渣焊。

9. 奥氏体不锈钢焊接存在的主要问题有哪些？采用何种焊接方法为宜？

10. 铝、钛及其合金焊接常用哪些方法？优先采用哪一种为好？为什么？

11. 为什么铜及铜合金的焊接比低碳钢的焊接要困难？

12. 铸铁的补焊方法有哪几种？应用范围如何？

13. 试比较电阻对焊和摩擦焊的焊接过程特点有何异同？各自的应用范围如何？

14. 钎焊与熔化焊的实质有何不同？钎焊的主要适用范围有哪些？

15. 电渣焊的热源是什么？电渣焊有何特点？

16. 为防止高强度低合金结构钢焊后产生冷裂纹，应采取哪些工艺措施？

17. 何谓焊接坡口，其作用如何？有哪些形式？

18. 下列制品选用何种焊接方法最佳？焊接时有哪些必要的工艺措施？

自行车车架　　钢窗　　液化石油气储罐　　汽车轮毂　　电子线路板　　锅炉壳体　　船体　　钢管对接　　不锈钢容器　　有缝钢管

第5章 金属切削的基础知识

金属切削加工是指利用刀具从工件待加工表面上切去多余的材料层,从而使工件达到规定的几何形状、尺寸精度和表面质量的机械加工方法。

金属切削加工可分为机械加工(简称机工)和钳工两部分。机工是通过操纵机床来完成切削加工的,主要加工方法有车、铣、刨、磨、钻、拉、镗及齿轮加工等。钳工一般是通过手持工具来进行加工的,常用加工方法有錾、锯、锉、刮、研磨、钻孔、扩孔、铰孔、攻丝(加工内螺纹)、套扣(加工外螺纹)等。

5.1 切削运动与切削要素

5.1.1 切削运动

为了切除多余的材料层,刀具和工件之间必须有相对运动,即切削成形运动(简称切削运动)。切削运动可分为主运动和进给运动。

1. 主运动

使工件与刀具产生相对运动以进行切削的最基本运动称为主运动。在切削运动中,主运动只有一个,其速度最高,所消耗的功率最大。主运动可以由工件完成(见图5-1),也可以由刀具完成(见图5-2);可以是旋转运动(见图5-1),也可以是直线运动(见图5-2)。

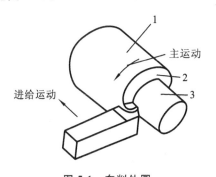

图5-1 车削外圆
1—待加工表面;2—加工表面;3—已加工表面

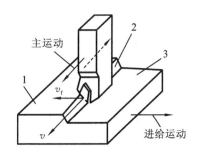

图5-2 刨削平面
1—待加工表面;2—加工表面;3—已加工表面

2. 进给运动

不断地把被切削层投入切削,以逐渐切削出整个工件表面的运动称为进给运动。进给运动一般速度较低,消耗的功率较少,可由一个或多个运动组成。它可以是连续的,也可以是间断的。外圆车削时的进给运动是车刀沿平行于工件轴线方向的连续直线运动(见图 5-1),平面刨削时的进给运动是工件沿垂直于主运动方向的间歇直线运动(见图 5-3)。

5.1.2 切削时的工件表面

切削加工时工件上会形成三个表面,分别是待加工表面、已加工表面和加工表面(见图 5-1)。待加工表面是工件上即将被切除多余材料层的表面;已加工表面是工件上经刀具切削后形成的表面;加工表面也称过渡表面,是工件上正在被切削刃切削的表面,它处在待加工表面与已加工表面之间。

5.1.3 切削用量

在一般的切削加工中,切削用量包括切削速度、进给量(或进给速度)和背吃刀量三要素。

1. 切削速度 v_c

切削刃上选定点相对于工件主运动的瞬时速度称为切削速度,以 v_c 表示,单位为 m/s 或 m/min。

若主运动为旋转运动,切削速度一般为其最大线速度,v_c 计算公式为

$$v_c = \frac{\pi d n}{1\,000} \tag{5-1}$$

式中:d——工件或刀具直径(mm);
n——工件或刀具的转速(r/s 或 r/min)。

若主运动为往复直线运动,则常以其平均速度为切削速度,v_c 计算公式为

$$v_c = \frac{2 L n_r}{1\,000} \tag{5-2}$$

式中:L——往复行程长度(mm);
n_r——主运动单位时间的往复次数(st/s 或 st/min)。

2. 进给量 f

刀具在进给运动方向上相对工件的位移量称为进给量。当主运动是回转运动(如车削)时,进给量指工件或刀具每回转一周,两者沿进给方向的相对位移量(mm/r);当主运动是直线运动(如刨削)时,进给量指刀具或工件每往复直线运动一次,两者沿进给方向的相对位移量(mm/双行程或 mm/单行程);对于多齿的旋转刀具(如铣刀、切齿刀),常用每齿进给量 f_z(mm/z 或 mm/齿),它与进给量 f 的关系为

$$f = z f_z \tag{5-3}$$

式中:z——铣刀刀齿齿数。

在切削加工中,也有用进给速度 v_f 来表示进给运动的,它是指切削刃上选定点相对于工件的进给运动速度(mm/min 或 mm/s)。若进给运动为直线运动,则各点

的进给速度在切削刃上是相同的。在外圆车削中,有

$$v_f = nf \tag{5-4}$$

式中:n——刀具或工件转速(r/s 或 r/min)。

3. 背吃刀量 a_p

背吃刀量也称为切削深度,是在基面中垂直于进给运动方向测量的切削层尺寸,单位为 mm。基面是过切削刃上选定点并垂直于该点主运动方向的切削层尺寸平面。

如图 5-3 所示,车削时背吃刀量的计算公式为

$$a_p = \frac{d_w - d_m}{2} \tag{5-5}$$

式中:d_w——工件加工前(待加工表面)直径(mm);
d_m——工件加工后(已加工表面)直径(mm)。

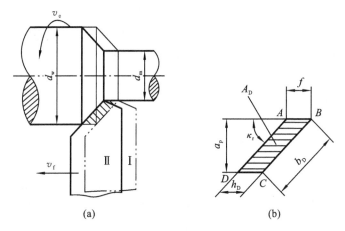

图 5-3 车削时切削用量与切削层参数

5.1.4 切削层参数

切削层是指在切削过程中,由刀具在切削部分的一个单一动作(或指切削部分切过工件的一个单程,或指只产生一圈过渡表面的动作)所切除的工件材料层,包括在基面中测量的切削层厚度、宽度和面积,它们与切削用量要素中进给量与背吃刀量有关(见图 5-3)。

切削层公称厚度 h_D:垂直于正在加工的表面(过渡表面)度量的切削层参数。
切削层公称宽度 b_D:平行于正在加工的表面(过渡表面)度量的切削层参数。
切削层公称横截面积 A_D:在切削层参数平面内度量的横截面面积。

5.2 金属切削刀具

5.2.1 刀具类型

生产中所使用的刀具种类很多。通常按加工方式和用途进行分类,刀具分为车刀、孔加工刀具、铣刀、拉刀、螺纹刀具、齿轮刀具、数控机床刀具和磨具等几大类型。刀具还可以按其他方式进行分类。如按切削部分的材料可分为高速钢刀具、硬质合金刀具、陶瓷刀具等;按结构不同可分为整体刀具、镶片刀具、机夹刀具和复合刀具等;按是否标准化可分为标准刀具和非标准刀具等。

标准刀具:按照国家或部门制定的"刀具标准"制造的刀具,由专业化的工具厂集中大批量生产,它在工具的使用总量中占的比例很大。如可转位车刀、麻花钻、铰刀、铣刀、丝锥、板牙、插齿刀、齿轮滚刀等。

非标准刀具:根据工件与具体加工条件的特殊要求设计与制造,或将标准刀具加以改制的刀具,主要由用户自行生产。如成形车刀、成形铣刀、拉刀、蜗轮滚刀等。

5.2.2 刀具构造与几何参数

1. 刀具的构造

无论哪种类型的刀具,一般都是由切削部分和夹持部分组成。刀具的夹持部分用于将刀具夹持在机床上,使之在切削过程中能抵抗切削力,保持正确的工作位置,传递所需的运动与动力。刀具的切削部分是刀具上直接参加切削工作的部分,其功用是在切削过程中,从工件上切下多余的材料层。

2. 车刀切削部分的组成

外圆车刀是最基本、最典型的切削刀具,故通常以外圆车刀为代表来说明刀具切削部分的组成。图 5-4 所示的外圆车刀,其切削部分主要包括三面、两刃、一刀尖,分别是:

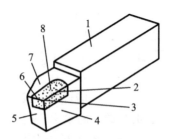

图 5-4 外圆车刀的构造

1—夹持部分(刀体);2—主切削刃;3—刀尖;4—主后刀面;
5—副后刀面;6—副切削刃;7—切削部分(刀头);8—前刀面

(1)前刀面(又称前面) 切屑流过的表面。

(2)主后刀面(又称后面或主后面) 与工件上过渡表面相对的表面。

(3)副后刀面(又称副后面) 与工件上已加工表面相对的表面。

(4)主切削刃 前刀面与主后刀面的交线,它承担主要的切削工作。

(5)副切削刃 前刀面与副后刀面的交线,它协同主切削刃完成切削工作,并最终形成已加工表面。

(6)刀尖 主切削刃与副切削刃连接处的那部分切削刃。实际的刀尖并非锐点,通常是小段直线或圆弧。

其他各类刀具,如刨刀、钻头、铣刀等,都可以看成是车刀的演变和组合。

3. 刀具角度的静止参考系

刀具角度对刀具的切削性能具有决定性影响。用于定义刀具设计、制造、刃磨和测量时几何参数的参考系称为刀具静止参考系,主要包括基面、切削平面和正交平面等(见图5-5)。

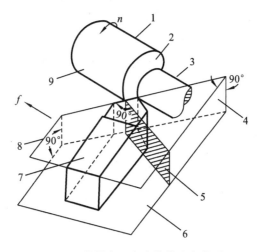

图 5-5 外圆车刀角度的静止参考系

1—待加工表面;2—加工表面;3—已加工表面;4—切削平面;
5—正交平面;6—底平面;7—车刀;8—基面;9—工件

(1)基面 P_r 通过主切削刃上某一指定点,并与该点切削速度方向相垂直的平面。

(2)切削平面 P_s 通过主切削刃上某一指定点,与主切削刃相切并垂直于该点基面的平面。

(3)正交平面 P_o 通过主切削刃上某一指定点,同时垂直于该点基面和切削平面的平面。也称为主剖面。

4. 刀具的标注角度

在静止参考系标注的刀具主要角度有五个,其定义如下(见图5-6)。

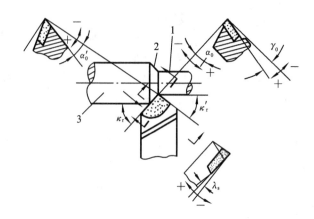

图 5-6 外圆车刀的主要标注角度
1—已加工表面;2—加工表面;3—待加工表面

(1)前角 γ_0　在正交平面内测量的前刀面和基面间的夹角,有正、负和零值之分。前刀面在基面之下时前角为正值,前刀面在基面之上时前角为负值。

(2)后角 α_0　在正交平面内测量的主后刀面与切削平面的夹角,一般为正值。

(3)主偏角 κ_r　在基面内测量的主切削刃在基面上的投影与进给运动方向的夹角。

(4)副偏角 κ_r'　在基面内测量的副切削刃在基面上的投影与进给运动反方向的夹角。

(5)刃倾角 λ_s　在切削平面内测量的主切削刃与基面之间的夹角。在主切削刃上,刀尖为最高点时刃倾角为正值,刀尖为最低点时刃倾角为负值。主切削刃与基面平行时,刃倾角为零。

要完全确定车刀切削部分所有表面的空间位置,还需标注副后角 α_0',以确定副后刀面的空间位置。

5. 刀具的工作角度

以上的刀具标注角度是在静止参考系标注的,但在切断、车螺纹以及加工非圆柱表面等情况下,需考虑合成运动和实际安装情况,则刀具的参考平面坐标的位置发生了变化,从而导致了刀具角度大小的变化。以切削过程中实际的基面、切削平面和正交平面为参考平面所确定的刀具角度称为刀具的工作角度,又称实际角度。不过,多数情况下刀具的进给速度很小,在一般安装条件下,刀具的工作角度与标注角度基本相等。

5.2.3　刀具材料

刀具材料性能的优劣是影响加工表面质量、切削效率、刀具寿命(刀具耐用度)的基本因素。刀具新材料的出现,往往能成倍地提高生产率,并能解决某些难加工材料的加工。正确选择刀具材料是设计和选用刀具的重要内容之一。

1. 刀具材料应具备的性能

刀具切削部分在工作时要承受高温、高压和强烈的摩擦、冲击、振动,因此,刀具材料必须具备以下基本性能。

(1)高的硬度 刀具材料的硬度必须高于工件材料的硬度。刀具材料的常温硬度一般要求在 64 HRC 以上。

(2)高的耐磨性 耐磨性是指刀具抵抗磨损的能力,它是刀具材料力学性能、组织结构和化学性能的综合反映。一般刀具材料的硬度越高,耐磨性越好。硬质合金材料中硬质点的硬度越高,数量越多,颗粒越小,分布越均匀,则耐磨性就越高。

(3)足够的强度和韧度 以便承受切削力、冲击和振动,而不至于产生崩刃和折断。

(4)高的耐热性 耐热性是指刀具材料在高温下仍能保持足够的硬度、强度、韧度和良好的耐磨性,并有良好的抗黏结、抗扩散、抗氧化的能力。

(5)良好的导热性和耐热冲击性能 即刀具材料的导热性能要好,不会因受到大的热冲击产生刀具内部裂纹而导致刀具断裂。

(6)良好的工艺性能和经济性 即刀具材料应具有良好的锻造性能、热处理性能、焊接性能、切削加工性能、磨削加工性能等,而且要有高的性能价格比。另外,随着切削加工自动化和柔性制造系统的发展,还要求刀具磨损和刀具寿命等性能指标具有良好的可预测性。

应该指出,上述要求中有些是相互矛盾的,例如硬度越高、耐磨性越好的材料,其韧度和抗破损能力往往越差,耐热性好的材料的韧度也往往较差。实际工作中,应根据具体的切削条件选择最合适的材料。

2. 常用刀具材料

目前,常用刀具材料有碳素工具钢、合金工具钢、高速钢、硬质合金、陶瓷、立方碳化硼及金刚石等。碳素工具钢及合金工具钢,因耐热性较差,通常,只用于手工工具及切削速度较低的刀具;陶瓷、金刚石和立方氮化硼仅用于有限的场合。目前,刀具材料中用得最多的是高速钢和硬质合金。常用刀具材料的力学性能与应用如表 5-1 所示。

表 5-1 常用刀具材料的力学性能与应用

刀具材料	代表牌号	硬度(HRC)	抗弯强度/GPa	耐热性/℃	切削速度之比	典型应用
碳素工具钢	T10A	60～64	2.45～2.75	≈200	0.2～0.4	锉刀、锯条
合金工具钢	9SiCr	60～64	2.45～2.75	200～300	0.5～0.6	铰刀
高速钢	W18Cr4V	62～69	2.94～3.33	540～650	1.0	拉刀、钻头
硬质合金	K20(YG6)	89.5～91	≈1.42	800～900	≈4	车刀、刨刀、端铣刀
	P10(YT15)	89.5～92.8	≈1.20	900～1 000	≈4.4	
陶瓷	Al_2O_3系 LT35	93.5～94.5	0.9～1.1	>1 200	≈10	车刀、刨刀、端铣刀

1) 高速钢

高速钢是含有较多钨、钼、铬、钒等合金元素的高合金工具钢。高速钢具有较高的硬度和较好的耐热性,在切削温度达550～600 ℃时仍能进行切削。与碳素工具钢和合金工具钢相比,高速钢能提高切削速度1～3倍,提高刀具使用寿命10～40倍甚至更多。高速钢具有较高的强度和韧度,其抗弯强度为一般硬质合金的2～3倍,抗冲击振动能力强。高速钢的工艺性能较好,能锻造,容易磨出锋利的刀刃,适宜制造各类切削刀具,尤其在复杂刀具(钻头、丝锥、成形刀具、拉刀、齿轮刀具等)的制造中,高速钢占有重要的地位。

高速钢按切削性能分,可分为通用型高速钢和高性能高速钢;按制造工艺方法不同,可分为熔炼高速钢和粉末冶金高速钢。

通用型高速钢是切削硬度在250～280 HBS以下的大部分结构钢和铸铁的基本刀具材料,应用最广泛。切削普通钢时的切削速度一般不高于40～60 m/min。高性能高速钢较通用型高速钢有着更好的切削性能,适合于加工奥氏体不锈钢、高温合金、钛合金和高强度钢等难加工材料。

粉末冶金高速钢具有很多优点:有良好的力学性能和磨削性能;淬火变形只有熔炼钢的1/3～1/2;耐磨性可提高20%～30%;质量稳定可靠。它可以切削各种难加工材料,特别适于制造精密刀具和复杂刀具等。

2) 硬质合金

硬质合金是用高硬度、难熔的金属碳化物(WC、TiC等)和金属黏结剂(Co、Ni等)在高温条件下烧结而成的粉末冶金制品。硬质合金的常温硬度达89～93 HRA,760 ℃时其硬度为77～85HRA,在800～1 000 ℃时硬质合金还能进行切削,刀具寿命比高速钢刀具高几倍到几十倍,可加工包括淬硬钢在内的多种材料。但硬质合金的强度和韧度比高速钢的差,常温下的冲击韧度仅为高速钢的1/30～1/8,因此,硬质合金承受切削振动和冲击的能力较差。硬质合金是最常用的刀具材料之一,常用于制造车刀和面铣刀,也可用来制造深孔钻、铰刀、拉刀和滚刀。尺寸较小和形状复杂的刀具可采用整体硬质合金制造,但整体硬质合金刀具成本高,其价格是高速钢刀具的8～10倍。

ISO(国际标准化组织)把切削用硬质合金分为三类:P类、K类和M类。

(1) P类(相当于我国的YT类)硬质合金由WC、TiC和Co组成,也称钨钛钴类硬质合金。这类合金主要用于加工钢料。常用牌号有YT5(TiC的质量分数为5%)、YT15(TiC的质量分数为15%)等,随着TiC质量分数的提高,钴质量分数相应减少,硬度及耐磨性增高,抗弯强度下降。此类硬质合金不宜加工不锈钢和钛合金。

(2) K类(相当于我国的YG类)硬质合金由WC和Co组成,也称钨钴类硬质合金。这类合金主要用来加工铸铁、非铁金属及其合金。常用牌号有YG6(钴的质量分数为6%)、YG8(钴的质量分数为8%)等,随着钴质量分数的增多,硬度和耐磨性下降,抗弯强度和韧度增高。

(3) M 类(相当于我国的 YW 类)硬质合金是在 WC、TiC、Co 的基础上再加入 TaC(或 NbC)制成的。加入 TaC(或 NbC)后,改善了硬质合金的综合性能。这类硬质合金既可以加工铸铁和非铁金属,又可以加工钢料,还可以加工高温合金和不锈钢等难加工材料,有通用硬质合金之称。常用牌号有 YW_1 和 YW_2 等。

为提高高速钢刀具、硬质合金刀具的耐磨性和使用寿命,近年来研究开发了一种称之为涂层刀具的技术,即在高速钢或硬质合金基体上涂覆一层难熔金属化合物,如 TiC、TiN、Al_2O_3 等。一般采用 CVD 法(化学气相沉积法)或 PVD 法(物理气相沉积法)涂覆。涂层刀具表面硬度高、耐磨性好,其基体有良好的抗弯强度和韧度。涂层硬质合金刀片的寿命可提高 1~3 倍以上,涂层高速钢刀具的寿命可提高 1.5~10 倍以上。随着涂层技术的发展,涂层刀具的应用会越来越广泛。

3. 其他刀具材料

(1) 陶瓷　可分为两大类,Al_2O_3 基陶瓷和 Si_3N_4 基陶瓷。刀具陶瓷的硬度可达到 91~95 HBA,耐磨性好,耐热温度可达 1 200 ℃(此时硬度为 80 HRA),它的化学稳定性好,抗黏结能力强,但它的抗弯强度很低,仅有 0.7~0.9 GPa,故陶瓷刀具一般用于高硬度材料的精加工。

(2) 人造金刚石　它是碳的同素异形体,通过合金触媒的作用在高温高压下由石墨转化而成。人造金刚石的硬度很高,其显微硬度可达 10 000 HV,是除天然金刚石之外最硬的物体,它的耐磨性极好,与金属的摩擦因数很小;但它的耐热温度较低,在 700~800 ℃时易脱碳,失去其硬度;它与铁族金属亲和作用大,故人造金刚石多用于对非铁金属及非金属材料的超精加工,以及用做磨具磨料。

(3) 立方氮化硼　它是由六方氮化硼经高温高压转变而成,其硬度仅次于人造金刚石,达到 8 000~9 000 HV,它的耐热温度可达 1 400 ℃,化学稳定性很好,可磨削性能也较好,但它的焊接性能差些,其抗弯强度略低于硬质合金的抗弯强度,它一般用于高硬度、难加工材料的精加工。

5.3　金属切削机床

金属切削机床(简称机床)又称为工作母机或工具机,是机械制造业的基础装备,在机械加工过程中为刀具与工件提供实现工件表面成形所需的相对运动(表面成形运动和辅助运动),以及为加工过程提供动力。

5.3.1　机床的基本构成

机床根据其功能要求,一般由如下部分组成。

1. 定位部分

定位部分包括机床的基础部件、导向部件、工件与刀具的定位和夹紧部件等,如机床的底座、床身、立柱、摇臂、横梁、导轨、工作台等。定位部分的作用是建立刀具与工件的相对位置,并保证运动部件正确的运动轨迹,从而使刀具与工件可以按成形运动所要求的运动方式产生相对运动。

2. 运动部分

运动部分包括机床的主运动传动系统和进给运动传动系统,如车床的主轴箱、进给箱、磨床的液压进给系统等。运动部分的作用是为加工过程提供一定的切削速度和进给速度,并使之具有一定的调节范围,以适应工件的不同要求。运动部分提供的运动通过主轴、工作台等,带动工件和刀具实现切削加工运动与辅助运动。

3. 动力部分

动力部分包括为机床提供动力源的电动机、液压泵、气源等。它的作用是为加工过程克服加工阻力而提供能量。

4. 控制部分

控制部分包括机床的各种操纵机构、电气电路、调整机构、检测装置、数控装置等。控制系统的作用是根据输入工艺系统的工艺参数、几何参数等信息,实现对加工过程中机床的定位部分、运动部分的有效控制,从而实现按预定的被加工零件的形状、尺寸、精度要求的加工。

5. 冷却、润滑系统

冷却、润滑系统的作用是对加工工件、机床、刀具和某些发热部位进行冷却以及对机床的运动副(如轴承、导轨等)进行润滑,以减小摩擦、磨损和发热。

6. 其他装置

如排屑装置、自动测量装置等。

5.3.2 机床的分类

机床的品种规格繁多,为便于区别、使用和管理,必须加以分类。对机床常用的分类方法有以下几种。

按加工性质、所用刀具和机床的用途,机床可分为车床、钻床、镗床、磨床、齿轮加工机床、螺纹加工机床、铣床、刨插床、拉床、特种加工机床、锯床和其他机床共12类。在每一类机床中,又按工艺范围、布局形式和结构性能的不同,分为10组,每一组又分若干系。

按机床的通用性程度,同类机床又可分为通用机床(万能机床)、专门化机床和专用机床。通用机床的工艺范围宽,通用性好,能加工一定尺寸范围的多种零件,完成多种工序,如卧式车床、卧式升降台铣床、万能外圆磨床等。通用机床的结构往往比较复杂,生产率也较低,故适用于单件小批生产。专门化机床只能加工一定尺寸范围内的某一类或几类零件,完成其中的某些特定工序,如曲轴车床、凸轮轴磨床、花键铣床等。专用机床的工艺范围最窄,通常只能完成某一特定零件的特定工序,如车床主轴箱的专用镗床、车床导轨的专用磨床等。

同类机床按工作精度又可分为普通机床、精密机床和高精度机床。

按重量和尺寸,可将机床分为仪表机床、中型机床、大型机床、重型机床和超重型机床。

按自动化程度,可将机床分为手动、机动、半自动和自动机床。

按主要工作轴和刀具的数目,可将机床分为单轴机床、多轴机床;单刀机床和多刀机床。

5.4 金属的切削过程

5.4.1 切屑的形成与种类

大量的实验和理论分析证明,塑性金属切削过程中切屑的形成过程就是切削层金属的变形过程。可绘制出如图 5-7 所示的金属切削过程中的切削层的变形示意图。

由图 5-7 可见,金属切削过程中切削层可大致划分为三个变形区。

(1)第一变形区 从 OA 线开始发生塑性变形,到 OM 线晶粒的剪切滑移基本完成。

(2)第二变形区 切屑沿前刀面排出时进一步受到前刀面的挤压和摩擦,使靠近前刀面处金属纤维化,基本上和前刀面相平行。

(3)第三变形区 已加工表面受到切削刃钝圆部分与后刀面的挤压和摩擦,产生变形与回弹,造成纤维化和加工硬化。

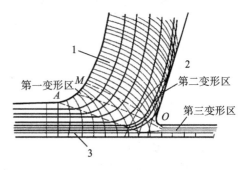

图 5-7 金属切削层的变形示意图
1—切屑;2—刀具;3—工件

这三个变形区汇集在切削刃附近,此处的应力比较集中而复杂,金属的被切削层就在此处与工件本体分离,大部分变成切屑,很小一部分留在已加工表面上。

由于工件材料不同,切削过程中的变形程度也就不同,因而产生的切屑种类也就多种多样,如图 5-8 所示,其中图(a)至图(c)所示为切削塑性材料的切屑,图(d)所示为切削脆性材料的切屑。

1. 带状切屑

带状切屑是最常见的一种切屑(见图 5-8(a))。它的内表面是光滑的,外表面呈毛茸状。如用显微镜观察,在外表面上也可看到剪切面的条纹,但每个单元很薄,肉眼看来大体上是平整的。加工塑性金属材料时,当切削厚度较小、切削速度较高、刀具前角较大时,一般常形成这类切屑。它的切削过程平稳,切削力波动值值较小,已

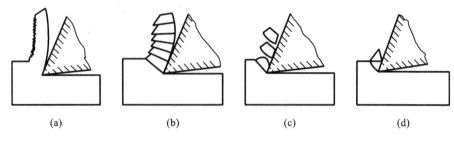

图 5-8 切屑的类型
(a)带状切屑 (b)挤裂切屑 (c)单元切屑 (d)崩碎切屑

加工表面粗糙度值较小,但是切屑连续不断,这样不太安全或可能刮伤已加工表面,因此要采取断屑措施。

2. 挤裂切屑

挤裂切屑如图 5-8(b)所示,这类切屑与带状切屑不同之处在于其外表面呈锯齿状,内表面有时有裂纹。这类切屑之所以呈锯齿状,是由于它的第一变形区较宽,在剪切滑移过程中滑移量较大。由滑移变形所产生的加工硬化使剪力增加,在局部达到材料的破裂强度。这种切屑大多在切削速度较低、切削厚度较大、刀具前角较小时产生。

3. 单元切屑

如果在挤裂切屑的剪切面上,裂纹扩展到整个面上,则整个单元被切离,变为梯形的单元切屑,如图 5-8(c)所示。

以上三种切屑只有在加工塑性材料时才可能产生。其中,带状切屑的切削过程最平稳,单元切屑的切削力波动最大。在生产中最常见的是带状切屑,有时得到挤裂切屑,单元切屑则很少见。假如改变挤裂切屑的条件,如进一步减小刀具前角,减低切削速度或增大切削厚度,就可以得到单元切屑;反之,则可以得到带状切屑。这说明、切屑的形态是可以随切削条件而转化的。掌握了它的变化规律,就可以控制切屑的变形、形态和尺寸,以达到卷屑和断屑的目的。

4. 崩碎切屑

崩碎切屑属于脆性材料的切屑。这种切屑的形状是不规则的,加工表面是凹凸不平的,如图 5-8(d)所示。从切削过程来看,切屑在破裂前变形很小,与塑性材料的切屑形成机理也不同。它的脆断主要是由于材料所受的应力超过了它的抗拉极限。加工脆性材料,如高硅铸铁、白口铁等,特别是当切削厚度较大时常得到这种切屑。由于它的切削过程很不平稳,容易损坏刀具,也有损于机床,且已加工表面又粗糙,因此在加工中应力求避免,其方法是减小切削厚度,使切屑呈针状或片状;同时提高切削速度,以增加工件材料的塑性。

5.4.2 积屑瘤

在以中、低切削速度切削一般钢料或其他塑性金属时,常常在刀具前刀面靠近刀尖处黏附着一块硬度很高(约为工件材料硬度的 2～3 倍)的金属楔状物,这称为积屑瘤,如图 5-9 所示。

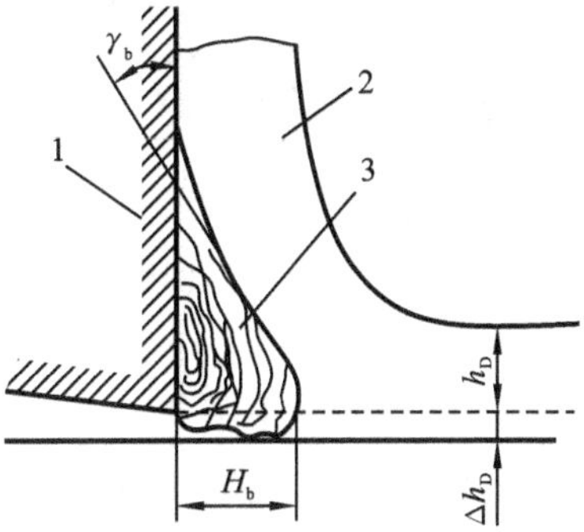

1. 形成原因

切屑沿前刀面流动时,会由于强烈的摩擦而产生黏结现象,使切屑底层金属黏结在前刀面上形成滞流层,滞流层以上的金属从其上流出,产生内摩擦,由于内摩擦造成的硬化使底层上面的金属被阻滞并与底层黏结在一起。黏结层反复层层堆积扩大就形成积屑瘤。

图 5-9 积屑瘤

1—刀具;2—切屑;3—积屑瘤

2. 影响积屑瘤产生的因素

积屑瘤的产生主要取决于切削温度。切削温度很低时,摩擦因数小,不易形成黏结区,积屑瘤不易形成。切削温度很高时,切屑底层金属呈微融状态,摩擦因数较小,也不易形成积屑瘤。中等温度时,摩擦因数最大,产生的积屑瘤也最大。此外,刀具与切屑接触面之间的压力、黏结强度和前刀面粗糙度等也会影响积屑瘤的产生。

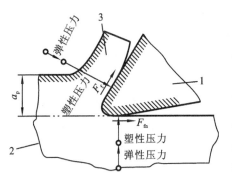

图 5-10 切削力的来源

1—刀具;2—工件;3—切屑

3. 对切削过程的影响

(1) 使刀具实际前角 γ_{oe} 增大,切削力降低。

(2) 影响刀具耐用度　由于积屑瘤硬度很高,稳定时代替刀刃工作,起保护刀刃、提高刀具耐用度的作用,但积屑瘤破碎时可能引起刀具材料颗粒剥落,反而会加剧刀具磨损与破损。

(3) 使切入深度增大　如图 5-10 所示,积屑瘤使切入深度增大了 Δh_D。

(4) 使工件表面粗糙度值变大。积屑瘤破碎后的碎片会黏附于工件已加工表面,使工件表面粗糙度值增大。

总的来说,积屑瘤对粗加工一般是有利的,但精加工时,为了保证工件精度及质量,应该尽力避免产生积屑瘤。

4. 避免产生或减小积屑瘤的措施

(1) 避开产生积屑瘤的中速区,采用较低或较高的切削速度。但低速加工效率低,故精加工一般用较高的切削速度。

(2) 采用润滑性能好的切削液,减小摩擦。

(3) 增大刀具前角,减小接触压力。

(4) 采用适当的热处理方法提高工件硬度,减少加工硬化倾向。

5.4.3 切削力

1. 切削力的来源

金属切削时,刀具切入工件,使被加工材料发生变形并成为切屑所需的力称为切削力。

切削力主要来源于以下两个方面(见图 5-10)。

(1) 切削层金属、切屑和工件表面层金属的弹性、塑性变形所产生的抗力。

(2) 刀具与切屑、工件表面间的摩擦阻力。

2. 切削合力及其分解

为便于测量和应用切削力,以车刀为例,将作用在刀具上的合力 F_r 分解成三个互相垂直的分力(见图 5-11)。

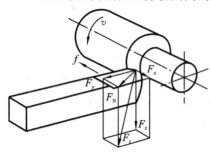

图 5-11 切削合力与切削分力

主切削力 F_z 是指总切削力 F_r 在主运动方向的分力,又称切向力。因其在切削过程中消耗的功率最大,所以它是计算切削功率的主要依据。它还是计算车刀强度、设计机床、确定机床动力的必要数据。

背向力 F_y 是指总切削力 F_r 在刀具工作基面内垂直于进给方向的分力。在内、外圆车削时又称径向力。由于 F_y 方向没有相对运动,它不消耗功率。但 F_y 易使工件变形和产生振动,是影响工件加工质量的主要分力。F_y 还是机床主轴轴承设计和机床刚度校验的主要依据。

进给力 F_x 是指总切削力 F_r 在进给运动方向的分力,又称轴向力。F_x 是机床进给机构强度和刚度设计、校验的主要依据。

由图 5-11 可知,总切削力 F_r 与各分力的关系为

$$F_r = \sqrt{F_x^2 + F_y^2 + F_z^2} \tag{5-6}$$

3. 切削功率 P_c

切削过程消耗的功率为总切削力 F_r 的三个分力消耗功率的总和。在车削外圆时,由于 F_y 不耗功,故

$$P_c = (F_z v_z + \frac{F_x v_x}{1\,000}) \times 10^{-3} (\text{kW}) \tag{5-7}$$

式中:v_x——进给速度(mm/s)。

5.4.4 切削热与切削温度

1. 切削热的产生与传导

1）切削热的产生

切削过程中,切削热来源于两方面:切削层金属发生弹性变形和塑性变形所产生的热,切屑与前刀面、工件与主后刀面间的摩擦产生的热。因此,工件上三个塑性变形区,每个变形区都是一个发热源。切削时所消耗的能量约有98%～99%转化为切削热。

2）影响切削热的因素

三个热源产生热量的比例与工件材料、切削条件等有关。切削塑性材料时,当切削厚度较大时,以第一变形区产生的热量为最多;切削厚度较小时,则第三变形区产生的热量占较大比例。加工脆性材料时,因形成崩碎切屑,故第二变形区产生的热量比例下降,而第三变形区产生的热量比例相应增加。

3）切削热的传出

切削热主要由切屑、工件及刀具传出,周围介质带走的热量很少（干切削时约占1%）。

影响切削热传导的主要因素是工件和刀具材料的导热系数及切削条件的变化。工件材料的导热系数较高时,大部分切削热由切屑和工件传导出去;反之,刀具传热的比例增大。随着切削速度的提高,由切屑传导的热量增多。若采用冷却性能好的切削液时,则切削区大量的热量将由切削液带走。

2. 切削温度

切削时热量的产生量大于传出量而使温度升高。一般所说的切削温度是指切削区的平均温度。

切削温度对工件、刀具及切削过程将产生一定的影响。高的切削温度是造成刀具磨损的主要原因。但较高的切削温度对保持硬质合金刀具材料的韧度有利。由于切削温度的影响,精加工时,工件本身和刀杆受热膨胀致使工件尺寸精度达不到要求。切削中产生的热量还会使机床产生热变形,导致加工误差的产生。

实验发现,对给定的刀具材料,以不同的切削用量加工各种工件材料,都有一个最佳切削温度。在这个温度下,刀具磨损最小,耐用度最高,工件材料的切削加工性能也最好。如硬质合金车刀切削碳素钢、合金钢、不锈钢时的最佳切削温度约为800 ℃;高速钢车刀切削45钢的最佳切削温度为300～350 ℃。因此,可按最佳切削温度来控制切削用量,以提高生产率及加工质量。

5.4.5 刀具磨损和刀具耐用度

刀具在切削金属的过程中,与切屑、工件之间产生了剧烈的摩擦和挤压,切削刃由锋利逐渐变钝,甚至有时会突然损坏。刀具磨损程度超过允许值后,必须及时进行刃磨或更换新刀,否则会导致切削力加大,切削温度上升,切屑颜色改变,甚至产生振动,使工件加工精度降低,表面粗糙度值增大,不能继续正常切削。

1. 刀具磨损形态及其原因

(1)刀具磨损形态　刀具正常磨损时,按其发生的部位不同,可分为前刀面磨损、后刀面磨损及边界磨损三种形式。

(2)刀具磨损过程　可分为三个阶段,如图 5-12 所示,即初期磨损阶段,正常磨损阶段和急剧磨损阶段。生产中为合理使用刀具,保证加工质量,应当在急剧磨损阶段到来之前,及时更换刀具或重新刃磨刀具。

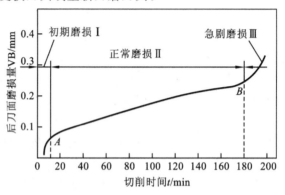

图 5-12　刀具磨损过程

2. 刀具耐用度及刀具总寿命

所谓刀具耐用度是指刃磨后的刀具自开始切削直到磨损量达到磨钝标准为止的切削时间,以 T 表示,单位为 min。但精加工时常以走刀次数或加工零件个数表示。在生产实际中,常采用刀具耐用度作为确定换刀时间的重要依据。

一把新刀从开始投入切削到报废为止总的实际切削时间称为刀具总寿命。因此刀具总寿命等于这把刀的刃磨次数(包括新刀开刃)乘以刀具耐用度。

习　题

1. 何谓金属切削？其目的是什么？金属切削分为哪几个类型？
2. 切削运动中主运动与进给运动的关系是什么？各包含哪些运动形式？
3. 切削运动的三要素,各自的物理意义是什么？
4. 生产中刀具的常用分类标准及对应的刀具类型有哪些？
5. 刀具材料应满足的基本性能及常用的刀具材料有哪些？
6. 简述机床的基本构成及其分类。
7. 何谓切屑,切屑的类型有哪些？
8. 简述积屑瘤的定义,其形成原因及影响因素。
9. 简述切削热的产生、传导及影响因素。
10. 何为刀具磨损,包含哪些形态。若磨损后不及时更换会有哪些影响？

第6章 常用切削加工方法

组成机器的零件大小不一,形状和结构各不相同,金属切削加工方法也多种多样。常用的有车削、钻削、镗削、刨削、拉削、铣削和磨削等。尽管它们在加工原理方面有许多共同之处,但由于所用机床和刀具不同,切削运动形式不同,所以它们有各自的工艺特点及应用范围。只有了解加工方法的特点和应用范围,才能合理地选择加工方法。

6.1 车削工艺特点及其应用

车削的主运动为零件旋转运动,刀具直线移动为进给运动,特别适用于加工回转面。由于车削比其他的加工方法应用得普遍,在一般的机械加工车间中,车床往往占机床总数的 20%~50%,甚至更多。根据加工的需要,车床有很多类型,如卧式车床、立式车床、转塔车床、自动车床和数控车床等。

6.1.1 工件的安装

在车床上加工外圆时,主要有以下几种安装方法。

1. 三爪卡盘安装

三爪自定心卡盘上的卡爪是联动的,能以工件的外圆面自动定心,安装工件一般不需找正。但由于卡盘的制造误差及使用后磨损的影响,定位精度一般为 0.01~0.1 mm。三爪卡盘最适宜安装形状规则的圆柱形工件。三爪自定心卡盘如图 6-1 如示。

2. 四爪卡盘安装

四爪单动卡盘的四个爪可分别调整,需要花费较多的时间对工件进行找正。当使用百分表

图 6-1 三爪自定心卡盘

找正时,定位精度可达 0.005 mm,此时定位基准是安装找正的表面。四爪卡盘夹紧力大,适合于三爪卡盘不能安装的工件,如矩形、不对称或较大的工件。四爪单动卡盘如图 6-2 所示。

3. 花盘安装

花盘适用于外形复杂及不能使用卡盘安装的工件。如图 6-3 所示的弯管,需加工外圆面 A 及端面 B,要求端面 B 与端面 C 垂直。安装工件时,先将角铁用螺栓固

定在花盘上,并校正角铁平面与主轴轴线平行,再将工件安装到角铁,找正后用压盘压紧。为了使花盘转动平稳,在花盘上装有平衡用的配重块。

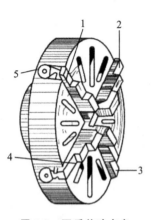

图 6-2 四爪单动卡盘
1、2、3、4—卡爪;5—螺杆

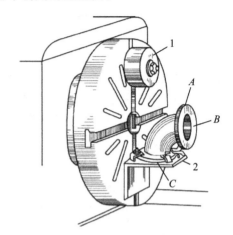

图 6-3 花盘安装
1—配重块;2—角铁

4. 在两顶尖间安装

顶尖安装适用于长径比为 4～10 的轴类工件。

前顶尖(与主轴相连)可旋转,后顶尖(装在尾座上)不转,它们用于支承工件。拨盘和卡箍用以带动工件旋转。用顶尖安装时,工件两端面先用中心钻钻上中心孔。见图 6-4、图 6-5。

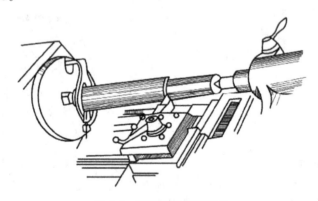

图 6-4 在两顶尖安装工件

5. 心轴安装

心轴安装适用于已加工内孔的工件。利用内孔定位,安装在心轴上,然后再把心轴安装在车床前、后顶尖之间。图 6-6(a)所示为带锥度(一般为 1/1 000～1/2 000)的心轴,工件从小端压紧到心轴上,不需夹紧装置,定位精度较高。当工件内孔的长度与内径之比小于 1～1.5 时,由于孔短,套装在带锥度的心轴上容易歪斜,不能保证

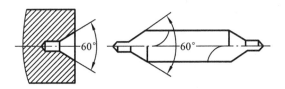

图 6-5 中心孔和中心钻

定位的可靠性,此时可采用圆柱面心轴,如图 6-6(b)所示,工件的左端靠紧在心轴的台阶上,用螺母压紧。这种心轴与工件内孔常用间隙配合,定位精度较差。

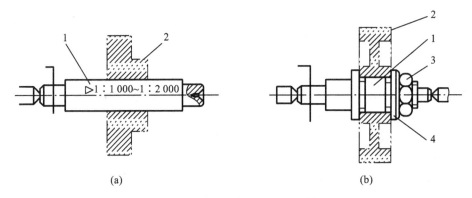

图 6-6 锥度心轴和圆柱面心轴
(a)锥度心轴 (b)圆柱面心轴
1—心轴;2—工件;3—螺母;4—垫圈

图 6-7 所示为可胀开心轴结构。当拧紧螺杆时,锥度套筒向左移动,开口的弹性心轴胀开,夹紧工件。采用这种安装方式,装卸工件方便,夹紧时间短,不损伤工件表面,但对工件的定位表面有一定的尺寸、形状精度和表面粗糙度要求。在成批、大量生产中,常用于加工小型零件。其定位精度与心轴制造质量有关,通常为 0.01～0.02 mm。

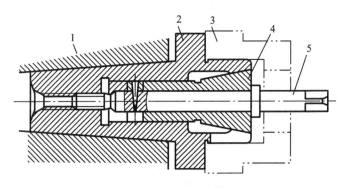

图 6-7 可胀开心轴
1—车床主轴;2—弹性心轴;3—工件;4—锥度套筒;5—螺杆

6.1.2 车削的工艺特点

1. 易于保证零件各加工面的位置精度

车削时,零件各表面具有相同的回转轴线(车床主轴的回转轴线),在一次装夹中加工同一零件的外圆、内孔、端平面、沟槽等,能保证各外圆轴线之间及外圆与内孔轴线间的同轴度要求。

2. 生产率较高

除了车削断续表面之外,一般情况下车削过程是连续进行的。当车刀几何形状、背吃刀量和进给量一定时,切削层公称横截面积是不变的,切削力变化很小,切削过程比较平稳。切削过程可采用高速切削和强力切削,获得高的生产效率。车削加工既适于单件小批量生产,也适宜大批量生产。

3. 生产成本较低

车刀是刀具中最简单的一种,制造、刃磨和安装均较方便,故刀具费用低;车床附件多,装夹及调整时间较短,加之切削生产率高,故车削成本较低。

4. 适于车削加工的材料广泛

除了难以切削 30 HRC 以上高硬度的淬火钢件外,车削可以加工黑色金属、有色金属及非金属材料(如有机玻璃、橡胶等),特别适合于有色金属零件的精加工。有色金属零件材料的硬度较低,塑性较大,若用砂轮磨削,软的磨屑易堵塞砂轮,难以得到光洁表面。因此,有色金属零件不宜采用磨削加工,而要用车削或铣削等方法精加工。用金刚石刀具在车床上以很小的切削深度($a_p<0.15$ mm)和进给量($f<0.1$ mm/r)以及很高的切削速度($v\approx300$ m/min)进行精细车削,加工精度可达 IT6~IT5,表面粗糙度 Ra 值达 0.1~0.4 μm。

6.1.3 车削的应用

在车床上使用不同的车刀或其他刀具,可以加工各种回转表面,如内、外圆柱面,内、外圆锥面,螺纹,沟槽,端面和成形面等,如图 6-8 所示。加工精度可达 IT8~IT7,表面粗糙度 Ra 值为 1.6~0.8 μm。

车削一般用来加工单一轴线的零件,如轴、盘、套类零件等。若改变零件的安装位置或将车床适当改装,还可以加工多轴线的零件(如曲轴、偏心轴等)或盘形凸轮。图 6-9 所示为车削曲轴和偏心轴零件安装的示意图。

单件小批量生产中,各种轴、盘、套等类零件多在卧式车床上加工;生产率要求高、变更频繁的中小型零件,可选用数控车床加工;大型圆盘类零件(如火车轮、大型齿轮等)多用立式车床加工。成批生产外形较复杂,且具有内孔及螺纹的中小型轴、套类零件(见图 6-10)时,广泛采用转塔车床进行加工。大批量生产形状不太复杂的小型零件,如螺钉、螺母、管接头、轴套类等(见图 6-11)时,广泛采用多刀半自动车床及自动车床进行加工,生产率高,但精度较低。

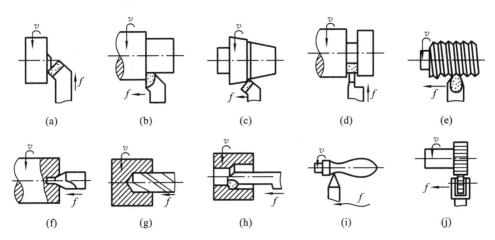

图 6-8 车削的主要用途

(a)车端面 (b)车外圆 (c)车圆锥 (d)切槽或切断 (e)车螺纹
(f)钻中心孔 (g)钻孔 (h)镗孔 (i)车成形面 (j)滚花

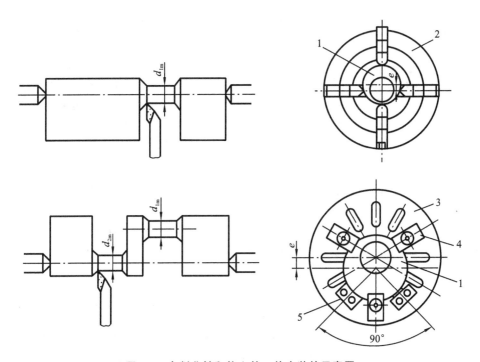

图 6-9 车削曲轴和偏心轮工件安装的示意图

1—工件;2—四爪卡盘;3—花盘;4—压板;5—定位块

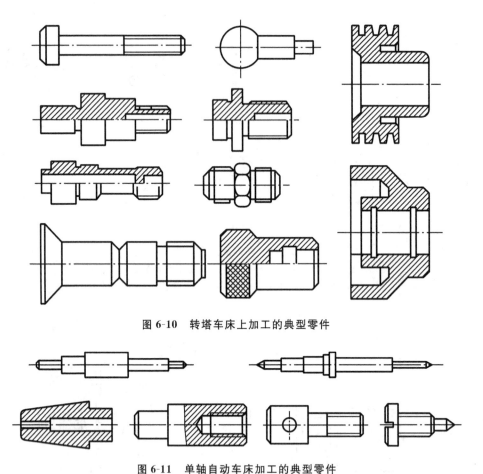

图 6-10　转塔车床上加工的典型零件

图 6-11　单轴自动车床加工的典型零件

6.2　钻、镗削的工艺特点及其应用

孔是组成零件的基本表面之一,不同的零件对孔的要求差异很大,如:孔径、孔深、公差等级和表面粗糙度等。孔加工除了采取车削加工之外,还可以用钻削和镗削等加工方法。

6.2.1　钻孔

常用的钻床有台式钻床、立式钻床和摇臂钻床等。在钻床上能完成的工作有钻孔、扩孔、铰孔、攻丝、锪孔和锪凸台等。下面主要介绍钻孔、扩孔、铰孔。

钻孔是用钻头在实体材料上加工孔的方法。在钻床上钻孔,工件一般固定不动,钻头旋转为主运动,向下轴向移动为进给运动,见图 6-12。

钻头通常由高速钢制成,其结构如图 6-13 所示。钻头由柄部和工作部分组成。

柄部的作用是与钻床连接、传递扭矩,柄部直径小于 12 mm 的做成直柄形式;直径大于 12 mm 的为锥柄形式。工作部分由导向部分和切削部分组成,导向部分包括两条对称的螺旋槽和较窄的刃带(见图 6-14),螺旋槽的作用是形成切削刃和排屑;刃带与工件孔壁接触,起导向和减少钻头与孔壁摩擦的作用。切削部分有两个对称的切削刃和一个横刃,切削刃承担主要切削工作,其夹角为 118°;横刃起辅助切削和定心作用,但会大大增加钻头轴向作用力。

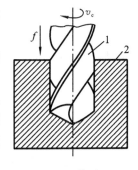

图 6-12 钻孔
1—钻头;2—工件

钻孔与车削外圆相比,工作条件要困难得多。钻削时,钻头工作部分完全包围在已加工表面中,会引起一些特殊问题,概括如下。

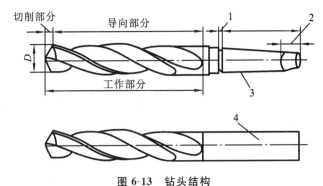

图 6-13 钻头结构
1—颈部;2—扁尾;3—锥柄;4—直柄

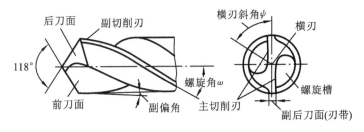

图 6-14 钻头的切削部分

1) 容易产生"引偏"

"引偏"是指加工时由于钻头弯曲而引起孔的轴线歪斜(见图 6-15(a))或孔径扩大、孔不圆(见图 6-15(b))等问题。其主要原因有以下几个方面。

(1) 麻花钻直径和长度受所加工孔径的限制,一般呈细长状,刚度较差;此外,为了形成切削刃和容纳切屑,必须作出两条较深的螺旋槽,致使钻心变细,削弱了钻头的刚度。

(2) 为了减少导向部分与已加工孔壁的摩擦,钻头仅有两条很窄的棱边与孔壁接触,其接触刚度和导向作用也很差。

(3)钻头横刃处的前角具有很大的负值,切削条件极差,实际上不是在切削,而是挤刮金属,加之由钻头横刃产生的轴向力很大,稍有偏斜,将产生较大的附加力矩,导致钻头弯曲。

(4)钻头的两个主切削刃很难磨得完全对称,加上工件材料的不均匀性,钻孔时作用在两切削刃上的径向力难以完全抵消。

钻孔时,刚度很差且导向性不好的钻头很容易弯曲,致使钻出的孔产生"引偏",降低了孔的加工精度,甚至造成废品。在实际加工中,常采用如下措施来减少引偏。

(1)预钻锥形定心坑(见图 6-16(a))　首先用小顶角($2\varphi=90°\sim100°$)大直径短麻花钻预钻一个锥形坑,然后再钻孔。由于预钻时钻头刚度好,锥形坑不易偏,并起到定心的作用。

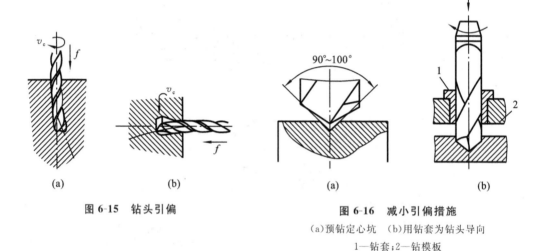

图 6-15　钻头引偏

图 6-16　减小引偏措施
(a)预钻定心坑　(b)用钻套为钻头导向
1—钻套;2—钻模板

(2)用钻套为钻头导向(见图 6-16(b))　此方法可以减少钻孔开始时的"引偏",特别是在斜面或曲面上钻孔时更为必要。

(3)刃磨时,尽量把钻头的两个主切削刃磨得对称一致,使两主切削刃的径向切削力互相抵消,从而减少钻头的"引偏"。

2) 排屑困难

钻孔时,由于切屑较宽,容屑槽尺寸又受到限制,因而在排屑过程中,切屑往往与孔壁发生较大的摩擦,挤压、拉毛和刮伤已加工表面,降低表面质量。有时切屑可能阻塞在钻头的容屑槽里,卡死钻头,甚至将钻头扭断。为了改善排屑条件,钻钢料工件时,在钻头上修磨出分屑槽(见图 6-17),将宽的切屑分成窄条,以利于排屑。当钻深孔($L/D<5\sim10$)时,应采用合适的深孔钻进行加工。

3) 切削热不易传散

由于钻削是一种半封闭式的切削,钻削时所产生的热量,虽然也由切屑、工件、刀具和周围介质传出,但它们之间的比例却和车削大不相同。如用标准麻花钻,不加切削液钻削加工钢料时,工件吸收的热量约占 52.5%,钻头约占 14.5%,切屑约占 28%,而介质仅占 5% 左右。如果大量高温切屑不能及时排出,切削液就难以注入切削区,切屑、刀具与工件之间的摩擦很大,致使切削温度升高,刀具磨损加剧,也限制钻削用量和生产率。

图 6-17　分屑槽

钻孔加工精度较低,属于孔的粗加工,尺寸精度一般为 IT10～IT11,表面粗糙度值为 $Ra\ 50\sim12.5\ \mu m$。主要用于以下几类孔的加工。

(1) 精度和表面质量要求不高的孔,如螺栓连接孔、油孔等。

(2) 精度和表面质量要求较高的孔,或内表面形状特殊(如锥形、有沟槽等)的孔,需用钻孔作为预加工工序。

(3) 内螺纹攻螺纹前所需底孔。

单件、小批生产中,中小型工件上的小孔(一般 $D<13\ mm$),常用台式钻床加工;中小型工件上直径较大的孔(一般 $D<50\ mm$),常用立式钻床加工。大中型工件上的孔,则应采用摇臂钻床加工。回转体工件上的孔多在车床上加工。

在成批和大量生产中,为了保证加工精度、提高生产效率和降低加工成本,广泛使用钻模(见图 6-18)、多孔钻(见图 6-19)或组合机床(见图 6-20)进行孔的加工。

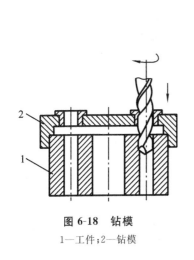

图 6-18　钻模
1—工件；2—钻模

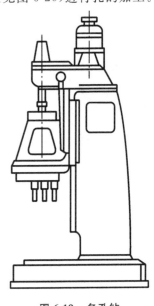

图 6-19　多孔钻

精度高、表面粗糙度值小的中小直径孔($D<50\ mm$),在钻削之后,常常需要采用扩孔和铰孔来进行半精加工和精加工。

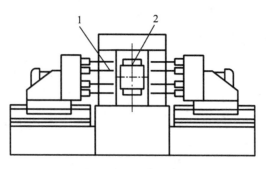

图 6-20　组合机床
1—钻头；2—工件

6.2.2　扩孔

扩孔是将已加工孔、铸孔或锻孔直径扩大的加工过程(见图 6-21)。单件小批生产时可采用直径较大的麻花钻扩孔，但麻花钻刚度和强度较低，特别是扩铸件孔或锻件孔时，背吃刀量不均匀，切削刃负荷变化大，刀具磨损快，麻花钻钻头易卡死或折断，因此批量生产常采用扩孔钻扩孔。图 6-22 所示为扩孔钻的结构。

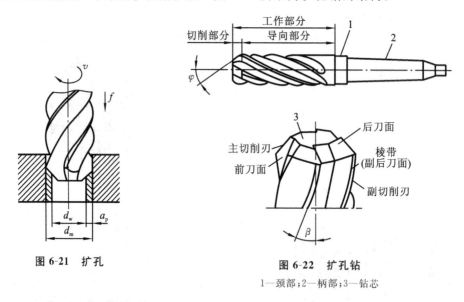

图 6-21　扩孔

图 6-22　扩孔钻
1—颈部；2—柄部；3—钻芯

与麻花钻相比，扩孔钻具有以下特点。

1) 刚度较好

扩孔的背吃刀量 $a_p = (D-d)/2$，比钻孔时 $a_p = D/2$ 小得多，切屑少，容屑槽可做得浅而窄，使钻芯比较粗大，增加了切削部分的刚度。

2) 导向性较好

扩孔钻容屑槽浅而窄，可在刀体上做出 3～4 个刀齿，一方面可提高生产率，另一方面通过增加了刀齿的棱边数,增强了刀具的导向及修光作用,使切削过程比较平稳。

3)切削条件较好

扩孔钻的切削刃未从外缘延续到中心,不存在横刃,轴向力较小,可采用较大的进给量,生产率较高。此外,切屑量少,排屑顺利,不易刮伤已加工表面。

扩孔比钻孔的精度高,扩孔属于半精加工,尺寸精度公差等级可达到IT10~IT7,表面粗糙度值 Ra 为 6.3~3.2 μm,在一定程度上对原孔轴线进行校正。扩孔常作为铰孔前的预加工,对于质量要求不太高的孔,扩孔也可作为终加工。当孔的精度和表面粗糙度要求更高时,则要采用铰孔。

6.2.3 铰孔

铰孔一般安排在扩孔或半精镗之后,是较普遍的孔精加工方法之一。铰孔的加工精度可达 IT8~IT6,表面粗糙度值 Ra 为 1.6~0.4 μm。

铰孔所用的刀具为铰刀,铰刀可分为手铰刀和机铰刀。手铰刀(见图 6-23(a))用于手工铰孔,柄部为直柄;机铰刀(见图 6-23(b))的柄部多为锥柄,一般在钻床上或车床上完成铰孔。铰刀由工作部分、颈部、柄部组成。工作部分包括切削部分和修光部分。切削部分为锥形,担负主要切削工作;修光部分有窄的棱边和倒锥,以减小与孔壁的摩擦和减小孔径扩张,同时校正孔径、修光孔壁和导向。手用铰刀修光部分较长,以增强导向作用。

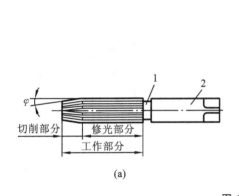

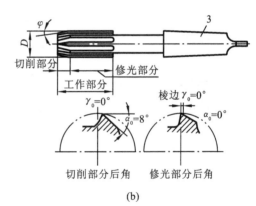

(a)   (b)

图 6-23 铰刀

(a)手铰刀 (b)机铰刀

1—颈部;2—直柄;3—锥柄

铰孔的工艺特点如下。

(1)铰孔余量小,切削力较小,零件的受力变形小 粗铰为 0.15~0.35 mm;精铰为 0.05~0.15 mm。

(2)切削速度低,加工精度高 比钻孔和扩孔的切削速度低得多,可避免积屑瘤的产生和减小切削热。一般粗铰 $v_c=4\sim10$ m/min;精铰 $v_c=1.5\sim5$ m/min。

(3)适应性差　铰刀属定尺寸刀具,一把铰刀只能加工一定的尺寸和公差等级的孔,不宜铰削阶梯形孔、短孔、不通孔和具有断续表面的孔(如花键孔)。

(4)需施加切削液　为了减少摩擦,利于排屑、散热,保证加工质量,应加注切削液。一般加工钢件时用乳化液;加工铸铁件时用煤油。

麻花钻、扩孔钻和铰刀都是标准刀具,市场上比较容易买到。对于中等尺寸以下较精密的孔,在单件小批量甚至大批量生产中,常采用钻-扩-铰加工工艺。钻、扩、铰只能保证孔本身的精度,而不易保证孔与孔之间的尺寸精度及位置精度。为了解决这一问题,可以利用夹具(如钻模)进行孔加工,也可采用镗孔。

6.2.4　镗孔

镗孔是用镗削方法扩大工件孔的方法,是常用的孔加工方法之一。对于直径较大的孔($D>80$ mm)、内成形面或孔内环槽等,镗削是唯一适宜的加工方法。镗孔的尺寸公差等级一般为 IT8~IT6,表面粗糙度值 Ra 为 $1.6\sim0.8$ μm;精细镗孔时,尺寸公差等级可达 IT7~IT5,表面粗糙度值 Ra 为 $0.8\sim0.1$ μm。

镗孔可以在镗床上或车床上进行。回转体零件上的轴心孔多在车床上加工,如图 6-24 所示,主运动和进给运动分别是零件的回转和车刀的移动。

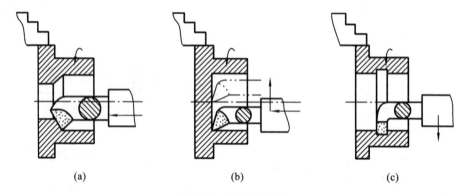

图 6-24　车床上镗孔
(a)镗通孔　(b)镗不通孔　(c)镗环槽

箱体类零件上的孔或孔系(相互有平行度或垂直度要求的若干个孔)则常用镗床加工。根据结构和用途的不同,镗床分为卧式镗床、坐标镗床、立式镗床、精密镗床等。应用最广的是卧式镗床,如图 6-25 所示。

镗孔时,镗刀刀杆随主轴一起旋转,完成主运动,进给运动可由工作台带动工件纵向移动(见图 6-26(a)),也可由主轴带动镗刀刀杆轴向移动(见图 6-26(b))来实现。镗削大而浅的孔时,可悬臂安装粗而短的镗杆(见图 6-26(a)、(b));镗深孔或距主轴端面较远的孔时,不能悬臂安装镗杆,否则,会因镗杆过长刚度差,影响孔的加工精度。此时,应将镗杆的远端支承在镗床后立柱的尾座衬套内(见图 6-26(c))。

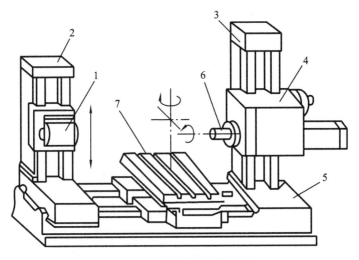

图 6-25 卧式镗床结构简图

1—尾座；2—后立柱；3—前立柱；4—主轴箱；5—床身；6—主轴；7—工作台

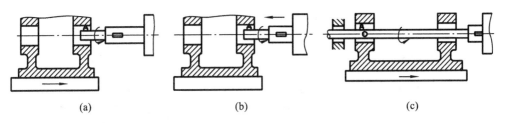

图 6-26 镗床上镗孔

镗刀有单刃镗刀和多刃镗刀之分，由于它们的结构和工作条件不同，它们的工艺特点和应用也有所不同。

(1) 单刃镗刀镗孔　单刃镗刀的刀头结构与车刀类似。使用时，用紧固螺钉将其装夹在镗杆上，如图 6-27 所示。其中图(a)所示为不通孔镗刀，刀头倾斜安装；图(b)所示为通孔镗刀，刀头垂直于镗杆轴线安装。

与钻-扩-铰相比，单刃镗刀镗孔具有以下工艺特点。

① 适应性广　单刃镗刀结构简单、使用方便，一把镗刀可加工直径不同的孔(调整刀头的伸出长度即可)；粗加工、精加工、半精加工均可适应。

② 制造、刃磨简单方便、费用较低。

③ 可校正原有孔轴线歪斜　镗床本身精度较高，镗杆直线性好，靠多次进给即可校正孔的轴线。

④ 生产率低　受孔径(尤其是小孔径)的限制，镗杆刚度较差。为了减少镗孔时引起镗杆振动，只能采用较小的切削用量；只一个切削刃参与切削；需花时间调节镗刀头的伸出长度来控制孔径尺寸精度。

(2) 浮动镗刀镗孔(见图 6-28(a))　在对角线的方位上有两个对称的切削刃(属

多刃镗刀),两个切削刃间的尺寸 D 可以调整,以镗削不同直径的孔。调整时,先松开压紧螺钉,再旋动锁紧螺钉以改变刀块的径向位移尺寸,使之符合被镗孔的孔径尺寸(用千分尺检验两切削刃间尺寸),最后拧紧压紧螺钉即可。

镗孔时,浮动镗刀插在镗杆的长方孔中,但不紧固,因此,它能沿镗杆径向自由滑动。依靠作用在两个对称切削刃上的径向切削力,自动平衡其切削位置。

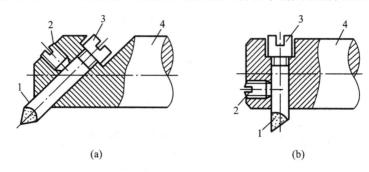

图 6-27 单刃镗刀

(a)不通孔镗刀 (b)通孔镗刀

1—刀头;2—紧固螺钉;3—调节螺钉;4—镗杆

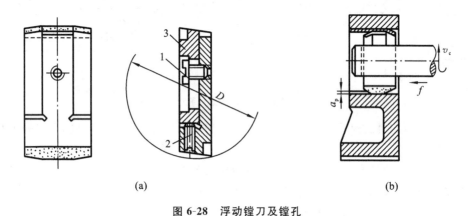

图 6-28 浮动镗刀及镗孔

(a)可调节浮动镗刀 (b)浮动镗刀镗孔

1—压紧螺钉;2—锁紧螺钉;3—刀块

浮动镗刀镗孔的工艺特点如下。

①加工质量较高 镗刀的浮动可自动补偿因刀具安装误差或镗杆偏摆所产生的不良影响,加工精度较高;较宽的修光刃,可修光孔壁,减小表面粗糙度。

②生产率较高,有两个主切削刃参加切削,且操作简单,故生产率较高。

③刀具成本较单刃镗刀高。

④与铰孔相似,不能校正原有孔的轴线。

镗床镗孔适用于加工内环槽、大直径的孔,特别适于箱体类零件孔系(指若干个彼此有平行度或垂直度要求的孔)的加工。其原因是镗床的主轴箱和尾座均能上、下移动,工作台能横向移动和转动,因此,在一次装夹中即可将工件上若干个孔依次加工出来,避免了多次装夹所产生的安装误差。此外,在卧式镗床上还可以完成钻孔、车端面、铣端面、车螺纹等,如图 6-29 所示。

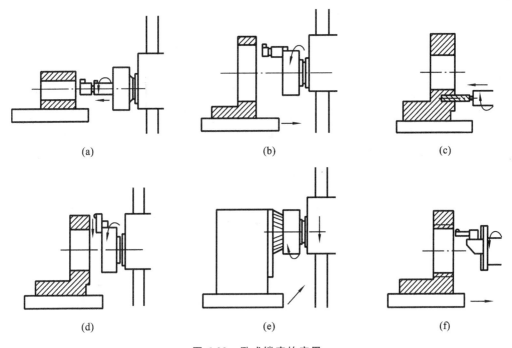

图 6-29 卧式镗床的应用
(a)镗孔 (b)镗大孔 (c)钻孔 (d)车端面 (e)铣平面 (f)车螺纹

6.3 刨、拉削的工艺特点及其应用

6.3.1 刨削

刨削是在刨床上用刨刀加工工件的方法。刨刀结构与普通车刀相似。刨削的主运动是往复直线运动,进给运动是间歇的,因此切削过程不连续。刨削是平面加工的主要方法之一。常见的刨床类机床有牛头刨床、龙门刨床和插床等。

1. 刨削的工艺特点

与其他加工方法相比,刨削有如下工艺特点。

1)通用性好,成本低

刨削加工除主要用于加工平面外,经适当的调整和增加某些附件,还可加工齿轮、齿条、沟槽、母线为直线的成形面等。刨床结构简单且价廉,调整操作方便,刨刀结构简单,制造刃磨及安装均较方便。故加工成本较低。

2) 生产率较低

刨削加工为单刃切削,切入及切出时会产生冲击,切削时受惯性力的影响,切削速度较低。刨刀返程不切削,也增加了辅助时间。因此,刨削加工生产率较低。对某些工件的狭长表面的加工,为提高生产率,可采用多件同时刨削的方法,使生产率不低于铣削,且能保证较高的平面度。

3) 加工质量中等

由于惯性及冲击振动的影响,刨削的加工质量不如车削。一般刨削的尺寸精度为 IT9～IT7,表面粗糙度值 Ra 为 $6.3～1.6\ \mu m$,可满足一般平面加工的要求。当采用宽刃精刨时(见图 6-30),即用宽刃细刨刀以很低的切削速度、大进给量和小的切削深度,从零件表面上切去一层极薄的金属,因切削力小、切削热少、切削变形小,所以,零件的表面粗糙度值 Ra 可达 $1.6～0.4\ \mu m$,直线度可达 $0.02\ mm/m$。宽刃细刨可以代替刮研,这是一种先进、有效的精加工平面方法。

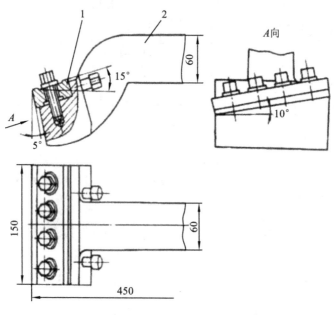

图 6-30 宽刃细刨刀

1—刀片;2—刀体

2. 刨削的应用

如图 6-31 所示,刨削主要用来加工平面(包括水平面、垂直面和斜面),也广泛地用于加工直槽,如直角槽、燕尾槽和 T 形槽等。如果进行适当调整和增加某些附件,还可用来加工齿条、齿轮、花键和母线为直线的成形面等。主要用于单件、小批量生产维修。

牛头刨床的最大刨削长度一般不超过 1 000 mm,适于加工中、小型工件。龙门刨床主要用来加工大型工件,或同时加工多个中、小型工件。例如济南第二机床厂生移动,工作台能横向移动和转动,因此,在一次装夹中即可将工件上若干个孔依次加工出来,避免了多次装夹所产生的安装误差。此外,在卧式镗床上还可以完成钻孔、车端面、铣端面、车螺纹等,如图 6-29 所示。

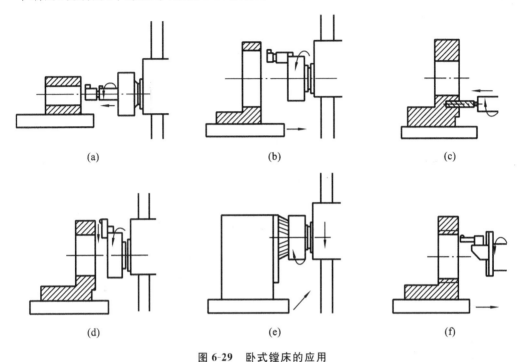

图 6-29 卧式镗床的应用
(a)镗孔 (b)镗大孔 (c)钻孔 (d)车端面 (e)铣平面 (f)车螺纹

6.3 刨、拉削的工艺特点及其应用

6.3.1 刨削

刨削是在刨床上用刨刀加工工件的方法。刨刀结构与普通车刀相似。刨削的主运动是往复直线运动,进给运动是间歇的,因此切削过程不连续。刨削是平面加工的主要方法之一。常见的刨床类机床有牛头刨床、龙门刨床和插床等。

1. 刨削的工艺特点

与其他加工方法相比,刨削有如下工艺特点。

1)通用性好,成本低

刨削加工除主要用于加工平面外,经适当的调整和增加某些附件,还可加工齿轮、齿条、沟槽、母线为直线的成形面等。刨床结构简单且价廉,调整操作方便,刨刀结构简单,制造刃磨及安装均较方便。故加工成本较低。

2) 生产率较低

刨削加工为单刃切削,切入及切出时会产生冲击,切削时受惯性力的影响,切削速度较低。刨刀返程不切削,也增加了辅助时间。因此,刨削加工生产率较低。对某些工件的狭长表面的加工,为提高生产率,可采用多件同时刨削的方法,使生产率不低于铣削,且能保证较高的平面度。

3) 加工质量中等

由于惯性及冲击振动的影响,刨削的加工质量不如车削。一般刨削的尺寸精度为 IT9～IT7,表面粗糙度值 Ra 为 6.3～1.6 μm,可满足一般平面加工的要求。当采用宽刃精刨时(见图 6-30),即用宽刃细刨刀以很低的切削速度、大进给量和小的切削深度,从零件表面上切去一层极薄的金属,因切削力小、切削热少、切削变形小,所以,零件的表面粗糙度值 Ra 可达 1.6～0.4 μm,直线度可达 0.02 mm/m。宽刃细刨可以代替刮研,这是一种先进、有效的精加工平面方法。

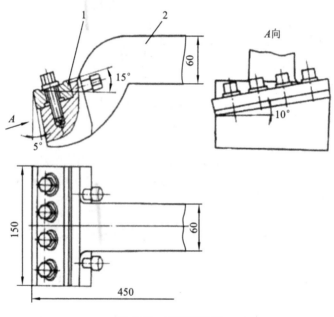

图 6-30 宽刃细刨刀
1—刀片;2—刀体

2. 刨削的应用

如图 6-31 所示,刨削主要用来加工平面(包括水平面、垂直面和斜面),也广泛地用于加工直槽,如直角槽、燕尾槽和 T 形槽等。如果进行适当调整和增加某些附件,还可用来加工齿条、齿轮、花键和母线为直线的成形面等。主要用于单件、小批量生产维修。

牛头刨床的最大刨削长度一般不超过 1 000 mm,适于加工中、小型工件。龙门刨床主要用来加工大型工件,或同时加工多个中、小型工件。例如济南第二机床厂生产的 B236 龙门刨床,最大刨削长度为 20 m,最大刨削宽度为 6.3 m。龙门刨床一般刚度较好,而且有 2~4 个刀架可同时工作,加工精度和生产率均比牛头刨床高。插床又称立式牛头刨床,主要用来加工工件的内表面,如键槽(见图 6-32)、花键槽等,也可用加工多边形孔,如四方孔、六方孔等,特别适于加工盲孔或有障碍台肩的内表面。

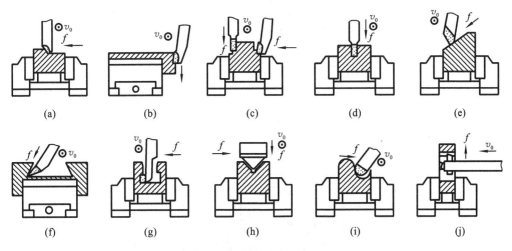

图 6-31 刨削的主要应用

(a)刨平面 (b)刨垂直面 (c)刨台阶 (d)刨垂直沟槽 (e)刨斜面
(f)刨燕尾槽 (g)刨T形槽 (h)刨V形槽 (i)刨曲面 (j)刨内孔链槽

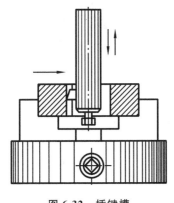

图 6-32 插键槽

6.3.2 拉削

拉削是利用多齿的拉刀,逐齿依次从零件上切下很薄的金属层,使表面达到较高的精度和较小的粗糙度,可以拉削平面和内孔(见图 6-33 和图 6-34)。若将刀具所受的拉力改为推力,则称为推削,所用刀具称为推刀。拉削用的机床称之为拉床,而推削则多在压力机上进行。当拉削较大的平面时,为减少拉削力,可采用渐进式拉刀进行拉削,如图 6-36 所示。

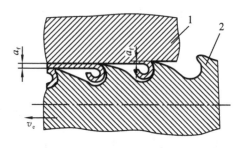

图 6-33 平面拉削
1—工件;2—拉刀

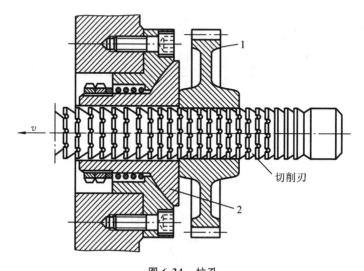

图 6-34 拉孔
1—工件;2—球面垫圈

1. 拉削的工艺特点

(1)生产率高 拉削加工的切削速度一般并不高,但拉刀是多齿刀具,同时参与切削的刀齿数较多,切削刃较长,在拉刀的一次工作行程中能够完成粗加工、半精加工和精加工,从而大大缩短了基本工艺时间和辅助时间。

(2)加工精度高,表面粗糙度较小 如图 6-37 所示,拉刀有校准部分,其作用是校准尺寸,修光表面,并可作为精切齿的后备刀齿。校准刀齿的切削量很小,仅切去零件材料的弹性恢复量。拉削的切削速度较低,$v_c < 18$ m/min,拉削过程比较平稳,无积屑瘤,拉孔的尺寸精度可达到 IT8~IT6,表面粗糙度值 Ra 为 0.8~0.4 μm。

(3)拉床结构和操作比较简单 拉削只有一个主运动,即拉刀的直线运动。进给运动是靠拉刀的后一个刀齿高出前一个刀齿来实现的,相邻刀齿的高出量称为齿升量。

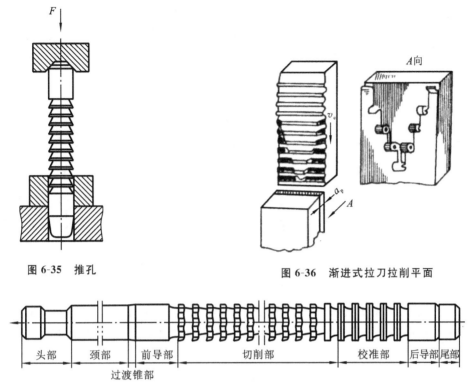

图 6-35 推孔

图 6-36 渐进式拉刀拉削平面

图 6-37 圆孔拉刀

（4）拉刀成本高　由于拉刀的结构和形状复杂，精度和表面质量要求较高，故制造成本很高。但拉削时切削速度较低，刀具磨损较慢，刃磨一次可以加工数以千计的零件，拉刀可以重磨多次，所以，拉刀的寿命长。当加工零件的批量较大时，刀具的单件成本并不高。

（5）与铰孔相似，拉削不能纠正孔的位置误差。

（6）不能拉削加工盲孔、深孔、阶梯孔及有障碍的外表面。

2. 拉削的应用

拉刀结构比一般孔加工刀具复杂，制造困难，成本高，因此，拉削加工主要适用于批量生产，尤其适于在大量生产中加工比较大的复合型面，如发动机的气缸体等。在单件、小批生产中，对于某些精度要求较高、形状特殊的成形表面，用其他方法加工很困难时，也有采用拉削加工的。

内拉刀属定尺寸刀具，每把内拉刀只能拉削一种尺寸和形状的内表面，不同的内拉刀可以加工各种形状的通孔，如圆孔、方孔、多边形孔、花键孔和内齿轮等，还可以加工多种形状的沟槽，例如键槽、T 形槽、燕尾槽和蜗轮盘上的榫槽等，如图 6-38 所示。

拉孔时，零件的预制孔不必精加工（钻或粗镗后即可），零件也不必夹紧，只以零

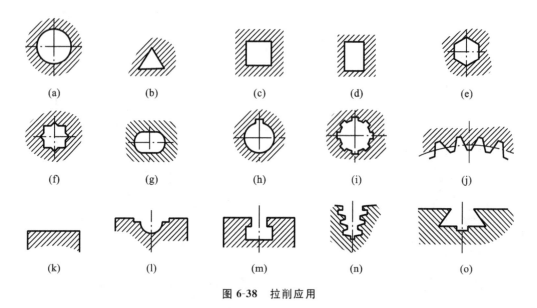

图 6-38 拉削应用

件端面作支承面,对原孔轴线与端面间有垂直度要求。若孔的轴线与端面不垂直,应将零件端面贴在球形垫板上,这样,在拉削力作用下,零件连同球形垫板能微量转动,使零件孔的轴线自动调整到与拉刀轴线一致的方向。

外拉削可以加工平面、成形面、外齿轮和叶片的榫头等。

为了避免弯曲,一般推刀长度比较短($L/D < 12 \sim 15$),切削总量较小,所以推削只适用于加工余量较小的各种形状的内表面,或者用来修整工件热处理后(硬度低于 45 HRC)的变形量,其应用范围远不如拉削广泛。

6.4 铣削的工艺特点及其应用

铣削是平面的主要加工方法之一。铣削时,铣刀的旋转是主运动,零件随工作台的运动是进给运动。铣床的种类很多,最常用的是升降台卧式铣床和立式铣床。铣削大型零件的平面则用龙门铣床,生产率较高,多用于批量生产。

6.4.1 铣刀

铣削加工在铣床上进行,所用刀具为铣刀。铣削时,主运动为铣刀高速旋转,进给运动为工件直线连续进给。铣刀为多刃刀具,它由刀齿和刀体两部分组成。铣刀的种类较多,有圆柱铣刀和端铣刀两种。圆柱铣刀是一种刀齿分布在圆周上的铣刀,又分为直齿和螺旋齿两种(见图 6-39),生产中广泛使用螺旋齿圆柱铣刀。端铣刀的刀齿分布在端面上,又分为整体式和镶齿式两种(见图 6-40)。镶齿式端铣刀刀盘上镶有硬质合金刀片,应用较为广泛。

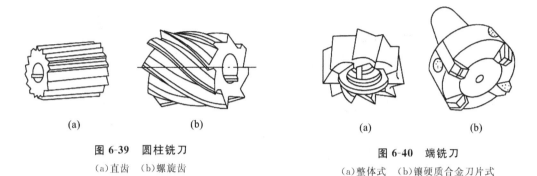

图 6-39 圆柱铣刀
(a)直齿 (b)螺旋齿

图 6-40 端铣刀
(a)整体式 (b)镶硬质合金刀片式

除平面铣刀之外,还有加工各种沟槽的铣刀,如立铣刀、圆盘铣刀、T 形槽铣刀等,另外还有加工成形面的铣刀。

6.4.2 铣削方式

平面是铣削加工的主要表面之一。铣削平面的方法有周铣法和端铣法两种。

1. 周铣法

用圆柱铣刀铣削平面称为周铣(见图 6-41(a))。周铣有两种方式,如图 6-42 所示。逆铣铣刀旋转方向与工件进给方向相反,铣削时每齿切削厚度 a_c 从零逐渐到最大,尔后切出;顺铣铣刀旋转方向与工件进给方向相同,铣削时每齿切削厚度 a_c 从最大逐渐减小到零。

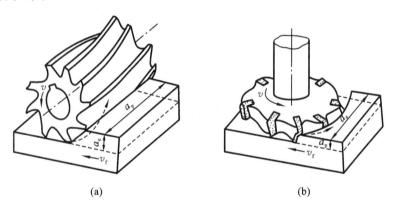

图 6-41 周铣和端铣
(a)周铣 (b)端铣

逆铣时,由于铣刀刃口处总有圆弧存在,而不是绝对尖锐的,所以在刀齿接触工件的初期不能切入工件,而是在工件表面上挤压、滑行,使刀齿与工件之间的摩擦加大,加速刀具磨损,同时也使表面质量下降。顺铣时,避免了上述缺点。逆铣时,铣削力上抬工件,而顺铣时,铣削力将工件压向工作台,从而减少了工件振动的可能性,尤其铣削薄而长的工件时,更为有利。

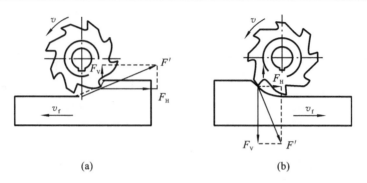

图 6-42 逆铣和顺铣
(a)逆铣 (b)顺铣

由上述分析可知,从提高刀具耐用度和工件表面质量,以及增加工件夹持的稳定性等观点出发,应采用顺铣法为宜。但是,顺铣时,变化的水平分力 F_H 与工件的进给方向一致,工作台进给丝杠与固定螺母之间一般都存在间隙(见图 6-43),间隙在进

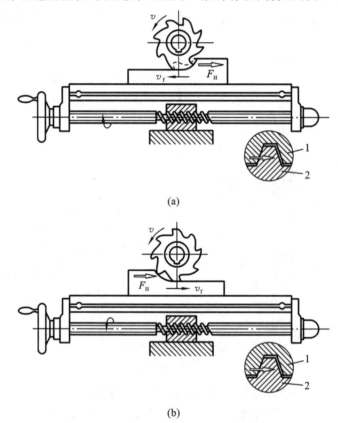

图 6-43 逆铣和顺铣时丝杠螺母间隙
(a)逆铣 (b)顺铣
1—螺母;2—丝杠

给方向的前方。由于 F_H 的作用,就会使工件连同工作台和丝杠一起向前窜动,造成进给量突然增大,甚至引起打刀。而逆铣时,水平分力 F_H 与进给方向相反,铣削过程中工作台丝杠始终压向螺母,不致因为间隙的存在而引起工件窜动。目前,一般铣床尚没有消除工件台丝杠与螺母之间间隙的机构,所以在生产中仍多采用逆铣法。

另外,铣削带有黑色氧化物的毛坯(如铸件或锻件)表面时,若用顺铣法,刀齿首先接触黑色氧化物,使刀齿的磨损加剧,故一般采用逆铣法。

2. 端铣法

用端铣刀加工平面的方法称为端铣法(见图 6-41(b))。根据铣刀与工件相对位置的不同,端铣法可以分为对称铣削法和不对称铣削法(见图 6-44)。

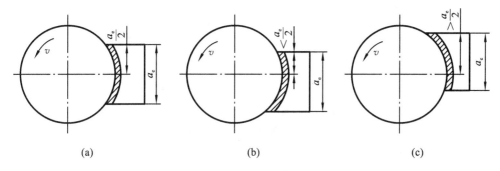

图 6-44 端铣的方法
(a)对称铣削 (b)不对称逆铣 (c)不对称顺铣

端铣法可以通过调整铣刀和工件的相对位置,调节刀齿切入和切出时的切削厚度,从而达到改善铣削过程的目的。

3. 周铣法与端铣法比较

(1)端铣的加工质量比周铣高 端铣与周铣相比,同时工作的刀齿数多,铣削过程平稳;端铣的切削厚度虽小,但不像周铣时切削厚度最小时为零,改善了刀具后刀面与工件的摩擦状况,提高了刀具耐用度,减小了表面粗糙度 Ra 值,端铣刀的修光刃可修光已加工表面,使表面粗糙度 Ra 值减小。

(2)端铣的生产率比周铣高 端铣的面铣刀直接安装在铣床主轴端部,刀具系统刚度好,同时刀齿可镶硬质合金刀片,易于采用大的切削用量进行强力切削和高速切削,使生产率得到提高,而且工件已加工表面质量也得到提高。

(3)端铣的适应性比周铣差 端铣一般只用于铣平面,而周铣可采用多种形式的铣刀加工平面、沟槽和成形面等,因此周铣的适应性强,生产中仍常用。

6.4.3 铣削的工艺特点

1. 生产率较高

铣刀是典型的多齿刀具,铣削时有几个刀齿同时参加工作,切削刃较长,切削速度也较高,且无刨削那样的空回行程,故生产率较高。但加工狭长平面或长直槽时,刨削还是比铣削生产率高。

2. 切削过程不平稳，易产生振动

铣刀的刀齿切入和切出时产生冲击，并将引起同时工作刀齿数的增减。在切削过程中每个刀齿的切削层厚度随刀齿位置的不同而变化，如图 6-45 所示，引起切削层横截面积变化。因此，在铣削过程中铣削力是变化的，切削过程不平稳，容易产生振动，这就限制了铣削加工质量和生产率的进一步提高。

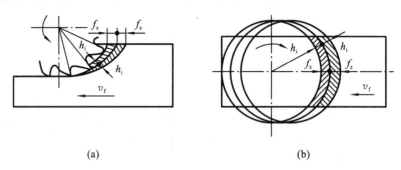

图 6-45 铣削时切削层厚度的变化
(a)周铣 (b)端铣

3. 刀齿散热条件较好

铣刀刀齿在切离零件的一段时间内，可以得到一定的冷却，散热条件较好。但是，切入和切出时热和力的冲击将加速刀具的磨损，甚至可能引起硬质合金刀片的碎裂。

6.4.4 铣削的应用

铣削的形式很多，铣刀的类型和形状更是多种多样，加之"分度头""圆形工作台"等附件的使用，使得铣削加工范围较广。铣削主要用来加工平面（包括水平面、垂直面和斜面）、沟槽、成形面和切断等。加工精度一般可达 IT8～IT7，表面粗糙度值 Ra 为 $1.6\sim6.3~\mu m$。

单件、小批生产中，加工小、中型工件，多用升降台式铣床（卧式和立式两种）。加工中、大型工件时，可以用工作台不升降式铣床，这类铣床与升降式铣床相近，只不过垂直方向的进给运动不是由工作台升降来实现，而是由装在立柱上的铣削头来完成。

龙门铣床的结构与龙门刨床相似，在立柱和横梁上装有 3～4 个铣头，适于加工大型工件或同时加工多个中小型工件。由于它的生产率较高，广泛应用于成批和大量生产中。

图 6-46 所示为铣削各种沟槽的示意图。直槽可以在卧式铣床用三面刃盘形铣刀加工，也可以在立式铣床上用立铣刀铣削。角度槽用相应的角度铣刀在卧式铣床上加工。T 形槽和燕尾槽常用带柄的专用槽铣刀在立式铣床上铣削。在卧式铣床上，还可以用成形铣刀加工成形面和用锯片铣刀切断。

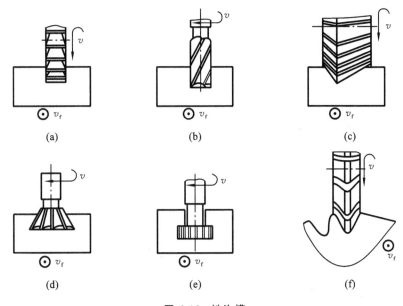

图 6-46 铣沟槽
(a)三面刃铣刀铣直槽 (b)立铣刀铣直槽 (c)铣角度槽
(d)铣燕尾槽 (e)铣 T 形槽 (f)盘状铣刀铣成形面

有些盘状成形零件,在单件、小批生产中,也可用立铣刀在立式铣床上加工。如图 6-47 所示,先在待加工的工件表面上画上轮廓,然后采取手动进给方式进行铣削加工。如图 6-48 所示,由几段圆弧和直线组成的曲线外形、圆弧外形或圆弧槽等,可以利用圆形工作台在立式铣床上加工。

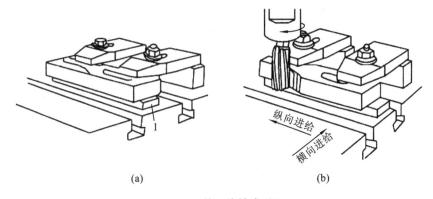

图 6-47 按画线铣成形面
1—垫铁

在铣床上利用分度头可以加工需要等分的工件,如齿轮等。在万能铣床(工作台能在水平面内转动一定的角度)上,利用分度头及其工作台进给丝杠间的交换齿轮,可以加工螺旋槽(见图 6-49)。

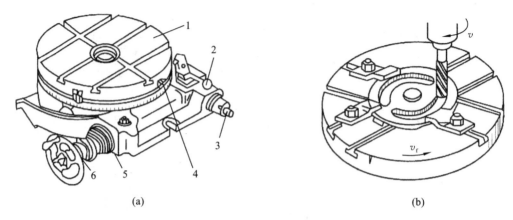

图 6-48 圆形工作台及其应用
(a)圆形工作台　(b)铣圆弧槽
1—转台；2—离合器手柄；3—传动轴；4—挡铁；5—偏心环；6—手轮

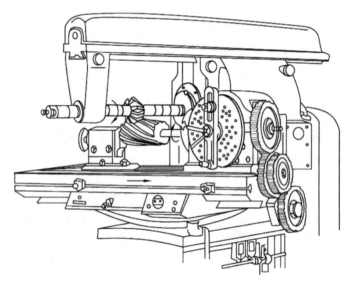

图 6-49　铣螺旋槽

6.5　磨削的工艺特点及其应用

　　磨削是零件精加工的主要方法。磨削时可采用砂轮、油石、磨头、砂带等作磨具。砂轮是零件精加工最常见的磨具。本节主要介绍在磨床上利用砂轮进行的磨削加工。

6.5.1 砂轮

作为切削工具的砂轮,它是由磨料(砂粒)加结合剂用烧结的方法而制成的多孔物体(见图 6-50)。由于磨料、结合剂及制造工艺等的不同,砂轮特性可能差别很大,对磨削的加工质量、生产效率和经济性有着重要影响。砂轮的特性包括磨料、粒度、硬度、结合剂、组织及形状和尺寸等。

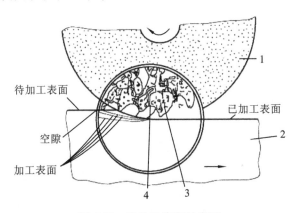

图 6-50 砂轮及磨削示意图
1—砂轮;2—工件;3—磨粒;4—结合剂

为了适应不同的加工要求,砂轮制成了不同的形状。同样形状的砂轮还制成多种不同的尺寸。常用的砂轮形状、代号及用途见表 6-1。

表 6-1 常用的砂轮形状、代号及用途

砂轮名称	代号	断面形状	主要用途
平行砂轮	1		用于外圆磨,内圆磨,平面磨,无心磨,工具磨
薄片砂轮	41		切断,切槽
筒形砂轮	2		端磨平面
碗形砂轮	11		刃磨刀具,磨导轨
蝶形1号砂轮	12a		磨齿轮,磨铣刀,磨铰刀,磨拉刀
双斜边砂轮	4		磨齿轮,磨螺纹
杯形砂轮	6		磨平面,磨内圆,刃磨刀具

6.5.2 磨削过程

从本质上讲,磨削也是一种切削。砂轮表面上的每颗磨料可以近似地看成一个微小刀齿;突出的磨粒尖棱,可以认为是微小的切削刃。因此,砂轮可以看成是具有极多微小刀齿的铣刀,这些刀齿随机地排列在砂轮表面上,它们的几何形状和切削角度有着很大差异,各自的工作情况也相差甚远。磨削时,比较锋利且比较凸出的磨粒,可以获得较大的切削厚度,从而切下切屑;不太凸出或磨钝的磨粒,只是在工件表面上刻划出细小的沟痕,工件材料则被挤向磨粒两旁,在沟痕两边形成隆起;比较凹下的磨粒,既不切削也不刻划工件,只是从工件表面滑擦而过。即使比较锋利且突出的磨粒,其切削过程大致也可分为三个阶段(见图 6-51)。在第一阶段,磨粒从工件表面滑擦而过,只有弹性变形而无切屑;第二阶段,磨粒切入工件表面,刻划出沟痕并形成隆起;第三阶段,切削厚度增大到某一临界值,切下切屑。

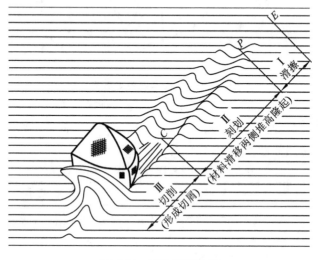

图 6-51 磨粒切削过程

由上述分析可知,砂轮的磨削过程实际上就是滑擦、刻划和切削三种作用的结合。由于各磨粒的工作情况不同,所以磨削时除了产生正常的切屑外,还有金属微尘等。

在磨削过程中,磨粒在高速、高压和高温的作用下,逐渐磨损而变得圆钝,圆钝的磨粒的切削能力下降,作用于磨粒上的力不断增大。当此力超过磨粒强度极限时,磨粒就会破碎,产生新的较锋利的棱角,代替旧的圆钝磨粒进行磨削;若此力超过砂轮结合剂的黏结力时,圆钝的磨粒就会从砂轮表面脱落,露出一层新鲜锋利的磨粒,继续进行磨削。砂轮的这种自行推陈出新,以保持自身锋锐的性能称为"自锐性"。

砂轮本身虽有自锐性,但是,由于切屑和碎磨粒会把砂轮堵塞,使它失去切削能力;磨粒随机脱落的不均匀性,会使砂轮失去外形精度。所以为了恢复砂轮的切削能力和外形精度,在磨削一定时间后,仍需对砂轮进行修整。

6.5.3 磨削的工艺特点

1. 精度高、表面粗糙度小

磨削时,砂轮表面有大量的切削刃,并且刃口圆弧半径 ρ 较小。例如粒度为46#的白刚玉磨粒,$\rho \approx 0.006 \sim 0.012$ mm,而一般车刀和铣刀的 $\rho \approx 0.012 \sim 0.032$ mm。磨削能够切下一层很薄的金属,切削厚度可以小到数微米,这是精密加工必须具备的条件之一。一般切削刀具的刃口圆弧半径虽也可磨得小些,但不耐用,不能或难以进行经济的、稳定的精密加工。

磨床比一般切削加工机床精度高,刚度及稳定性好,并且具有控制小切削深度的微量进给出机构(表6-2),可以微量切削,从而保证了精密加工的实现。

表 6-2 不同机床控制切深机构的刻度值

机床名称	立式铣床	车床	平面磨床	外圆磨床	精密外圆磨床	内圆磨床
刻度值/mm	0.05	0.02	0.01	0.005	0.002	0.002

磨削时,切削速度很高,如普通外圆磨削 $v \approx 30 \sim 35$ m/s,高速磨削 $v > 50$ m/s。当磨粒以很高的切削速度从工件表面切过时,同时有许多切削刃进行切削,每个磨刃仅从工件上切下极少量的金属,残留面积高度很小,有利于形成光洁的表面。

磨削可以达到高的精度和小的粗糙度。一般磨削尺寸精度可达 IT7~IT6,表面粗糙度值为 $Ra\ 0.8 \sim 0.2$ μm;当采用精细磨削时,表面粗糙度值可以达到 $Ra\ 0.1 \sim 0.008$ μm。

2. 砂轮有自锐作用

磨削过程中,砂轮的自锐作用是其他切削刀具所没有的。一般刀具的切削刃,如果磨钝或损坏,则切削不能继续进行,必须换刀或重磨。而砂轮由于本身的自锐性,使磨粒能够以较锋利的刃口对工件进行切削。在实际生产中,利用这一原理可进行强力连续磨削,以提高磨削加工的生产效率。

3. 径向分力 F_Y 较大

磨削时的切削力可以分解为三个互相垂直的分力 F_X、F_Y 和 F_Z,图 6-52 所示为纵磨外圆时的磨削力。在一般切削加工中,主切削力 F_Z 较大,而磨削时,由于磨削深度和切削厚度均较小,所以 F_Z 较小,F_X 则更小。但是,因为砂轮与工件的接触宽度较大,并且磨粒多以负前角进行切削,致使 F_Y 较大,一般情况下,$F_Y = (1.5 \sim 3)F_Z$。

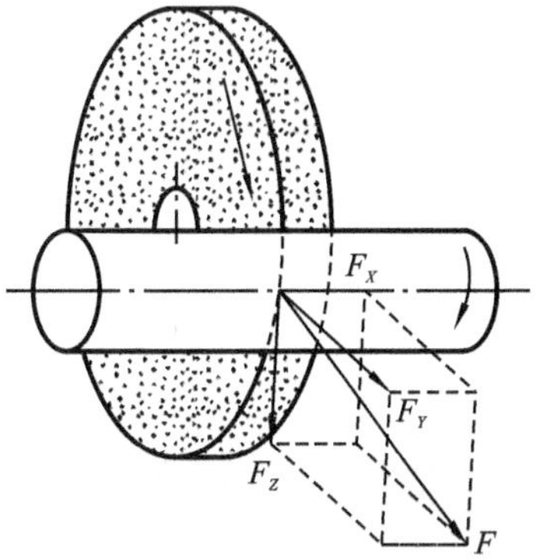

径向分力 F_Y 作用在工艺系统(机床-夹具-工件-刀具所组成的系统)刚度较差的方向上,使工艺系统

图 6-52 磨削力

变形,影响工件的加工精度。例如纵磨细长轴的外圆时,由于工件的弯曲而产生腰鼓形。另外,工艺系统的变形会使实际磨削深度比名义值小,这将增加磨削时的走刀次数。在最后几次光磨走刀中,要少吃刀或不吃刀,即把磨削深度递减至零,以便逐步消除由于变形而产生的加工误差,但是,这样将降低磨削加工的效率。

4. 不宜加工塑性较好的有色金属

对一般有色金属零件,由于材料塑性较好,砂轮会很快被有色金属碎屑堵塞,使磨削无法进行,并划伤有色金属已加工表面。

5. 磨削温度高

磨削时的切削速度为一般切削加工的 10~20 倍。在这样高的切削速度下,加上磨粒多为负前角切削,挤压和摩擦较严重,消耗功率大,产生的切削热多。又因为砂轮本身的散热性很差,大量的磨削热在短时间内散不出去,在磨削区形成瞬时高温,有时高达 800~1 000 ℃。高速磨削容易烧伤工件表面,使淬火钢件表面退火,硬度降低。高温下,工件材料将变软,容易堵塞砂轮,这不仅影响砂轮的耐用度,也影响工件的表面质量。因此,在磨削过程中,应采用大量的切削液。磨削时加注切削液,除了起到冷却和润滑作用之外,还可以起到冲洗砂轮的作用。切削液将细碎的切屑及碎裂或脱落的磨粒冲走,避免砂轮堵塞,可有效地提高工件的表面质量和砂轮的耐用度。但切削液可能使零件产生二次淬火,在其表层产生张应力及微裂纹,降低零件的表面质量和使用寿命。

磨削钢件时,广泛应用的切削液是苏打水或乳化液;磨削铸铁、青铜等脆性材料时,一般不加切削液,而用吸尘器清除尘屑。

6.5.4 磨削的应用

磨削加工的应用范围很广,如图 6-53 所示,它可以加工各种外圆面、内孔、平面和成形面(如齿轮、螺纹等),还用于各种切削刀具的刃磨。

1. 外圆磨削

外圆磨削是指对工件圆柱、圆锥、台阶轴外表面和旋转体外曲面进行的磨削。磨削一般作为外圆车削后的精加工工序,尤其是能消除淬火等热处理后的氧化层和微小变形。外圆磨削常在外圆磨床和万能外圆磨床上进行。

1)在外圆磨床上磨外圆

在外圆磨床上磨削外圆时,轴类工件常用顶尖装夹,其方法与车削时基本相同,顶尖安装。磨削方法分为以下几种。

(1)纵磨法(见图 6-54(a)) 磨削时,砂轮高速旋转为主运动,工件旋转为圆周进给,磨床工作台做往复直线运动为纵向进给。每当工件一次往复行程终了时,砂轮做周期性的横向进给。每次磨削吃刀量很小,磨削余量是在多次往复行程中磨去的。

纵磨法的磨削力小,磨削热少,散热条件好,砂轮沿进给方向的后半宽度等于是副偏角为零度的修光刃,光磨次数多,所以工件的精度高,表面粗糙度值小。该方法

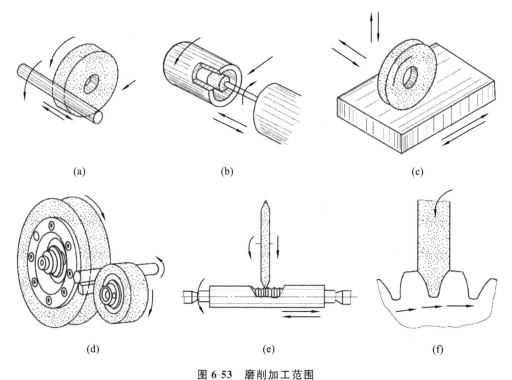

图 6-53 磨削加工范围
(a)磨外圆 (b)磨内孔 (c)磨平面 (d)无心磨磨外圆 (e)磨螺纹 (f)磨齿轮

还可用一个砂轮磨削各种不同长度的工件,适应性强。纵磨法广泛用于单件小批生产,特别适用于细长轴的精磨。

(2)横磨法(见图 6-54(b)) 工件不做纵向往复运动,而砂轮做慢速的横向进给,直到磨去全部磨削余量为止。砂轮宽度上的全部磨粒都参加了磨削,生产率高,适用于成批大量加工刚度好的工件,尤其适用于成形磨削。由于工件无纵向移动,砂轮的外形直接影响了工件的精度。同时,由于磨削力大、磨削温度高,工件易发生变形和烧伤,加工的精度和表面质量比纵磨法要差。

(3)综合磨法(见图 6-54(c)) 先用横磨法将工件表面分段进行粗磨,相邻两段间有 5~10 mm 的搭接,工件上下有 0.01~0.03 mm 的余量,然后用纵磨法进行精磨。此法综合了横磨法和纵磨法的优点,生产率比纵磨法高,精度和表面质量比横磨法高。

(4)深磨法(见图 6-54(d)) 磨削时用较小的纵向进给量(一般取 1~2 mm/r),较大的切深(一般为 0.3 mm 左右),在一次行程中切除全部余量,因此,生产率较高。需要把砂轮前端修整成锥形,用砂轮锥面进行粗磨。直径大的圆柱部分起精磨和修光作用,应修整得精细一些。深磨法只适用于大批、大量生产中,加工刚度较大的工件,且被加工表面两端要有较大的距离,允许砂轮切入和切出。

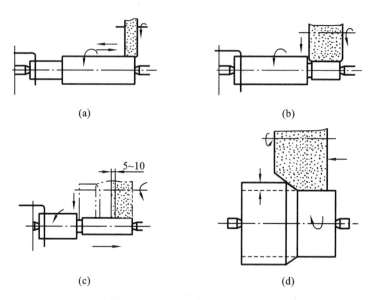

图 6-54　在外圆磨床上磨外圆
(a)纵磨法　(b)横磨法　(c)综合磨法　(d)深磨法

2)在无心外圆磨床上磨外圆

如图 6-55 所示,磨削时,工件放在两个砂轮之间,下方用托板托住,不用顶尖支持,所以称为无心磨。两个砂轮中较小的一个是用橡胶结合剂做的,磨粒较粗,称为导轮;另一个是用来磨削工件的砂轮,称为磨削轮。导轮轴线相对于砂轮轴线倾斜一个角度 $\alpha(1\sim5°)$,以比磨削轮低得多的速度转动,靠摩擦力带动工件旋转。导轮与工件接触点的线速度 $v_导$,可以分解为两个分速度,一个是沿工件圆周切线方向的 $u_工$,另一个是沿工件轴线方向的 $v_进$,因此,工件一方面旋转做圆周进给运动,另一方面做轴向进给运动。为了使工件与导轮能保持线接触,应当将导轮修整成双曲面形。

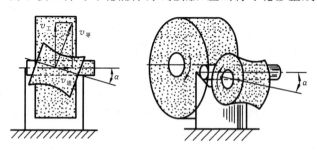

图 6-55　无心外圆磨削

无心外圆磨时,工件两端不需预先打中心孔,安装也比较方便;机床调整好之后,可连续进行加工,易于实现自动化,所以生产效率较高。工件被夹持在两个砂轮之间,不会因磨削力而被顶弯,有利于保证工件的直线性,尤其是对于细长轴类零件的磨削,优点更为突出。但是,无心外圆磨要求工件的外圆面在圆周上必须是连续的,如果圆柱表面上有较长的键槽或平面等,导轮将无法带动工件连续旋转,故不能磨削。又因为工件被托在托板上,依靠本身的外圆面定位,若磨削带孔的工件,则不能保证外圆面与孔的同轴度。另外,无心外圆磨床的调整比较复杂。因此,无心外圆磨削主要适用于大批大量生产销轴类零件。特别适合于磨削细长的光轴。如果采用切入磨法,也可以加工阶梯轴、锥面和成形面(见图 6-56)等。

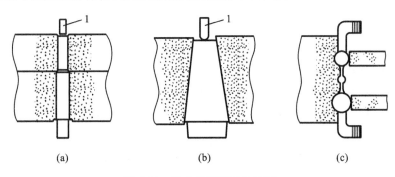

图 6-56　无心外圆磨削的应用
(a)磨阶梯轴　(b)磨锥面　(c)磨成形面
1—挡块

2. 内圆磨削

前述的铰孔、拉孔、镗孔是孔的精加工方法。磨孔也是孔的精加工方法。对于淬火钢等硬材料,磨孔是唯一的精加工方法。

孔的磨削可以在内圆磨床上进行,也可以在万能外圆磨床上进行。目前应用的内圆磨床多是卡盘式的,它可以加工圆柱孔、圆锥孔和成形内圆面等。纵磨圆柱孔时,工件安装在卡盘上(见图 6-57),在其旋转的同时,沿轴向做往复直线运动(即纵向进给运动)。装在砂轮架上的砂轮高速旋转,并在工件往复行程终了时做周期性的横向进给。若磨圆锥孔,只需将磨床的头架在水平方向偏转半个锥角即可。

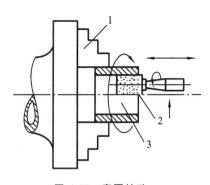

图 6-57　磨圆柱孔
1—三爪卡盘;2—砂轮;3—工件

与外圆磨削类似,内圆磨削也可以分为纵磨法和横磨法。鉴于砂轮轴的刚度较差,横磨法仅适用于磨削短孔及内成形面,难以采用深磨法。所以,多数情况下是采用纵磨法。

磨孔与铰孔或拉孔比较,有如下特点。

(1)可以加工淬硬的工件孔。

(2)能保证孔本身的尺寸精度和表面质量,还可提高孔的位置精度和轴线的直线度。

(3)用同一个砂轮,可以磨削不同直径的孔,灵活性较大。

(4)生产率比铰孔低,比拉孔更低。

磨孔与磨外圆比较,有如下特点。

(1)表面粗糙度值较大　由于磨孔时砂轮直径受零件孔径限制,一般较小,磨头转速又不可能太高(一般低于 20 000 r/min),故磨削时砂轮线速度较磨外圆时低。加上砂轮与零件接触面积大,切削液不易进入磨削区,所以磨孔的表面粗糙度值 Ra 较磨外圆时大。

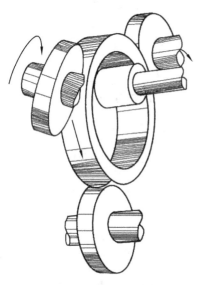

图 6-58　无心磨轴承环内孔示意图

(2)生产率较低　磨孔时,砂轮轴悬伸长且细,刚度很差,不宜采用较大的背吃刀量和进给量,故生产率较低。由于砂轮直径小,为维持一定的磨削速度,转速要高,增加了单位时间内磨粒的切削次数,磨损快;磨削力小,降低了砂轮的自锐性,且易堵塞。因此,需要经常修整砂轮和更换砂轮,这就增加了辅助时间,使磨孔生产率进一步降低。

由于以上的原因,磨孔一般仅适用于淬硬工件孔的精加工,如滑移齿轮、轴承环及刀具上的孔等。但是,磨孔的适应性较好,不仅可以磨通孔,还可以磨削阶梯孔和盲孔等,因而在单件、小批生产中应用较多,特别是对于非标准尺寸的孔,其精加工用磨削更为合适。在大批、大量生产中,精加工短工件上要求与外圆面同轴的孔时,也可以采用无心磨法(见图 6-58)。

3. 平面磨削

平面磨削是在铣、刨基础上的精加工。经磨削后平面的尺寸精度可达公差等级 IT6～IT5,表面粗糙度值 Ra 达 $0.8～0.2\ \mu m$。

平面磨削的机床,常用的有卧轴、立轴矩台平面磨床和卧轴、立轴圆台平面磨床,其主运动都是砂轮的高速旋转,进给运动是砂轮、工作台的移动,如图 6-59 所示。

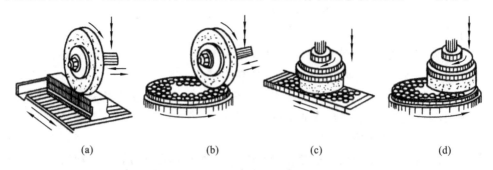

图 6-59　平面磨床及其磨削运动

(a)卧轴矩台平面磨床　(b)卧轴圆台平面磨床　(c)立轴矩台平面磨床　(d)立轴圆台平面磨床

与平面铣削类似,平面磨削可以分为周磨和端磨两种方式。周磨是在卧轴平面磨床上利用砂轮的外圆面进行磨削,如图 6-59(a)、(b)所示,周磨时砂轮与零件的接触面积小,磨削力小,磨削热少,散热、冷却和排屑条件好,砂轮磨损均匀,所以能获得高的精度和低的表面粗糙度,常用于各种批量生产中对中、小型零件的精加工。端磨则是在立轴平面磨床上利用砂轮的端面进行磨削,如图 6-59(c)、(d)所示,端磨平面时砂轮与零件的接触面积大,磨削力大,磨削热多,散热、冷却和排屑条件差,砂轮端面沿径向各点圆周速度不同,砂轮磨损不均匀,所以端磨精度不如周磨,但是,端磨磨头悬伸长度较短,又垂直于工作台面,承受的主要是轴向力,刚度好,加之这种磨床功率较大,故可采用较大的磨削用量,生产率较高,常用于大批量生产中代替铣削和刨削进行粗加工。

磨削铁磁性零件(钢、铸铁等)时,多利用电磁吸盘将零件吸住,装卸很方便。对于某些不允许带有磁性的零件,磨完平面后应进行退磁处理。因此,平面磨床附有退磁器,可以方便地将零件的磁性退掉。

6.5.5 磨削发展简介

近年来,磨削正朝着两个方向发展:一是高精度、低粗糙度磨削,二是高效磨削。

1. 高精度、低粗糙度磨削

它包括精密磨削(Ra 为 $0.1 \sim 0.05~\mu m$)、超精磨削(Ra 为 $0.025 \sim 0.012~\mu m$)和镜面磨削(Ra 在 $0.008~\mu m$ 以下),可以代替研磨加工,以便节省工时和减轻劳动强度。

进行高精度、低粗糙度磨削时,除对磨床精度和运动平稳性有较高要求外,还要合理地选用工艺参数,对所用砂轮要经过精细修整,以保证砂轮表面的磨粒具有等高性很好的微刃。磨削时,磨粒的微刃在零件表面上切下微细切屑,同时在适当的磨削压力下,借助半钝状态的微刃,对零件表面产生摩擦抛光作用,从而获得高的精度和低的表面粗糙度值。

2. 高速和强力磨削

由于 CBN 砂轮的使用,强力磨削突破传统磨削的限制,生产率成倍提高。有些零件的毛坯不需要经过粗切加工,可直接磨削成为成品,这不仅提高了加工效率,同时还提高了加工质量。目前,磨削速度已经高达 $120~m/s$,大吃深、缓进给的强力磨削也得到了广泛应用。在强力超高速磨削加工中,现代砂轮、砂轮传动装置和磨床,限制了磨削速度,其最大为 $25~m/s$。为了突破该限制,某些重要系统零部件需要优化。在开发设计相应的高速磨床时应该主要考虑动力特性、传动效率和安全测量装置,平衡系统在最大速度时必须能自动运转。开发高速砂轮时,考虑高的强度、材料性能的各向同性性和较小的轮毂质量是极为重要的因素,开发的专用高速砂轮的轮毂应该具有最小的径向膨胀、良好的阻尼特性和良好的导热性。适合于 CBN 高速磨削的磨床,应该具有诸如接触检测和振动监视及平衡监视系统,这样才能保证操作安全。使用多层可修整砂轮,目前的磨削速度极限范围为 130～150 m/s;某些单层电镀砂轮,工业上使用的速度高达 250 m/s。

在外圆和平面磨削时,已经有许多机床采用 CBN 砂轮进行高速磨削获得成功。德国 Junker 公司的 Quick Point CBN 金刚石砂轮外圆磨床,其砂轮速度达 140 m/s。CBN 砂轮由于其极高的硬度和耐磨性,特别适合于进行高速、超高速磨削,从而使磨削效率有了成倍的提高,取得了低成本加工的效果,并且砂轮寿命长,修整频率低,金属磨除率高,一次装夹可完成工件上所有外形的磨削加工,磨削力小、冷却效果佳。日本丰田工机的 G250 型 CBN 高速外圆磨床采用 ϕ400 mm 电镀 CBN 砂轮,线速度可达 200 m/s,可适用于多种工件的磨削加工。通过使用磁悬浮技术来支承磨床砂轮轴,有可能使安全速度达到 100～200 m/s。这种高速磨削技术未来的应用领域可能是目前极难磨削的铝及其超级合金。

3. 砂带磨削

砂带磨削是以砂带作为磨具并辅之以接触轮、张紧轮、驱动轮等组成的磨头组件对工件进行加工的一种磨削方法,如图 6-60 所示。砂带是用黏结剂将磨粒黏结在纸、布等挠性材料上制成的带状工具,其基本组成有基材、磨料和黏结剂。砂带磨削的设备一般都比较简单,砂带回转为主运动,零件由传送带带动做进给运动,零件经过支承板上方的磨削区,即完成加工。砂带磨削的生产率高,加工质量好,能加工外圆、内孔、平面和成形面,有很强的适应性,因而成为磨削加工的发展方向之一,其应用范围越来越广。目前,工业发达国家的磨削加工中,估计有 1/3 左右为砂带磨削,今后它所占的比例还会增大。

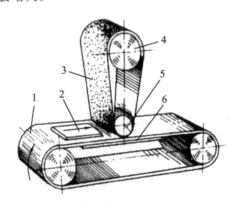

图 6-60 砂带磨削
1—传送带;2—零件;3—砂带;4—张紧轮;5—接触轮;6—支承板

与砂轮磨削相比,砂带磨削具有下列主要特点。

(1)磨削效率高　主要表现在材料切除率高和机床功率利用率高。如钢材切除率已能达到 700 mm³/s,达到甚至超过了常规车削、铣削的生产效率,是砂轮磨削的 4 倍以上。

(2)加工质量好　一般情况下,砂带磨削的加工精度比砂轮磨削略低,尺寸精度可达 3 μm,表面粗糙度值 Ra 达 1 μm。但近年来,由于砂带制造技术的进步(如采用静电植砂等)以及砂带机床制造水平的提高,砂带磨削已跨入了精密、超精密磨削的行列,尺寸精度最高可达 0.1 μm,工件表面粗糙度值 Ra 最高可达 0.01 μm,即达镜面效果。

(3)磨削热小　工件表面冷硬程度与残余应力仅为砂轮磨削的十分之一,即使干磨也不易烧伤工件,而且无微裂纹或金相组织的改变,具有"冷态磨削"之美称。

(4)工艺灵活性大,适应性强　砂带磨削可以很方便地用于平面、外圆、内圆和异型曲面等的加工。

(5)综合成本低　砂带磨床结构简单、投资少、操作简便,生产辅助时间少(如换新砂带不到 1 min),对工人技术要求不高,工作时安全可靠。

砂带磨削的诸多优点决定了其广泛的应用范围,并有万能磨削工艺之称。砂带磨削当前已几乎遍及了所有的加工领域,它不但能加工金属材料,还可加工皮革、木材、橡胶、尼龙和塑料等非金属材料,特别对不锈钢、钛合金、镍合金等难加工材料更显示出其独特的优势。在加工尺寸方面,砂带磨削也远远超出砂轮磨削,据介绍,当前砂轮磨削的最大宽度仅为 1 m,而宽达 4.9 m 的砂带磨床已经投入使用。在加工复杂曲面(如发动机汽轮机叶片、聚光镜灯碗、反射镜等)方面,砂带磨削的优势也是其他加工方法无法比拟的。

4. 自动磨削系统

虽然磨削技术有很大发展,但许多方面仍依赖于操作者的经验和技术熟练程度。为了稳定可靠地达到磨削质量要求,需开发出自动磨削系统,以代替人工操作。包括开发先进的监测系统和工艺过程的智能控制;监测磨削工艺,使工艺过程最佳化;发现诸如由颤振造成的烧伤和表面粗糙度变差这样的故障;监测砂轮修整情况,以降低砂轮消耗,精确的决定修整时间。由监测系统得到的信息,监测磨后表面的完整性,可用来控制和优化磨削工艺。使用新型的计算机模拟,能够预示工件加工后表面的应力和变形,也可预示工件表面的化学变化。

5. 超精密磨床和磨削加工中心的发展

精密加工必须由高精度、高刚度的机床作保证。超精密磨床广泛采用油轴承、空气轴承和磁轴承,以实现磨床主轴的高速化和高精密化;利用静动压导轨、直线导轨、静动压丝杠,以实现导轨及进给机构的高速化和高精密化。同时,在结构材料上,采用热稳定性、抗振动性强、耐磨性高的花岗岩、人造花岗岩、陶瓷、微晶玻璃等替代传统的铁系材料,极大地增加了机床的刚度,由日本丰田工机和中部大学共同研制的加工硬脆材料的超精密磨床,其定位精度为 0.01 μm,加工工件直径达到 500 mm,机床总重达 34 t,被认为是当今世界上最大级别的超精密磨床之一。

磨削加工中心(GC)与一般的 NC、CNC 磨床不同,它具备自动交换、自动修整磨削工具的机能,一次装夹即能完成各种磨削加工,实现了磨削加工的复合化与集约化,甚至可实现无人化连续自动生产,不但大大缩短了加工时间,节约了工装费用,而且机床有更高的刚度,能更好地防止热变形,进一步提高加工精度。磨削加工中心是当今磨削技术进步的主要标志,也是今后磨床技术的发展方向。

习　　题

1. 加工要求精度高、表面粗糙度值小的纯铜或铝合金轴的外圆时,应选用哪种加工方法?
2. 一般情况下,车削的切削过程为什么比刨削、铣削等平稳?对加工有何影响?车削适于加工哪些表面?为什么?
3. 简述车削加工的工艺特点有哪些?车削加工的应用以及主要目的有哪些?
4. 什么是铣削加工?铣削加工的铣刀有哪几种?
5. 试比较顺铣与逆铣并简述其各自的特点。
6. 试比较周铣与端铣的加工方法,阐述其各自的特点。
7. 简述铣削加工的工艺特点有哪些?铣削加工的应用有哪些?
8. 什么是钻削加工?举出几种常用的钻削加工方法。
9. 试简述钻削加工的应用。
10. 什么是钻孔?钻孔加工的工艺特点有哪些?
11. 什么是扩孔?扩孔加工与钻孔加工的工艺特点有哪些不同之处?
12. 什么是铰孔?铰孔加工的工艺特点有哪些?
13. 为什么采用钻、扩、铰孔这三种不同的加工方法可以使其加工精度依次提高呢?
14. 什么是镗孔?单刃镗刀镗孔浮动镗刀镗孔在加工工艺上有什么不同之处?
15. 为什么镗孔能纠正孔的轴线偏斜,而铰孔却不能?
16. 切削液有哪些作用?在加工中如何选用?
17. 什么是刨削?刨削加工的工艺特点有哪些?刨削加工常应用在哪些方面?
18. 拉削加工的特点有哪些?在什么情况下不能用拉削加工?
19. 砂轮的特性主要由哪些因素来决定?试简述磨削加工的过程以及工艺特点有哪些?
20. 磨削的加工范围有哪些?试比较其各自的特点。
21. 什么是无应力磨削加工?它有什么特点?
22. 砂带磨削的主要特点有哪些?它的应用范围有哪些?

第 7 章 先进制造技术

7.1 先进制造技术概论

7.1.1 先进制造技术的产生与发展

先进制造技术(advanced manufacturing technology, AMT)作为一个专用名词，首先由美国于 20 世纪 80 年代提出。

先进制造技术是指微电子技术、自动化技术、信息技术等先进技术给传统制造技术带来的种种变化与新型系统，主要包括：计算机辅助设计(CAD)、计算机辅助制造(CAM)、集成制造系统(CIMS)等。先进制造技术是在现代制造战略的指导下，集制造技术、电子技术、信息技术、自动化技术、能源技术、材料科学及现代管理技术等众多技术的交叉、融合和渗透而发展起来的，涉及制造业中的产品设计、加工装配、检验测试、经营管理、市场营销等产品生命周期的全过程，以实现优质、高效、低耗、清洁、灵活的生产，提高对动态多变市场的适应能力和竞争能力的一项综合性技术。它是制造业为了适应现代生产环境及市场的动态变化，在传统制造技术基础上通过不断吸收科学技术的最新成果而逐渐发展起来的一个新兴技术群。

AMT 是制造业企业取得竞争优势的必要条件之一，但并非充分条件，其优势还有赖于能充分发挥技术威力的组织管理，有赖于技术、管理和人力资源的有机协调和融合。

7.1.2 先进制造技术的体系结构与特点

1. 先进制造技术的体系结构

先进制造技术不能简单地理解为 CAD、CAM、FMS(柔性制造技术)、CIMS 等各项具体的技术，而是使原材料成为产品而采用的一系列先进技术，该技术是一个不断发展更新的技术体系，具有动态性和相对性。先进制造技术的内涵和层次及其技术构成如图 7-1 所示。它强调从基础制造技术、新型制造单元技术到先进制造集成技术的发展过程。

(1)基础制造技术 第一层次是优质、高效、低耗、清洁基础制造技术。铸造、锻压、焊接、热处理、表面保护、机械加工等基础工艺至今仍是生产中大量采用、经济适用的技术，这些基础工艺经过优化而形成的优质、高效、低耗、清洁基础制造技术是先进制造技术的核心及重要组成部分。这些基础技术主要有精密下料、精密成形、精密

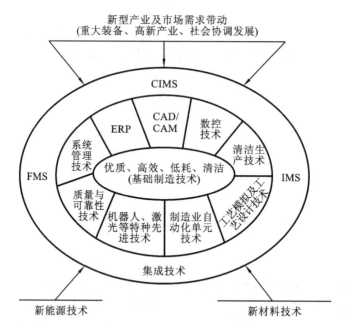

图 7-1　多层次先进制造技术构成

加工、精密测量、毛坯强韧化、精密热处理、优质高效连接技术、功能性防护涂层等。

（2）新型的制造单元技术　第二层次是新型的先进制造单元技术。这是在市场需求及新兴产业的带动下，制造技术与电子、信息、新材料、新能源、环境科学、系统工程、现代管理等高新技术结合而形成的崭新的制造技术，如制造业自动化单元技术、质量与可靠性技术、系统管理技术、CAD/CAM 技术、清洁生产技术、工艺模拟及工艺设计优化技术等。

（3）先进制造集成技术　第三层是先进制造集成技术，是应用信息、计算机和系统管理技术对上述两层次的技术局部或系统集成而形成的先进制造技术的高级阶段，如 FMS、CIMS、IMS 等。

2. 先进制造技术的特点

先进制造技术具有以下特点。

（1）AMT 是面向 21 世纪的动态技术　它不断吸收各种高新技术成果，将其渗透产品的设计、制造、生产管理及市场营销的所有领域及其全部过程，并实现优质、高效、低耗、清洁、灵活的生产。

（2）AMT 是面向工业应用的技术　AMT 不仅包括制造过程本身，还涉及市场调研、产品设计、工艺设计、加工制造、售前售后服务等产品寿命周期的所有内容，并将它们结合成一个有机的整体。

（3）AMT 是驾驭生产的系统工程　AMT 强调计算机技术、信息技术和现代管理技术在产品设计、制造和生产组织管理等方面的应用。

第 7 章　先进制造技术

7.1　先进制造技术概论

7.1.1　先进制造技术的产生与发展

先进制造技术(advanced manufacturing technology,AMT)作为一个专用名词,首先由美国于 20 世纪 80 年代提出。

先进制造技术是指微电子技术、自动化技术、信息技术等先进技术给传统制造技术带来的种种变化与新型系统,主要包括:计算机辅助设计(CAD)、计算机辅助制造(CAM)、集成制造系统(CIMS)等。先进制造技术是在现代制造战略的指导下,集制造技术、电子技术、信息技术、自动化技术、能源技术、材料科学及现代管理技术等众多技术的交叉、融合和渗透而发展起来的,涉及制造业中的产品设计、加工装配、检验测试、经营管理、市场营销等产品生命周期的全过程,以实现优质、高效、低耗、清洁、灵活的生产,提高对动态多变市场的适应能力和竞争能力的一项综合性技术。它是制造业为了适应现代生产环境及市场的动态变化,在传统制造技术基础上通过不断吸收科学技术的最新成果而逐渐发展起来的一个新兴技术群。

AMT 是制造业企业取得竞争优势的必要条件之一,但并非充分条件,其优势还有赖于能充分发挥技术威力的组织管理,有赖于技术、管理和人力资源的有机协调和融合。

7.1.2　先进制造技术的体系结构与特点

1. 先进制造技术的体系结构

先进制造技术不能简单地理解为 CAD、CAM、FMS(柔性制造技术)、CIMS 等各项具体的技术,而是使原材料成为产品而采用的一系列先进技术,该技术是一个不断发展更新的技术体系,具有动态性和相对性。先进制造技术的内涵和层次及其技术构成如图 7-1 所示。它强调从基础制造技术、新型制造单元技术到先进制造集成技术的发展过程。

(1)基础制造技术　第一层次是优质、高效、低耗、清洁基础制造技术。铸造、锻压、焊接、热处理、表面保护、机械加工等基础工艺至今仍是生产中大量采用、经济适用的技术,这些基础工艺经过优化而形成的优质、高效、低耗、清洁基础制造技术是先进制造技术的核心及重要组成部分。这些基础技术主要有精密下料、精密成形、精密

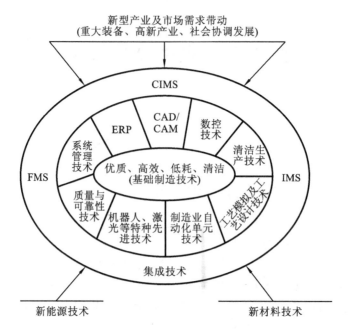

图 7-1　多层次先进制造技术构成

加工、精密测量、毛坯强韧化、精密热处理、优质高效连接技术、功能性防护涂层等。

(2) 新型的制造单元技术　第二层次是新型的先进制造单元技术。这是在市场需求及新兴产业的带动下，制造技术与电子、信息、新材料、新能源、环境科学、系统工程、现代管理等高新技术结合而形成的崭新的制造技术，如制造业自动化单元技术、质量与可靠性技术、系统管理技术、CAD/CAM 技术、清洁生产技术、工艺模拟及工艺设计优化技术等。

(3) 先进制造集成技术　第三层是先进制造集成技术，是应用信息、计算机和系统管理技术对上述两层次的技术局部或系统集成而形成的先进制造技术的高级阶段，如 FMS、CIMS、IMS 等。

2．先进制造技术的特点

先进制造技术具有以下特点。

(1) AMT 是面向 21 世纪的动态技术　它不断吸收各种高新技术成果，将其渗透产品的设计、制造、生产管理及市场营销的所有领域及其全部过程，并实现优质、高效、低耗、清洁、灵活的生产。

(2) AMT 是面向工业应用的技术　AMT 不仅包括制造过程本身，还涉及市场调研、产品设计、工艺设计、加工制造、售前售后服务等产品寿命周期的所有内容，并将它们结合成一个有机的整体。

(3) AMT 是驾驭生产的系统工程　AMT 强调计算机技术、信息技术和现代管理技术在产品设计、制造和生产组织管理等方面的应用。

(4) AMT 强调环境保护　AMT 既要求产品是"绿色商品",又要求产品的生产过程是环保型的。

7.2　计算机辅助设计与制造

计算机的出现和发展,实现了将人类从脑力劳动解放出来的愿望。早在三四十年前,计算机就已作为重要的工具,辅助人类承担一些单调、重复的劳动,如辅助数控编程、工程图样绘制等。在此基础上逐渐出现了计算机辅助设计(CAD)、计算机辅助工艺过程设计(CAPP)及计算机辅助制造(CAM)等概念。本节主要对 CAD/CAM 的概念、功能等基本知识进行简单介绍。

7.2.1　CAD/CAM 基本概念及特点

1. CAD/CAM 基本概念

计算机辅助设计(computer aided design,CAD)是指工程技术人员以计算机为工具完成产品设计过程中的各项任务,并达到提高产品设计质量、缩短产品开发周期、降低产品成本的目的。CAD 主要服务于机械、电子、宇航、建筑、纺织、化工等产品的总体设计、造型设计、结构设计、工艺过程设计等环节。

计算机辅助制造(computer aided making,CAM)有广义和狭义两种定义。广义 CAM 是指借助计算机来完成从生产准备到产品制造出来的过程中的各项活动,包括工艺过程设计(CAPP)、工装设计、计算机辅助数控加工编程、生产作业计划、制造过程控制、质量检测与分析等。狭义 CAM 通常是指 NC 程序编制,包括刀具路径规划、刀位文件生成、刀具轨迹仿真及 NC 代码生成等。CAM 的核心是计算机数字控制(简称数控),数控的特征是由程序指令来控制机床。此后发展了一系列的数控机床,包括称为"加工中心"的多功能机床,它能从刀库中自动换刀。

CAD/CAM 的定义范畴如图 7-2 所示。

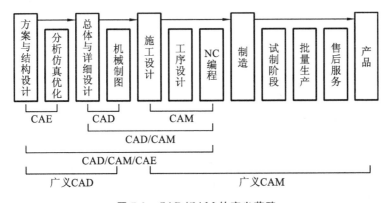

图 7-2　CAD/CAM 的定义范畴

2. CAD/CAM 技术的特点

CAD/CAM 一体化过程如图 7-3 所示。

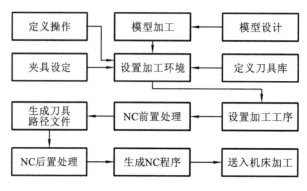

图 7-3 CAD/CAM 一体化过程

在产品设计制造过程中采用 CAD/CAM 技术，使得设计过程具有如下特点。

(1) 先导性 通过产品的"样机设计"或"虚拟设计"，可以让用户实时从屏幕上看到尚未问世的新产品的外观与性能，对其进行多方面的观察和评审，为产品的方案设计与评价提供科学依据。

(2) 演绎性 在产品进入详细设计阶段，CAD 系统可以进行模拟装配和运动仿真，以便及早发现运动机构的碰撞或空间布局中的干涉，避免不必要的反复和各种损失与浪费。

(3) 并行性 在计算机中确立了产品模型和总体布局后，与之配套的各个独立系统、部件组、试验组、生产准备等都可以在总体设计下同时分头进行工作，便于组织和实施并行工程，从而大大加快产品开发的进度。

(4) 动态扩展性 CAD/CAM 系统能方便地输入已有的图样，并对图样上的信息缺陷实现修复，并能根据客户提出的各种设计要求及时修改。

7.2.2 CAD/CAM 系统

1. CAD/CAM 系统的基本组成

系统是指为完成特定任务而由相关部件或要素组成的有机整体。一个完整的 CAD/CAM 系统是由计算机、外围设备及附加生产设备等硬件和控制这些硬件运行的指令、程序及文档即软件组成，通常包含若干功能模块，如图 7-4 所示。

1) CAD/CAM 系统中的硬件系统

(1) 计算机基本系统 计算机基本系统由主机(包括 CPU、主板和内存)、外存(磁盘、光盘)、显示器、键盘和鼠标等组成。主机：包括 CPU、主板和内存。主机的性能主要取决于 CPU 性能，CPU 由控制器、运算器及各种寄存器组成，其性能由主频和寄存器的位数决定。内存：内存直接与 CPU 相连，并直接进行数据读取。内存分为只读存储器 ROM 与随机存取存储器 RAM。8 位二进制数为一个字节。外存：磁

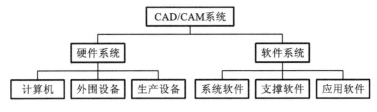

图 7-4　CAD/CAM 系统基本组成

盘、光盘。

(2)输入设备　键盘、鼠标、操纵杆;数字化仪,数字化仪一般用于将纸张图转化成计算机图。图形板、光笔、触摸屏、扫描仪、数字化手套、传感器等。

(3)输出设备　显示器、打印机、绘图仪、生产设备。

(4)网络设备　服务器(用于提供公共服务的高性能计算机,运行网络操作系统)、工作站。电缆:同轴电缆(500 m)、光缆(1 000 m)、双绞线(100 m)。网卡。中继器:用于信号放大,使信息传输更远。网桥:对网络进行分割,平衡网络负载。路由器:LAN 与 WAN 的连接设备,将多个独立网进行连接,实现互联网之间的最佳寻径与数据传输。网关:连接不同体系网络,如不同协议。Novell 与 Ethernet。

2) CAD/CAM 软件系统

软件是一种逻辑实体,是指程序、数据及相关技术文档的总和。根据层次划分,CAD/CAM 软件系统分为系统软件、支撑软件和应用软件。系统软件:面向计算机及网络系统的,实现对计算机及网络的管理,提供用户操作及管理计算机与网络的界面,是其他软件系统的基础。系统软件主要包括操作系统、编程语言、网络通信及其管理三大部分。

(1)操作系统　操作系统的主要功能是:处理器管理、设备管理、存储管理、文件管理与用户接口(界面)。按功能及其工作方式分,操作系统可分为单用户、批处理、实时、分时、网络和分布式六类。DOS 是一个单用户、单任务系统,而 Unix 与 Windows 是多用户分时系统,可由人工干预,实现交互式操作。实时系统不需要人工干预,处理速度快,可靠性高,能够对信息处理的过程进行监控。在 CAD/CAM 系统中,常用的操作系统有:Unix、VMS(工作站),Windows、XENIX(微机)。

(2)编程语言　计算机语言有机器、汇编(低级语言)及高级语言。机器语言是计算机唯一能够识别的语言。用汇编和高级语言编写的程序必须转换成机器语言后才能运行。低级语言依赖计算机硬件程度高,而高级语言几乎不依赖于计算机硬件。低级语言编写的程序比高级语言编写的程序要快。高级语言编写的程序必须经过编译和连接后才能执行。常用的高级语言有 Visual C++、Visual Basic、Java(面向对象编程方法)、Lisp、ProLog 用于人工智能与专家系统。

(3)网络通信及其管理软件　网络通信及其管理软件主要包括网络协议、网络资源管理、网络任务管理、网络安全管理与网络通信浏览工具等。在计算机网络中,不同的计算机系统之间进行信息交换时,必须遵循某种共同的约定与规则,这种约定与规则即为协议。网络协议是按层次划分的。按"开放系统网络标准模式"OSI,网络协议分为七层,即应用层、表示层、会话层、传输层、网络层、链路层和物理层。CAD/CAM 流行的主要网络协议有:MAP(manufacturing automation protocol)用于工厂自动化;TOP(technicality and office protocol)用于技术与办公环境;TCP/IP(transmission control protocol/internet protocol)按报文为传输单位。

2. CAD/CAM 系统的基本功能

在 CAD/CAM 系统中,人们利用计算机完成产品结构描述、工程信息表达、工程信息的传输与转化、信息管理等工作,CAD/CAM 系统应具备以下基本功能(见图 7-5)。

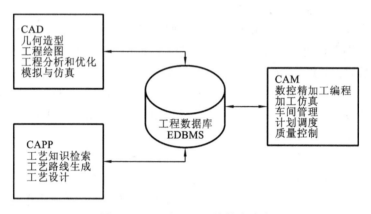

图 7-5 CAD/CAM 系统基本功能

(1) 产品与过程的建模　如何用计算机能够识别的数据(信息)来表达描述产品。如产品形状结构的描述,产品加工特性的描述,如何将有限元分析所需要的网格及边界条件描述出来等。

(2) 图形与图像处理　在 CAD/CAM 系统中,图形图像仍然是产品形状与结构的主要表达形式。因此,如何在计算机中表达图形、对图形进行各种变换、编辑、消隐、光照等处理是 CAD/CAM 的基本功能。

(3) 信息存储与管理　设计与制造过程会产生大量、种类繁多的数据,如设计分析数据、工艺数据、制造数据、管理数据等。数据类型有图形图像、文字数字、声音、视频等;有结构化和非结构化的数据;有动态和静态数据等。怎样将 CAD/CAM 系统产生这些大量的电子信息存储与管理好,是 CAD/CAM 的必备功能。一般采用工程数据库。

(4) 工程分析与优化　计算体积、重心、转动惯量等,机构运动计算、动力学计算、数值计算、优化设计等。

(5) 工程信息传输与交换　信息交换有 CAD/CAM 系统与其他系统的信息交换和同一 CAD/CAM 系统中不同功能模块的信息交换。

(6) 模拟与仿真　为了检察产品的性能,往往需要对产品进行各种试验与测试,需要专门的设备与生产出样品,并具有破坏性,时间长,成本高。通过建立产品或系统的数字化模式,采用计算机模拟技术可以解决这一问题。如加工轨迹仿真,机构运动仿真,工件、刀具和机床碰撞与干涉检验等。

(7) 人机交互　数据输入、路线与方案的选择等,都需要人与计算机进行对话。人机对话交互的方式有软件界面与设备(键盘、鼠标等)。

(8) 信息的输入/输出　信息的输入/输出有人机交互式输入/输出与自动输入/输出。

7.2.3　CAD/CAM 支撑软件和数据库

1. 机械 CAD/CAM 支撑软件

支撑软件不为某一具体应用而设计开发的,只为用户提供应用工具和开发环境。从功能上划分,支撑软件可分为,基本图形资源与自动绘图、几何造型、工程分析与计算、仿真与模拟、专用设备控制程序生成器、集成与管理等六大部分。

(1) 基本图形资源管理与自动绘图软件　基本图形资源软件是根据图形标准或规范实现的软件包,为用户提供的是基本图形及图形操作的程序和函数库。是其他图形软件的基础。常用的有 CGI(计算机图形界面)、GKS(图形软件包)及 PHIGS(程序员等级交互图形系统)等。自动绘图软件提供了各种基本图元与图形基本操作等功能,用户可采用交互式方式完成绘图工作,常用有 AutoCAD,CADKey 等。

(2) 几何建模软件　提供完整的三维几何形状的描述与显示。还具有各种图形渲染及物性计算等功能,常用有 Pro/E、UGII。

(3) 工程分析与计算　利用工程计算及分析软件可完成运动学、动力学、有限元分析等任务,常用的有 Ansys、Nastran 等。

(4) 仿真与模拟软件

(5) 工艺过程设计软件

(6) 管理与集成软件　对各种 CAD/CAM 软件所产生的数据进行管理,采用数据库。常用的数据库有 Oracle、Sybase、MS SQL Server、DB2、Informix。

在系统软件、支撑软件基础之上,专为某种特殊应用开发而成应用软件。如机械标准件图库,公差标注工具,电子元器件。

2. 机械 CAD/CAM 数据库

要解决 CAD/CAM 系统中的数据信息交换问题,首先是解决数据信息集成与共享问题。数据库技术是进行数据集成与共享的最佳技术。

1) 数据库管理特点

(1) 数据模型复杂,在描述数据的同时,也描述数据之间的关系,即数据结构化强。

(2) 数据的共享性好、冗余度低。

(3)数据具有独立性,数据可独立于程序存在,应用程序不必随着数据结构的变化而修改,数据库系统本身具有很强数据操作功能,不需要程序进行数据操作。

(4)数据具有安全性、完整性,数据库系统提供了对数据控制的功能,数据能够得到保护。

(5)数据的正确性、有效性、相容性,即完整性能得到保证。

2)数据库管理系统

数据库系统一般由相应的硬件、软件和数据库管理人员(data base administrator,DBA)及数据构成。数据库管理人员决定数据库的信息内容与存储结构,定义和存储数据库数据;监督与控制对数据库的使用与运行,保证数据的完整性;定义用户权限;维护和改进数据库。数据库是由数据库管理系统(data base management system,DBMS)建立、运行、管理及维护的通用化的、综合性的数据集合。

DBMS是数据库系统的核心。DBMS主要由以下三部分组成。

(1)数据描述语言(data description language,DDL)及其翻译程序,用于描述数据及其之间的关系,实现对数据库的定义。

(2)数据库操纵语言(data manipulation language,DML)及其编译程序,用于存储、检索、编辑数据库数据。

(3)数据库管理例行程序(data base management routiness,DBMR),一般包括系统运行控制程序、语言翻译程序和DBMS的公用程序。

DBMS的功能通常包括以下几个部分。

(1)数据库定义功能 实现对数据的全局逻辑结构、局部逻辑结构、物理存储结构及权限等定义。

(2)数据库管理功能 提供对数据各种应用操作,如增删、排序、查找、统计、输入输出、修改等。

(3)数据库的建立与维护功能 建立、更新、再组织、恢复等功能。

(4)通信功能 与操作系统、应用程序的通信。

(5)其他功能 文件管理、应用开发、存储管理、设备管理等。

7.2.4 CAD/CAM 应用案例

下面介绍采用MasterCAM软件的典型零件造型。

作图7-6所示的连杆造型,并生成加工G代码。图样中所有拔模斜度均为5°。

采用Master CAM软件进行连杆造型的操作步骤如下。

(1)选择特征树的"xy"平面,进入草图绘制状态。

(2)作圆1。"圆心—半径":圆心(70,0,0),R=20。

(3)作圆2。"圆心—半径":圆心(-70,0,0),R=40。

(4)作圆弧3。"圆心—半径":用"切点"方式,R=250。

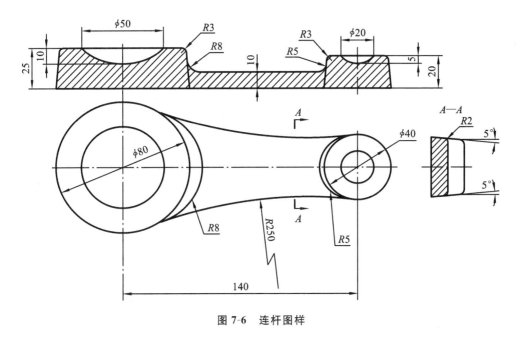

图 7-6 连杆图样

(5) 作圆弧 4。"圆心—半径":用"切点"方式,R=250;得到如图 7-7 所示图形。

(6) 点击"裁剪"图标 ,裁掉多余圆弧段,结果如图 7-8 所示。

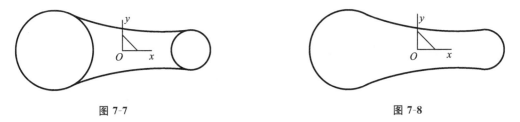

图 7-7　　　　　　　　　　　　　　图 7-8

(7) 退出草图状态,点击"拉伸"图标 ,拉伸深度为 10,拔模角度为 5°,如图 7-9(a)所示,结果如图 7-9(b)所示。

(8) 选择拉伸体的上表面为基面,进入草图绘制状态。

(9) 点击"圆"图标 ,切换到"圆心—半径"方式,按空格键弹出点工具菜单,选择"圆心点",捕捉拉伸体上表面小圆弧的圆心;再按空格键弹出点工具菜单,选择"最近点",捕捉小圆弧上一点,得一圆,退出草图状态。

(10) 点击"拉伸"图标 ,深度为 10,拔模角度为 5°,结果如图 7-10 所示。

(11) 按步骤(8)、(9)、(10),作一个与基体上表面大圆弧同心、等径的圆,然后拉伸,拉伸深度为 15,拔模角度为 5°,如图 7-11 所示。

(12) 选择特征树的"xz"平面,进入草图绘制状态;点击直线图标 ,按空格键

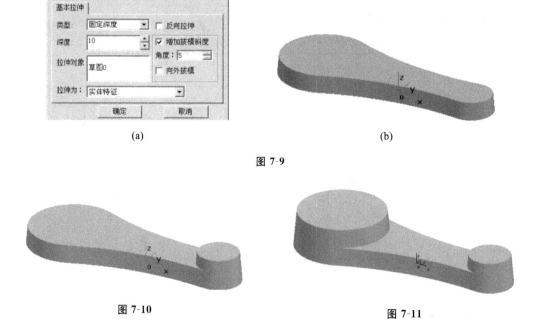

图 7-9

图 7-10

图 7-11

弹出点工具菜单,选择"端点",点击小凸台上表面圆,得到直线第一点;再按空格键弹出点工具菜单,选择"中点",再点击小凸台上表面圆,得到直线第二点。

(13)作步骤(12)所做直线的等距线,等距距离为10,方向向上,再以等距线的中点为圆心,R15为半径,作圆,如图7-12所示。

(14)分别点击裁剪 ✂ 删除 ⌀ 命令,去掉不需要的图线,如图7-13所示。

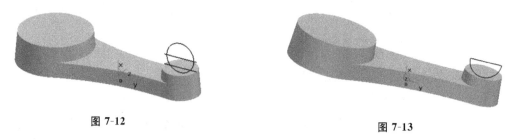

图 7-12

图 7-13

(15)退出草图状态,点击直线图标 ╱ ,按空格键弹出点工具菜单,选择"端点",作一条与步骤(14)半圆图形直径重合的空间直线,如图7-14所示。

(16)点击"旋转除料" ⊛ ,选取空间直线为旋转轴,旋转除料完成后,再删除空间直线,如图7-15所示。

(17)选择特征树的"xz"平面,进入草图绘制状态;点击直线图标 ╱ ,按空格键弹出点工具菜单,选择"端点",点击大凸台上表面圆,得到直线第一点;再按空格键弹

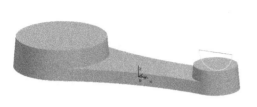
图 7-14

图 7-15

出点工具菜单,选择"中点",再点击大凸台上表面圆,得到直线第二点;作直线的等距线,等距距离为 20,方向向上;再以等距线的中点为圆心,R30 为半径,作圆;裁剪掉不需要的图线,结果如图 7-16 所示。

(18)退出草图状态,点击直线图标 /,按空格键弹出点工具菜单,选择"端点",作一条与步骤(17)半圆图形直径重合的空间直线,如图 7-17 所示。

图 7-16

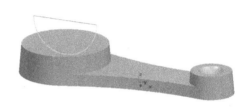
图 7-17

(19)点击"旋转除料" ,选取空间直线为旋转轴,完成大凸台凹坑造型,最后删掉空间直线,得到造型如图 7-18 所示。

(20)点击基本拉伸体的上表面,进入草图绘制状态;点击"相关线"图标 ,选择立即菜单"实体边界",点取图 7-19 所示各边界线。

图 7-18

图 7-19

(21)点击等距线图标 。两腰部边界线等距半径为 6,另两边界为 10,生成的等距线如图 7-20 所示。

(22)点击"曲线过渡"图标 ,圆弧半径 R=6,对等距生成的曲线作过渡,并删除各边界线,结果如图 7-21 所示。

图 7-20　　　　　　　　　　(a)　　　　　　　(b)

　　　　　　　　　　　　　　　　图 7-21

(23)点击"拉伸除料" ，设置深度为 6,拔模角度为 30°,点击"确定",结果如图 7-22 所示。

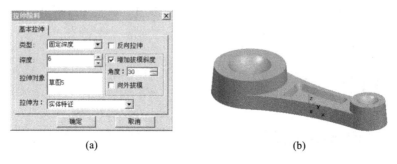

(a)　　　　　　　(b)

图 7-22

(24)点击"过渡"图标 ，半径 R=10,选取大凸台和基本拉伸体的交线,点击"确定",结果如图 7-23 所示。

(25)重复"过渡"命令,改变半径为 R5,点取小凸台和基本拉伸体的交线,点击"确定",完成过渡,如图 7-24 所示。

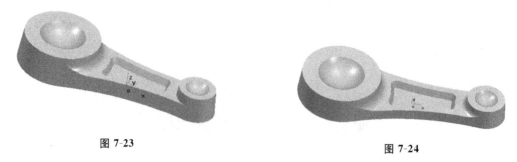

图 7-23　　　　　　　　　　　　　　　　图 7-24

(26)再重复"过渡"命令,改变半径为 R3,拾取相应棱边,点击"确定",最终造型结果如图 7-25 所示。

(27)设定加工毛坯。点取"直线"图标 ，使用"两点线",直接输入以下各点：(-115,-50)、(105,-50)、(105,50)、(-115,50)得出一个矩形,如图 7-26 所示。

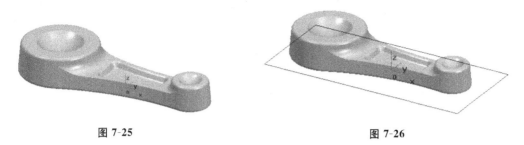

图 7-25　　　　　　　　　　　　　　图 7-26

(28)按"F6"或"F7"键,转换图形显示,作矩形任意一边 Z 轴方向上距离为 30 的等距线,这样,便得到毛坯"拾取两点"方式的两角点,如图 7-27 所示(注意:两角点为长方体的对角点,而不是矩形的对角点)。

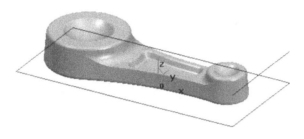

图 7-27

(29)选择"加工"→"定义毛坯",弹出一个对话框,选择两点方式,拾取上步生成的两对角点,得到毛坯如图 7-28 所示。

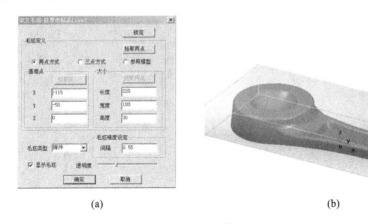

(a)　　　　　　　　　　　　　　　(b)

图 7-28

(30)粗加工。用鼠标点取菜单"加工"→"粗加工"→"等高线粗加工",设置相应粗加工参数。

(31)参数设置确定后,系统提示:"拾取加工对象",选中实体表面,系统将拾取到的所有曲面高亮显示,然后按鼠标右键(见图 7-29)。

(32)自动生成粗加工轨迹,结果如图 7-30 所示。

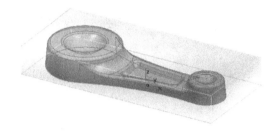

图 7-29

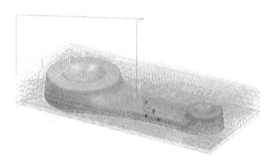

图 7-30

(33)精加工(将粗加工轨迹线隐藏)。点取菜单"加工"→"精加工"→"等高线精加工",弹出精加工参数表,设置各种参数,如图 7-31 所示。

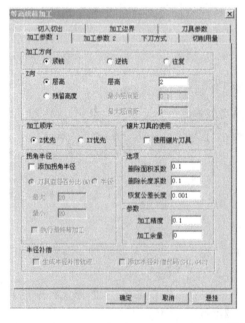

图 7-31

(34)设置确定后,系统提示:"拾取加工对象",选中实体表面,系统将拾取到的所有曲面变红,然后按鼠标右键,自动生成精加工轨迹,结果如图 7-32 所示。

(35)加工仿真。点取菜单"加工"→"轨迹仿真",按系统提示拾取刀具轨迹,按右键结束,系统将进入仿真界面。在仿真界面进行操作,观察加工仿真过程及结果(见图 7-33)。

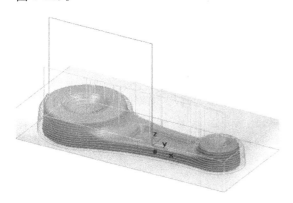
图 7-32

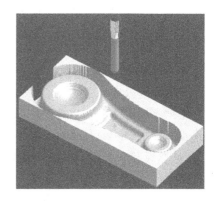
图 7-33

(36)生成 G 代码。执行"加工"→"后置处理"→"生成 G 代码",弹出文件管理对话框,输入文件名,然后按"保存"按钮。拾取生成的刀具轨迹,按鼠标右键,生成 G 代码文件,如图 7-34 所示。

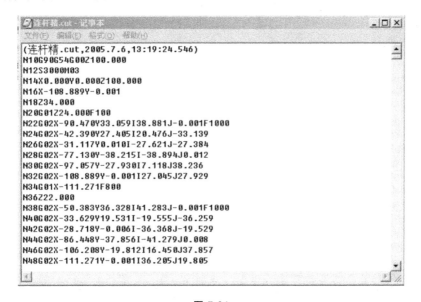
图 7-34

7.3 数控加工技术

数控技术是现代制造技术的基础,CAM 的核心,它的广泛应用使普通机械被数控机械所代替,使全球制造业发生了根本变化。数控技术的水准、拥有和普及程度,已经成为衡量一个国家综合国力和工业现代化水平的重要标志之一。

7.3.1 数控机床

1. 数控机床的组成

用数控机床加工零件,是按照事先编制好的加工程序自动地对零件进行加工。它是把零件的加工工艺路线、刀具运动轨迹、切削参数等,按照数控机床规定的指令代码及程序格式编写成加工程序单,再把程序单的内容输入到数控机床的数控装置中,从而控制机床加工零件。数控加工的过程如图 7-35 所示。

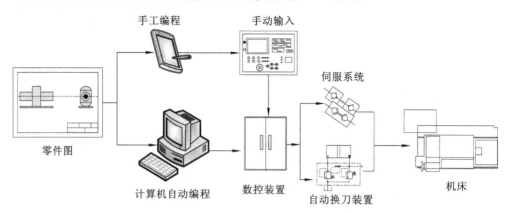

图 7-35 数控加工过程

数控机床由数控系统和机床本体两大部分组成,而数控系统又由输入/输出设备、数控装置、伺服系统、辅助控制装置等部分组成。图 7-36 所示为数控机床的组成示意图。

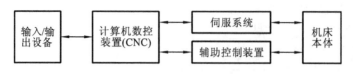

图 7-36 数控机床的组成

输入/输出设备的作用是输入程序,显示命令与图形,打印数据等。数控程序的输入是通过控制介质来实现的,目前,采用较多的方法有通信接口和 MDI 方式。MDI 即手动输入方式,它是利用数控机床控制面板上的键盘,将编写好的程序直接输入到数控系统中,并可通过显示器显示有关内容。随着计算机辅助设计与制造

(CAD/CAM)技术的发展,有些数控机床可利用 CAD/CAM 软件在通用计算机上编程,然后通过计算机与数控机床之间的通信,将程序与数据直接传送给数控装置。

数控装置是数控机床的"指挥中心"。它的功能是接受外部输入的加工程序和各种控制命令,识别这些程序和命令并进行运算处理,然后输出控制命令。在这些控制指令中,除了送给伺服系统的速度和位移指令外,还有送给辅助控制装置的机床辅助动作指令。现在的数控机床一般都采用微型计算机作为数控装置,这种数控装置称为计算机数控(CNC)装置。

数控机床的伺服驱动系统分主轴伺服驱动系统和进给伺服驱动系统。主轴伺服驱动系统用于控制机床主轴的旋转运动,并为机床主轴提供驱动功率和所需的切削力。进给伺服驱动系统是用于机床工作台或刀架坐标的控制系统,控制机床各坐标轴的切削进给运动,并提供切削过程所需的转矩。每一坐标轴方向的进给运动部件配备一套进给伺服驱动系统。相对于数控装置发出的每个脉冲信号,机床的进给运动部件都有一个相应的位移量,此位移量称为脉冲当量,也称为最小设定单位,其值越小,加工精度就越高。

数控装置除对各坐标轴方向的进给运动部件进行速度和位置控制外,还要完成程序中的辅助功能所规定的动作,如主轴电动机的启停和变速,刀具的选择和交换,冷却泵的开关,工件的装夹,分度工作台的转位等。由于可编程序控制器(PLC)具有响应快、性能可靠、易于编程和修改等优点,并可直接驱动机床电器,因此,目前辅助控制装置普遍采用 PLC 控制。

机床本体即为数控机床的机械部分,主要包括主传动装置、进给传动装置、床身、工作台等。与普通机床相比,数控机床的传动装置简单,而机床的刚度和传动精度较高。

2. 数控机床的分类

1) 按工艺用途分类

(1)金属切削类　这类数控机床包括数控车床、数控铣床、数控磨床和加工中心等。加工中心是带有刀库和自动换刀装置的数控机床,它将铣、镗、钻、攻螺纹等功能集中在一台设备上,使其具有多种工艺手段。在加工过程中由程序自动选用和更换刀具。大大提高了生产效率和加工精度。

(2)金属成形类　这类数控机床包括数控板料折弯机、数控弯管机、数控冲床等。

(3)特种加工类　这类数控机床包括数控线切割机床、数控电火花成形机床、数控激光切割机床等。

2) 按可控制轴数与联动轴数分类

可分为 2 轴联动、2 轴半联动、3 轴联动、4 轴联动、5 轴联动等(见图 7-37)。可控制轴数是指数控系统最多可以控制的坐标轴数目,联动轴数是指数控系统按加工要求控制同时运动的坐标轴数目。目前,3 轴联动的数控机床可以加工空间复杂曲面,4 轴、5 轴联动的数控机床可以加工更加复杂的零件。如果可控制轴数为 3 轴,联动轴数为 2 轴,则称为 2 轴半数控机床。

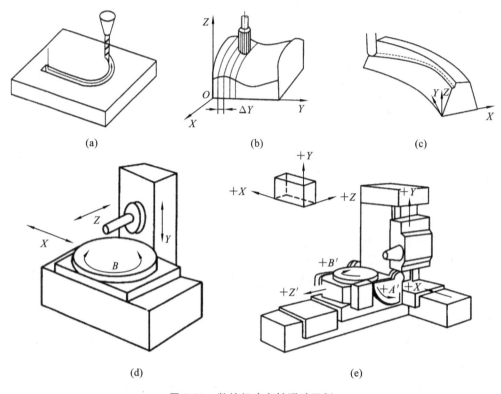

图 7-37　数控机床多轴联动示例

(a)2 轴联动　(b)2 轴半联动　(c)3 轴联动　(d)4 轴联动　(e)5 轴联动

3)按照硬件、软件分类

(1)硬件数控系统(NC)　即早期的数控系统,它的输入、运算、插件、控制功能均由电子管、晶体管、中小规模集成电路组成的逻辑电路来实现。一般来说,不同的数控机床都需要设计专门的逻辑电路。这种硬件线路连接的专用计算机控制系统结构体积庞大,应用性差,可靠性差,功能和灵活性差。

(2)计算机数控系统(computer numerical control system,CNC 系统)　现代的数控系统都是 CNC 系统,它靠执行存储程序来实现各种机床的控制要求,因此 CNC 系统又称为存储程序数控系统或软件数控系统。

4)按伺服系统分类

(1)开环控制　开环控制伺服系统的特点是不带反馈装置,通常使用步进电动机作为伺服执行元件。数控装置发出的指令脉冲,输送到伺服系统中的环行分配器和功率放大器,使步进电动机转过相应的角度,然后通过减速齿轮和丝杠螺母机构,带动工作台和刀架移动。图 7-38 所示为开环控制伺服系统的示意图。开环控制伺服系统对机械部件的传动误差没有补偿和校正,工作台的位移精度完全取决于步进电动机的步距角精度、机械传动机构的传动精度,所以控制精度较低。同时受步进电动机性能的影响,其速度也受到一定的限制。但这种系统结构简单、运行平稳、调试容易、成本低廉,因此适用于经济型数控机床或旧机床的数控化改造。

图 7-38　开环控制伺服系统示意图

（2）闭环控制　闭环控制伺服系统是在移动部件上直接装有位移检测装置,将测得的实际位移值反馈到输入端,与输入信号作比较,用比较后的差值进行补偿,实现移动部件的精确定位。图 7-39 所示为闭环控制伺服系统示意图。闭环控制伺服系统具有位置反馈装置,可以补偿机械传动机构中的各种误差,因而可达到很高的控制精度,一般应用在高精度的数控机床中。由于系统增加了检测、比较和反馈装置,所以结构比较复杂,调试维修比较困难。

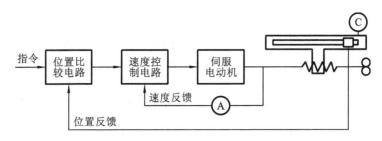

图 7-39　闭环控制伺服系统示意图

（3）半闭环控制　半闭环控制伺服系统是在伺服系统中装有角位移检测装置(如感应同步器或光电编码器),通过检测角位移间接检测移动部件的直线位移,然后将角位移反馈到数控装置。图 7-40 所示为半闭环控制伺服系统示意图。半闭环控制伺服系统没有将丝杠螺母机构、齿轮机构等传动机构包括在闭环中,所以这些传动机构的传动误差仍会影响移动部件的位移精度。但由于将惯性较大的工作台安排在闭环以外,使这种系统调试较容易,稳定性也好。

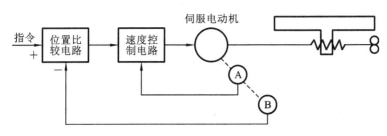

图 7-40　半闭环控制伺服系统示意图

3. 典型数控机床

1) 数控车床

数控车床又称为 CNC 车床,即计算机数字控制车床,是一种高精度、高效率的自动化机床。它具有广泛的加工工艺性能,可加工直线圆柱、斜线圆柱、圆弧和各种螺纹,具有直线插补、圆弧插补各种补偿功能。数控车床是目前国内使用量最大,覆盖面最广的一种数控机床,约占数控机床总数的 25%。数控车床品种繁多,规格不一,可按如下方法进行分类。

(1) 按车床主轴位置分类 数控车床分为立式数控车床和卧式数控车床两种类型。

① 立式数控车床 立式数控车床简称数控立车(见图 7-41(a)),其车床主轴垂直于水平面,一个直径很大的圆形工作台用来装夹工件。这类机床主要用于加工径向尺寸大、轴向尺寸相对较小的大型复杂零件。

② 卧式数控车床 卧式数控车床又分为数控水平导轨卧式车床(见图 7-41(b))和数控倾斜导轨卧式车床,倾斜导轨结构可以使车床具有更大的刚度,并易于排除切屑。

图 7-41 数控车床
(a) 立式数控车床 (b) 卧式数控车床

(2) 按加工零件的基本类型分类。

① 卡盘式数控车床 这类车床没有尾座,适合车削盘类(含短轴类)零件。夹紧方式多为电动或液动控制,卡盘结构多具有可调卡爪或不淬火卡爪(即软卡爪)。

② 顶尖式数控车床 这类车床配有普通尾座或数控尾座,适合车削较长的零件及直径不太大的盘类零件。

(3) 按刀架数量分类。

① 单刀架数控车床 一般都配置有各种形式的单刀架,如四工位转位刀架或多工位转塔式自动转位刀架。

② 双刀架数控车床 这类车床的双刀架配置平行分布,也可以相互垂直分布。

(4) 按功能分类。

① 经济型数控车床　采用步进电动机和单片机对普通车床的车削进给系统进行改造后形成的简易型数控车床,成本较低,自动化程度和功能都比较差,车削加工精度也不高,适用于要求不高的回转类零件的车削加工。

② 普通数控车床　根据车削加工要求在结构上进行专门设计,配备通用数控系统而形成的数控车床。数控系统功能强,自动化程度和加工精度也比较高,适用于一般回转类零件的车削加工。这种数控车床可同时控制两个坐标轴,即 X 轴和 Z 轴。

③ 车削加工中心　在普通数控车床的基础上,增加了 C 轴和动力头,更高档的机床还带有刀库,可控制 X、Z 和 C 三个坐标轴,联动控制轴可以是 (X,Z)、(X,C) 或 (Z,C)。由于增加了 C 轴和铣削动力头,这种数控车床的加工功能大大增强,除可以进行一般车削外,还可以进行径向和轴向铣削、曲面铣削、中心线不在零件回转中心的孔和径向孔的钻削等加工。

(5) 其他分类方法　按数控系统的不同控制方式,数控车床可以分很多种类,如直线控制数控车床,两主轴控制数控车床等;按特殊或专门工艺性能,可分为螺纹数控车床、活塞数控车床、曲轴数控车床等多种。

2) 数控铣床

数控铣床是在普通铣床上集成了数字控制系统,可以在程序代码的控制下较精确地进行铣削加工的机床。数控铣床的加工对象主要有如下几类。

(1) 平面类零件　平面类零件的特点表现在加工表面既可以平行水平面,又可以垂直于水平面,也可以与水平面的夹角成定角;目前,在数控铣床上加工的绝大多数零件属于平面类零件,平面类零件是数控铣削加工中最简单的一类零件,一般只需要用三坐标数控铣床的两轴联动或三轴联动即可加工。在加工过程中,加工面与数控刀具为面接触。

(2) 曲面类零件　曲面类零件的特点是加工表面为空间曲面,在加工过程中,加工面与铣刀始终为点接触。表面精加工多采用球头铣刀进行。

数控铣床可按通用铣床的分类方法分为以下三类(见图7-42)。

(1) 数控立式铣床　数控立式铣床主轴轴线垂直于水平面,这种铣床占数控铣床的大多数,应用范围也最广。目前,三坐标数控立式铣床占数控铣床的大多数,一般可进行三轴联动加工。

(2) 卧式数控铣床　卧式数控铣床的主轴轴线平行于水平面。为了扩大加工范围和扩充功能,卧式数控铣床通常采用增加数控转台或万能数控转台的方式来实现四轴和五轴联动加工。这样,既可以加工工件侧面的连续回转轮廓,又可以实现在一次装夹中通过转台改变零件的加工位置,也就是通常所说的工位,进行多个位置或工作面的加工。

(3) 立卧两用转换铣床　这类铣床的主轴可以进行转换,可在同一台数控铣床上进行立式加工和卧式加工,同时具备立、卧式铣床的功能。

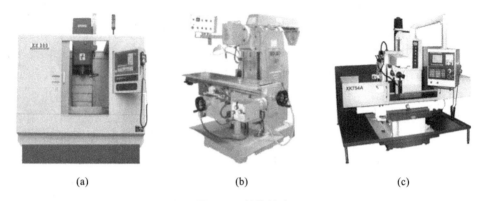

图 7-42 数控铣床

(a)立式数控铣床 (b)卧式数控铣床 (c)立卧两用数控铣床

3) 数控电火花线切割机床

数控电火花线切割机床是利用电火花原理,将工件与加工工具作为极性不同的两个电极,作为工具电极的金属丝(铜丝或钼丝)穿过工件,由计算机按预定的轨迹控制工件的运动,通过两电极间的放电蚀除材料来进行切割加工的一种新型机床。DK7732 数控电火花线切割机床外观如图 7-43 所示。

图 7-43 DK7732 数控电火花线切割机床

数控电火花线切割加工的过程原理如图 7-44 所示,其加工过程主要包含下列三部分内容。

(1)电火花线切割加工时电极丝和工件之间的脉冲放电 电火花线切割时,电极丝接脉冲电源的负极,工件接脉冲电源的正极。在正负极之间加上脉冲电源,当来一个电脉冲时,在电极丝和工件之间产生一次火花放电,在放电通道的中心温度瞬时可

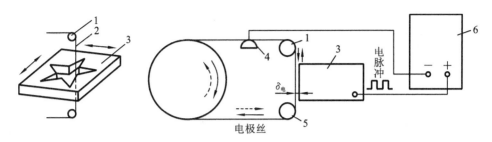

图 7-44 电火花线切割加工原理图
1—上导轮；2—电极丝(钼丝)；3—工件；4—进电块；5—下导轮；6—脉冲电源

高达 10 000 ℃ 以上,高温使工件金属熔化,甚至有少量汽化,高温也使电极丝和工件之间的工作液部分产生汽化,这些汽化后的工作液和金属蒸气瞬间迅速热膨胀,并具有爆炸的特性。这种热膨胀和局部微爆炸,将熔化和汽化了的金属材料抛出,实现对工件材料进行电蚀切割加工。通常认为,电极丝与工件之间的放电间隙在 0.01 mm 左右,若电脉冲的电压高,放电间隙会大一些。

为了电火花加工的顺利进行,必须创造条件保证每来一个电脉冲时,在电极丝和工件之间产生的是火花放电而不是电弧放电。首先必须使两个电脉冲之间有足够的间隔时间,使放电间隙中的介质消电离,即使放电通道中的带电粒子复合为中性粒子,恢复本次放电通道处间隙中介质的绝缘强度,以免总在同一处发生放电而导致电弧放电。一般脉冲间隔应为脉冲宽度的 4 倍以上。

为了保证火花放电时电极丝不被烧断,必须向放电间隙注入大量工作液,以便电极丝得到充分冷却。同时,电极丝必须做高速轴向运动,以避免火花放电总在电极丝的局部位置而被烧断,电极丝速度为 7~10 m/s。高速运动的电极丝还有利于不断向放电间隙中带入新的工作液,同时也有利于将电蚀产物从间隙中带出去。

电火花线切割加工时,为了获得比较好的表面粗糙度和高的尺寸精度,并保证电极丝不被烧断,应选择好相应的脉冲参数,从而使工件和钼丝之间的放电必须是火花放电,而不是电弧放电。

(2) 电火花线切割加工的走丝运动 为了避免电火花放电总在电极丝的局部位置而被烧断,影响加工质量和生产效率。在加工过程中电极丝沿轴向作走丝运动。走丝原理如图 7-45 所示。钼丝整齐地缠绕在储丝筒上,并形成一个闭合状态,走丝电动机带动储丝筒转动时,通过导丝轮使钼丝做轴线运动。

(3) X、Y 坐标工作台运动 工件安装在上下两层的 X、Y 坐标工作台上,分别由步进电动机驱动。工件相对于电极丝的运动轨迹是由线切割编程所决定的。上层工作台的传动如图 7-46 所示。

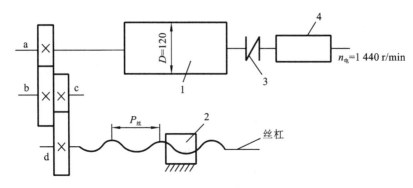

图 7-45 走丝机构原理图

1—储丝筒；2—螺母；3—弹性联轴器；4—走丝电动机

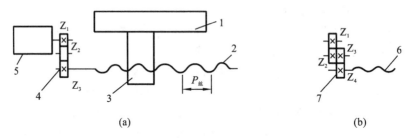

图 7-46 上层工作台的传动示意图

1—工作台；2—丝杠；3—螺母；4—减速齿轮；5—步进电动机；6—丝杠；7—减速齿轮

7.3.2 计算机数控系统

随着计算机技术的发展，数控系统(numerical control system, NC)中的专用计算机被微型计算机所取代，形成了计算机数控系统(computer numerical control system, CNC)。现代的数控系统都是 CNC 系统，它靠执行存储程序来实现各种机床的控制要求，因此 CNC 系统又称为存储程序数控系统或软件数控系统。

CNC 系统按存储在计算机内的控制程序去执行数控装置的一部分或全部功能，在计算机之外的唯一装置是接口。CNC 与硬线数控 NC 的区别：CNC 的许多数控功能是由软件实现的，很容易通过软件的改变来实现数控功能的更改或扩展，因此具有更大的柔性。

1. CNC 系统的组成及功能

CNC 系统由硬件和软件共同完成数控任务，一般主要包括数控装置(CNC)、输入/输出(I/O)装置、驱动控制装置、机床电器逻辑控制装置四个部分，如图 7-47 所示。

从自动控制角度看，数控系统是一种轨迹控制系统，本质上是以多执行部件(各运动轴)的位移量为控制对象并使其协调运动的自动控制系统。CNC 系统的功能通

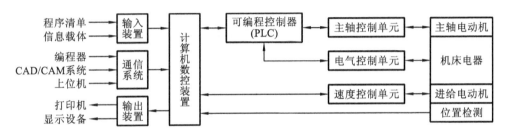

图 7-47 CNC 系统主要组成

常包括基本功能和选择功能,基本功能是数控系统必备的功能,选择功能是供用户根据机床特点和用途进行选择的功能。根据数控机床的类型、用途、档次的不同,CNC 系统的功能有很大差别。CNC 系统的主要功能如下。

(1) 控制功能　通过轴的联动完成轮廓轨迹的加工。

(2) 准备功能　指定机床的运动方式。

(3) 插补功能　就是在工件轮廓的起始点和终点坐标之间进行"数据密化",求取中间点的过程。由于直线和圆弧是构成零件的基本几何元素,所以大多数数控系统都具有直线和圆弧的插补功能。而椭圆、抛物线、螺旋线等复杂曲线的插补,只有高档次的数控系统或特殊需要的数控系统中才具备。

(4) 进给功能　数控系统的进给功能包括快速进给、切削进给、手动连续进给、点动进给、进给倍率修调、自动加减速等功能。

(5) 主轴功能　数控系统的主轴功能包括恒转速控制、恒线速控制、主轴定向停止等。恒线速控制即主轴自动变速,使刀具相对切削点的线速度保持不变。

(6) 刀具补偿功能　刀具补偿功能包括刀具位置补偿、刀具半径补偿和刀具长度补偿。位置补偿是对车刀刀尖位置变化的补偿;半径补偿是对车刀刀尖圆弧半径、铣刀半径的补偿;长度补偿是指沿加工深度方向对刀具长度变化的补偿。

(7) 自诊断功能　CNC 系统中设置有故障诊断程序,以防止故障的发生和扩大。在故障出现后,可以迅速查明故障的类型和部位,便于及时排除故障,以减少故障停机时间。有的 CNC 系统还可以进行远程通信诊断。

(8) 辅助编程功能　除基本的编程功能外,数控系统还有固定循环、镜像、子程序等编程功能。

除上述主要功能外,数控机床还具有图形显示、故障诊断报警、与外部设备的联网及通信等功能。

2. CNC 装置的硬件结构

CNC 装置的硬件结构类型包含大板式结构和功能模板式结构,单微处理器和多微处理器结构,专用型结构和个人计算机型结构,封闭式结构、PC 嵌入 NC 式结构、NC 嵌入 PC 式结构、软件型开放式结构。

1) 大板式结构和功能模块式结构

大板式结构 CNC 装置可由主板、位置控制板、PLC 板、图形控制板和电源单元

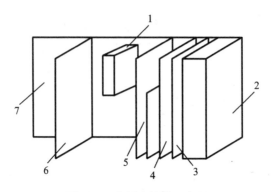

图 7-48 大板式结构示意图

1—PLC；2—电源；3—附加轴控制板；4—ROM/RAM 板；5—通信板；6—光缆；7—主板

等组成(见图 7-48)，各电路板插在主板上，构成 CNC 装置。早期的数控装置采用大板结构，如 FANUC 公司的 3/5/6/7 系列及 A-B 公司的 8601 等，如图 7-49 所示。

功能模块式结构将 CNC 装置按功能划分为模块，硬件和软件的设计都采用模块化设计方法。各模块以积木方式组成 CNC 装置。模块化结构克服了大板结构功能固定的缺点，具有系统扩展性和通用性好，系统设计、维护和升级方便，可靠性高(部分损坏对整机系统影响小)等优点。现代 CNC 采用总线式、模块化结构。如日本 FANUC 的 15/16/18 系统、德国西门子的 840/880 系列及美国 A-B 公司的 8600 系列等。

2) 单微处理器和多微处理器结构

单微处理器结构的 CNC 装置采用集中控制和软件实时调度的方式，分时处理编辑、译码、插补、刀具补偿、位置控制、加工过程监控、显示等各个任务。单处理器结构 CNC 装置的功能受到 CPU 运算速度的限制，为提高处理能力，采取增加硬件插补器、外部 PLC 和浮点协处理器等来提高系统性能。典型的单处理器 CNC 有 FANUC 的 6/7 系列，西门子的 810/820 系列等。

多微处理器结构的 CNC 装置采用模块化结构，把系统控制按功能划分为多个子系统模块，每个子系统分别承担相应的任务，各子系统协调动作，共同完成整个控制任务。子系统之间可采用紧耦合或松耦合方式。紧耦合有集中的操作系统，实现共享资源；松耦合采用多重操作系统，实现并行处理。多微处理器结构的 CNC 装置按照控制模式可分以下三类。

(1)分布式多处理器数控装置　如图 7-50 所示，各微处理器之间均通过一条外部的通信链路连接在一起，它们相互之间的联系及对共享资源的使用都要通过网络技术来实现。

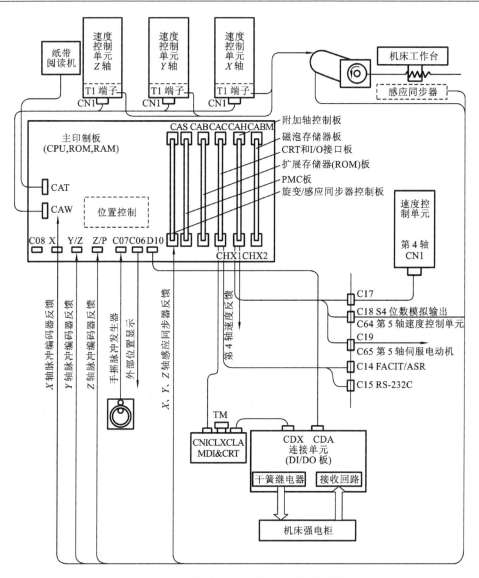

图 7-49 FANUC 6 MB CNC 的大板式数控装置

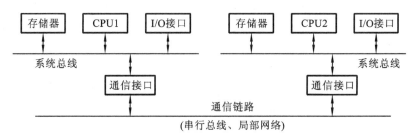

图 7-50 分布式多处理器数控装置

(2) 主从式多处理器数控装置 如图 7-51 所示,各微处理器也都是完整独立的系统。主微处理器通过该总线对从其余微处理器进行控制、监视,并协调多个微处理器系统的操作。

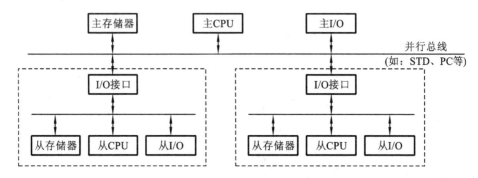

图 7-51 主从式多处理器数控装置

(3) 总线式多处理器数控装置 如图 7-52 所示,各微处理器从逻辑上分不出主从。有一条并行主总线连接多 CPU 系统。系统利用总线仲裁器解决多个主 CPU 争用并行总线的问题。

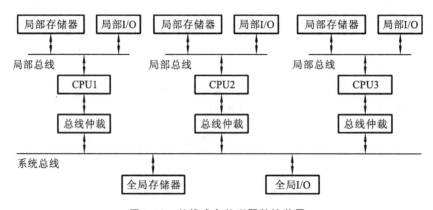

图 7-52 总线式多处理器数控装置

3) 专用型结构和个人计算机型结构

专用型结构的 CNC 装置的硬件由各制造厂专门设计和制造,布局合理,结构紧凑,专用性强。但硬件之间彼此不能交换和替代,没有通用性。典型的专用型结构 CNC 装置有 FANUC 数控装置、SIEMENS 数控装置、美国 A-B 数控装置等。

个人计算机型结构的 CNC 装置以工业 PC 机作为核心支撑平台,再由各数控机床制造厂根据需要,插入自己的控制卡和数控软件,构成个性化数控装置。

4) 封闭式结构、PC 嵌入 NC 式结构、NC 嵌入 PC 式结构和软件型开放式结构

按 CNC 装置的开放程度,可分为封闭式结构、PC 嵌入 NC 式结构、NC 嵌入 PC 式结构、软件型开放式结构。

(1)封闭式结构的CNC装置对系统的功能扩展、改变和维修,都必须求助于系统供应商。传统CNC装置大多是封闭性结构,如FANUC 0系统、MITSUBISHIM 50系统、SIEMENS 810系统等都是专用的封闭体系结构的数控装置。目前,这类数控装置还是占领了制造业的大部分市场。随着开放体系结构数控装置的发展,传统数控系统的市场正在受到挑战。

(2)PC嵌入NC式结构的CNC装置改善了数控装置的人机界面、图形显示、切削仿真、网络通信、生产管理、编程和诊断等功能,并使数控装置具有较好的开放性。这类数控装置具有一定的开放性,但其NC部分仍然是传统的,体系结构还是不开放,用户无法介入数控装置的核心。特点:结构复杂、功能强大、价格昂贵。FANUC 150/160/180/210系列和SIEMENS 840D CNC(见图7-53)都是典型的"PC嵌入NC"式数控结构。

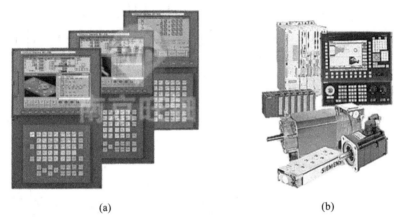

(a)　　　　　　　　　　　(b)

图7-53　典型的"PC嵌入NC"式数控结构
(a)FANUC 150/160/180/210系列　(b)SIEMENS 840D CNC

(3)NC嵌入PC式结构的CNC装置具有很强的运动控制和PLC控制能力,开放性很好,用户可以自行开发,用来构成自己的数控产品或使用在生产线上。已被广泛应用于制造业自动化控制各个领域。如美国Delta Tau公司用PMAC多轴运动控制卡构造的PMAC NC数控装置、日本MAZAK公司用三菱电机MELDAS MAGIC 64构造的MAZATROL 640数控装置等。

(4)软件型开放式结构的CNC装置所用的I/O接口和伺服接口卡仅是计算机与伺服驱动和外部I/O之间的标准化通用接口,可以是数字、模拟或现场总线接口,通常不带CPU。该结构的CNC装置实现了控制器的PC化和控制方案的软件化,具有最高的性能价格比,因而最有生命力。典型产品如美国MDSI公司的OpenCNC和SoftServo公司的ServoWorks、德国Power Automation公司的PAS000NT以及美国国家标准技术协会的增强型机床控制器(enhanced machine controller,EMC)——Linux CNC方案等。

3. CNC装置的软件结构

1) CNC装置的软件构成

CNC装置的软件是为完成CNC系统的各项功能而专门设计和编制的,是数控系统的一种专用软件,又称为系统软件(系统程序)。现代数控机床的功能大都采用软件来实现,所以,系统软件的设计及功能是CNC系统的关键。现代CNC系统软件包括管理软件和控制软件,如图7-54所示。目前,不同厂家的CNC装置的功能和控制方案也不同,因而各系统软件在结构上和规模上差别较大,各厂家的软件互不兼容。

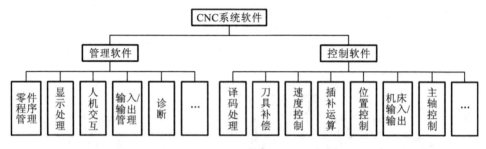

图7-54 CNC装置的软件构成

2) CNC系统的软硬件界面

在CNC系统中,软件和硬件在逻辑上是等价的,即由硬件完成的工作原则上也可以由软件来完成。CNC系统中软、硬件的分配比例是由性能价格比决定的。几种典型CNC系统的软硬件界面如图7-55所示。

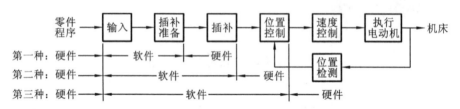

图7-55 三种典型的CNC系统软硬件界面

3) CNC装置的软件结构特点

(1) 多任务处理　CNC装置是一个专用的实时多任务计算机系统。

(2) 并行处理　同一时间内完成两种或两种以上相同或不同性质的工作,有"资源重复"法、"时间重叠"法和"资源共享"法等方法。在CNC装置的软件中,主要采用"资源分时共享"(见图7-56)和"资源重叠的流水处理"(见图7-57)方法。一条指令执行完后,后续指令的衔接方式有三种:顺序方式、重叠方式和流水方式。

(3) 实时中断处理　数控软件中一些子程序的实时性很强,决定了中断成为整个系统不可缺少的重要组成部分。CNC装置的中断管理主要由硬件完成,中断结构决定了软件结构。中断类型有:外部中断、内部定时器中断、硬件故障中断、程序性中断。

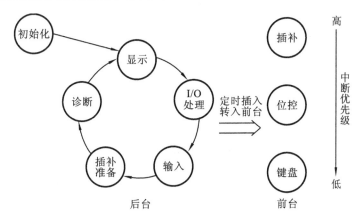

图 7-56 典型 CNC 系统多任务分时共享 CPU

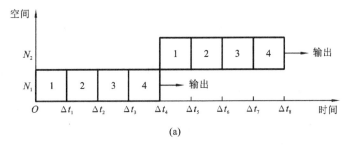

(a)

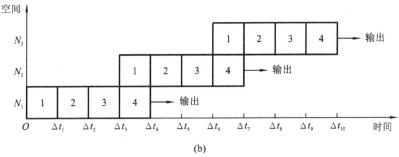

(b)

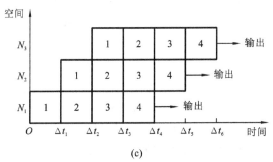

(c)

图 7-57 时间重叠流水处理
(a)顺序方式 (b)重叠方式 (c)流水方式

7.3.3 数控加工程序编制基础

1. 数控程序编制的概念

数控编程是指从零件图样到获得数控加工程序的全部工作过程。其编程的内容及步骤见图 7-58。

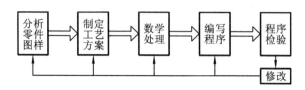

图 7-58 数控程序编制的内容及步骤

数控程序编制的方法可分为手工编程和计算机辅助编程两类。

(1) 手工编程 手工编程指从零件图样分析到编制零件加工程序和制作控制介质的全部过程都是由人工完成的编程。手工编程流程如图 7-59 所示。由于手工编程每个点的坐标值都要计算,与计算机编程相比,手工编程具有工作量大、烦琐、易出错等缺点。

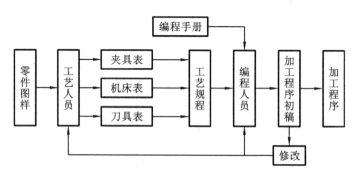

图 7-59 手工编程流程图

(2) 计算机自动编程 对于三维以上的复杂零件程序,由于数学运算处理复杂,只能借助于计算机进行辅助编程,也称自动编程。计算机辅助编程分为数控语言编程(词汇语言编程、符号语言编程)和图形交互式编程(CAD/CAM 自动编程、CAD/CAPP/CAM 全自动编程)两类。数控语言编程是由编程员根据零件图样和有关加工工艺要求,用专用的数控编程语言来描述整个零件加工过程的程序编辑方法。数控语言是由字母、数字及规定好的一套基本符号,按一定的词法及语法规则组成的语言,用来描述加工零件的几何形状、几何元素间的相互关系及加工过程、工艺参数等。图形交互编程是指编程人员只需根据零件图样的要求,通过编程软件,并按照自动编程系统的规定,由计算机自动进行程序编制的编辑方法,其流程见图 7-60。

2. 数控加工程序基本字

在数控加工程序中,字符是用来组织、控制或表示数据的一些符号,如数字、字

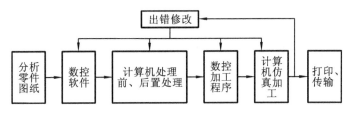

图 7-60 图形交互式编程流程

母、标点符号和数学运算符等。字是指一系列按规定排列的字符,作为一个信息单元存储、传递和操作。字是由一个英文字母与随后的若干位十进制数字组成。其中英文字母称为地址符。例如:"Y 200"是一个字,Y 是地址符,数字 200 为地址中的内容。

在每一个数控装置中,各个字有其特定的功能含义。以 FANUC 数控装置为例,该系统中基本功能字如下。

1)顺序号字 N

顺序号又称程序段号或程序段序号。顺序号位于程序段之首,由顺序号字 N 和其后的数字组成。

2)准备功能代码(G 代码)

准备功能代码用来规定刀具和工件的相对运动轨迹、机床坐标系、坐标平面、刀具补偿、坐标偏置等多种加工操作。准备功能代码有两种模态:模态式 G 代码和非模态式 G 代码。模态式 G 代码是指该代码一经执行,就一直保持有效,只有当同组别的其他代码出现时,才能取代。非模态式 G 代码只限定在被指定的程序段中有效,其作用不具延伸性,其他代码出现时,其功能即被取消。

3)辅助功能代码(M 代码)

辅助功能代码主要用于机床加工操作时的工艺性指令,如主轴的启停、切削液的开关、程序的暂停和停止结束等。主要的 M 代码如表 7-1 所示。

表 7-1 FANUC 系统中主要的 M 代码

M 代码	代码含义	M 代码	代码含义
M00	程序停止	M05	主轴停止
M01	选择停止	M06	换刀循环指令
M02	程序结束	M08	冷却液开
M03	主轴正转(顺时针旋转)	M09	冷却液关
M04	主轴反转(逆时针旋转)	M30	程序结束

4)进给速度代码(F 代码)

F 代码为进给速度代码,例如:F100 表示进给速度为 100 mm/min。F 代码主要适应于 G01、G02、G03 等移动指令。例如:G01 X×× Y×× F100 表示刀具以 100 mm/min 的速度进行直线切削加工。

5) 主轴转速代码(S 代码)

S 代码为主轴转速代码,例如:S1000 表示主轴以 1 000 r/min 的速度旋转。S 代码常与 M03、M04、M13、M14 指令一起配合使用。例如:M03 S1000 表示主轴以 1 000 r/min 的速度正转;M04 S1000 表示主轴以 1 000 r/min 的速度反转。

6) 刀具号代码(T 代码)

如 T08 表示第 8 号刀具。T 代码常与 M06 指令一起配合使用。例如:T08 M06 表示调用第 8 号刀至主轴上。

7) 尺寸字

尺寸字用于确定机床上刀具运动终点的坐标位置。

3. 数控加工程序的格式

1) 程序段格式

零件的加工程序是由程序段组成的,每个程序段由若干个数据字组成,每个字是控制系统的具体指令,它是由表示地址的英文字母、特殊文字和数字集合组成的。程序段格式是指一个程序段中字的顺序、地址的表示,是一个程序段中字、字符、数据的书写规则,以及一个字的字符数以及与上一个程序段相同的字等在控制介质上的表示形式。通常以字_地址程序段格式来表示。

字_地址程序段格式是由语句号字、数据字和程序段结束符组成。每个字的前面有地址,各个字的排列顺序要求不严格,数据的位数可多可少,不需要的字以及与上一程序段相同的模态字可以不写。

其格式为　　　N_G_X_Y_Z_F_S_T_M_结束符

其中:N——顺序号(语句号字);

G——准备功能字符串;

X_Y_Z_——尺寸字字符串;

F——进给功能字符串;

S——主轴转速功能字符串;

T——刀具功能字符串;

M——辅助功能字符串。

2) 加工程序的一般格式

根据数控装置本身的特点及编程的需要,都有一定的程序格式。对于不同的机床,其程序的格式也不同。不论是那种系统,一个完整的程序都由程序号、程序内容和程序结束三部分组成。

(1) 程序的开始符和结束符。

(2) 程序号,即程序的开始部分。为了区别存储器中的程序,每个程序都要有程序编号,在编号前采用程序编号地址码。

(3) 程序内容,该部分是整个程序的核心,它由许多程序段组成,每个程序段由一个或多个指令构成,表示数控机床要完成的全部动作。

(4) 程序结束,以程序结束指令 M02 或 M30 作为整个程序结束的符号,来结束整个程序。

4. 数控机床的坐标系

为便于对数控机床各方向的运动部件进行控制,就需要建立机床的坐标系统。对某一台数控机床来说,机床的坐标数是指有几个运动方向采用了数字控制。例如:一台数控车床,其 X 和 Z 方向的运动采用了数字控制,则它是一台两坐标的数控车床;一台数控铣床,其 X、Y、Z 三个方向的运动都采用了数字控制,则它是一台三坐标的数控铣床。还有四坐标、五坐标的数控机床。

1) 机床坐标系的确定

为正确控制数控机床的运动,简化编程,提高数据通用性,有关标准对数控机床坐标轴及运动方向作了规定。

(1) 机床相对运动的规定 不论机床的具体结构是工件静止、刀具运动,还是工件运动、刀具静止,确定坐标系时,一律看成是工件相对静止、刀具运动。

(2) 机床坐标系的规定 机床的直线运动 X、Y、Z 采用右手直角坐标系(笛卡儿坐标系)。右手的大拇指、食指和中指互相垂直,拇指的方向为 X 坐标轴的正方向,食指为 Y 坐标轴的正方向,中指的方向为 Z 坐标轴的正方向。机床的三个旋转运动 A、B、C 分别平行于 X、Y、Z 坐标轴,其运动方向按右手螺旋定则确定。分别以大拇指指向 $+X$、$+Y$、$+Z$ 的方向,其余四指的环绕方向分别为 $+A$、$+B$、$+C$ 轴的旋转方向(见图 7-61)。

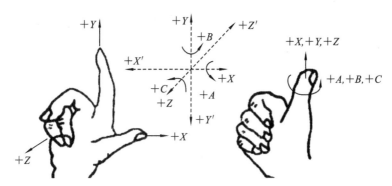

图 7-61 右手直角坐标系

(3) 运动方向的规定 增大刀具与工件距离的方向即为各坐标轴的正方向。

2) 坐标轴方向的确定

通常,把传递切削力的主轴称为 Z 轴;X 轴一般平行于工件装夹面且与 Z 轴垂直;Y 轴垂直于 Z 轴和 X 轴,其方向按右手定则决定。

3) 机床原点的设置

机床原点是机床上固有的一个点,即机床坐标系的原点。机床坐标系是机床运动和编制数控程序的基础,只有建立了确定的坐标后,才能正确进行数值计算与编制数控程序,控制机床按预定的要求运动。

(1) 数控车床的原点　在数控车床上,机床原点一般设在卡盘端面与主轴中心线的交点处。也可以设在 X、Z 坐标轴正方向的极限位置处。

(2) 数控铣床和加工中心的原点　在数控铣床和加工中心上,机床原点一般设在 X、Y、Z 坐标轴正方向的极限位置处。

为了在机床工作时能正确建立机床坐标系,通常,在机床启动时先进行机床回零操作,从而建立机床坐标系。

机床参考点是用于对机床的运动进行检测和控制的固定位置点。通常,参考点对机床原点的坐标值是一个已知数。在数控铣床上,机床原点和机床参考点是重合的;在数控车床上,机床参考点是离机床原点最远的极限点。机床参考点具有"建立机床坐标系,消除由于漂移、变形等造成的误差"两个主要作用。

5. 编程坐标系和加工坐标系

编程坐标系是编程人员根据零件图样及机械加工工艺规程建立的基准坐标系。编程坐标系的基准点称为编程原点。注意:编程原点应尽量选择在零件图样的设计基准或工艺基准上,编程坐标系中各轴的方向应与所使用的数控机床相应的坐标轴方向一致。

加工坐标系是指以确定的加工原点为基准所建立的坐标系,即加工坐标系与编程坐标系重合。加工坐标系的设定方法有:方法一,在机床坐标系中直接设定加工原点;方法二,通过刀具起始点来设定加工坐标系。

7.3.4　数控编程操作与加工工艺案例

1. G 指令编程应用举例

分别采用绝对坐标和相对坐标对图 7-62 所示轮廓进行编程。

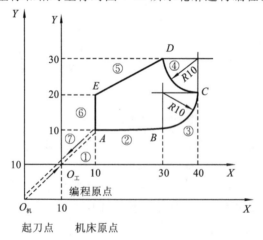

图 7-62　轮廓零件实例

绝对坐标编程的程序	相对坐标编程的程序
G92X－10Y－107	G92X－10Y－107
G90G17G00X10Y107	G91G17G00X20Y207
G01X30F1007	G01X20Y0F1007
G03X40Y20I0J－107	G03X10Y10I0J－107
G02X30Y30I0J－107	G02X－10Y10I0J－107
G01X10Y207	G01X－20Y－107
Y107	Y－107
G00X－10Y－10M027	G00X－20Y－20M027

2. 数控车床编程案例

采用数控车床编程加工如图 7-63 所示零件。毛坯材料为 ϕ70 mm，最大切削深度为 3 mm，1#外圆刀，2#切断刀。

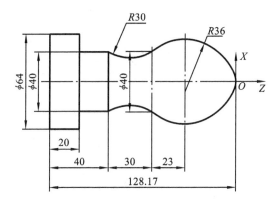

图 7-63 数控车床的加工零件

%1234
M03 S500
T0101
G00 X75 Z0
G01 X0 F60
G00 X70 Z2
G71 U3 R1 P5 Q10 X0.3 Z0.1 F100
N5 G00 X0 Z02
G01 X0 Z0 F60
G03 X40 Z－58.17 R36
G02 X40 Z－88.17 R30
G01 X40 Z－108.17
G01 X64 Z－108.17

N10 X64 Z−132.17
G00 X80
G00 Z100
T0202
G00 X64 Z−132.17
G01 X0 Z−132.17 F60
G00 X70
G00 Z100
M05
M30

3. 数控铣床编程案例

采用数控铣床编程加工如图 7-64 所示零件。材料尺寸 170 mm×96 mm×30 mm,加工深度为 2.5 mm,刀具直径分别为 $\phi 8$、$\phi 10$、$\phi 12$ mm。

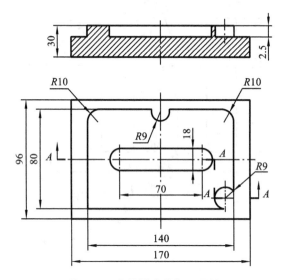

图 7-64 数控铣床的加工零件

第一步:加工外轮廓(加工图样见图 7-65)。

%1234	程序名
G90G21G54	
M03 S800	正转,800 r/min
G00 X0 Y0 Z5	快速移动到安全平面
G00 X−105 Y−68 Z5	
G01 X−105 Y−68 Z−2.5	加工深度
G41 D1 G01 X−70 Y−40	刀补(1)
G01 X−70 Y30	刀补(2)

G02 X−60 Y40 R10	刀补(3)	
G01 X−9 Y40	刀补(4)	
G03 X9 Y40 R9	刀补(5)	
G01 X60 Y40	刀补(6)	
G02 X70 Y30 R10	刀补(7)	
G01 X70 Y−31	刀补(8)	
G03 X52 Y−31 R9	刀补(9)	
G03 X61 Y40 R9	刀补(10)	
G01 X−80 Y−40	加工完毕	
G00 X−80 Y−40 Z5	回到安全平面	
G40 D1 G00 X0 Y0 Z5	取消刀补	

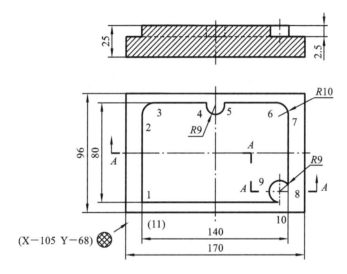

图形外轮廓的坐标点的值：
1：X−70,Y−40 2：X−70,Y30 3：X−60,Y40
4：X−9,Y40 5：X9,Y40 6：X60,Y40 7：X70,Y30
8：X70,Y−31 9：X52,Y−31 110：X61,Y−40 11：X−80,Y−40

图 7-65　外轮廓加工图

第二步：加工腰圆槽（加工图样见图 7-66）。

G00 X0 Y0 Z5	
G01 X0 Y0 Z−2.5	加工深度
G01 X10 Y9	任意点(1)
G01 X35 Y9	任意点(2)
G02 X35 Y−9	任意点(3)
G01 X−35 Y−9	任意点(4)
G02 X−35 Y9	任意点(5)

```
G01 X15 Y9              任意点(6)加工完毕
G01 X15 Y9 Z5           回到安全平面
G40 D1 X0 Y0            取消刀补
G00 X0 Y0 Z100          检查工件
M05                     主轴停止
M30                     程序结束
```

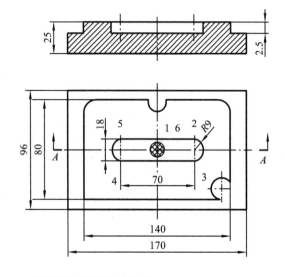

图形外轮廓的坐标点的值：
1: X10,Y9 2: X35,Y9 3: X35,Y-9 4: X-35,Y-9
5: X-35,Y9 6: X20,Y9

图 7-66 腰圆槽加工图

7.4 计算机辅助工艺过程设计

本节主要介绍计算机辅助工艺过程设计(computer aided process planning, CAPP)的原理及组成，CAPP 在 CAD/CAM 系统中的作用，以检索式和派生式 CAPP 为主，零件分组。

7.4.1 CAPP 的基本概念

计算机辅助工艺过程设计是指在工艺人员借助于计算机，根据产品设计阶段给出的信息和产品制造工艺要求，以系统、科学的方法交互地或自动确定产品从毛坯到成品的整个加工技术过程方法和方案，如定位基准的选择，加工工艺路线的设计，加工余量、公差、加工设备、切削用量的确定，检查设备及方法，定额工时的计算，最后生成加工时所需要的各种工艺文件(如生产工艺流程图、加工工艺过程卡、加工工艺卡、工艺管理文件等)。

工艺设计是一项经验性的工作,影响工艺的因素非常多(设备、人员、材料、成本、批量等),且容易出错。多品种的小批量生产和多品种的大规模定制的生产方式,使得传统的工艺设计方式不能满足需要。借助计算机完成工艺设计工作,不仅可以大大减轻劳动量,更重要的是便于知识的积累和数据管理、系统的集成。经过多年的发展,CAPP取得了重大的突破,但还有许多问题有待解决,如工艺知识的描述等。随着CAD/CAM系统向集成化、智能化的发展及并行工作模式的出现等,对CAPP提出了新的要求,如一端向ERP的方向发展,而另一端向自动生成NC指令的方向发展。

7.4.2 CAPP原理

1. CAPP的组成与基本结构

CAPP系统的主要组成(见图7-67)模块包括以下几个部分。

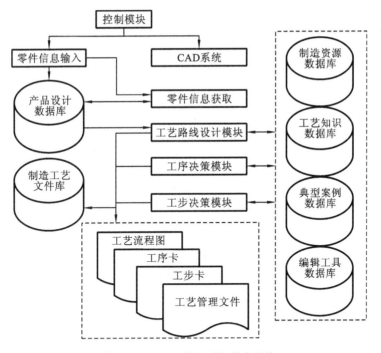

图7-67 CAPP的组成与基本结构

(1)控制模块　协调、控制获取产品信息的方式。

(2)零件信息获取模块　用于人工或从CAD系统中或从集成的环境下统一的产品模型中输入信息。

(3)工艺过程设计模块　用于进行加工工艺流程决策,生成工艺过程卡。

(4)工序决策模块　选择加工设备、安装方式、加工要求,生成工序卡。

(5)工步决策模块　选择刀具轨迹、加工参数,生成刀位文件等。
(6)输出模块　输出工艺卡、工序卡、工序图。
(7)数据库　包括产品设计数据库、制造资源数据库、工艺知识数据库、典型案例等。

2. CAPP的类型及其工作原理

按工艺决策方式的不同,可将CAPP分为检索式、派生式和创成式三大类。

1)检索式CAPP

检索式CAPP工作原理:将企业现行的各零件的工艺文件,根据产品和零件图号,存入工艺数据库中。进行工艺设计时,可以根据产品或零件图号,在工艺数据库中检索相关类似零件的工艺文件,检索后,由工艺人员采用交互式修改,得到零件的最终加工工艺,如图7-68所示。

检索式CAPP的功能弱,没有决策能力,决策由人工完成。由于企业零件在结构和工艺方面有很大的相似性,因此检索式CAPP会大大提高工艺人员的工作效率和质量。检索式CAPP开发简单、使用方便,实用性强,与现行工艺设计方式相同。检索式CAPP在企业应用非常广泛。

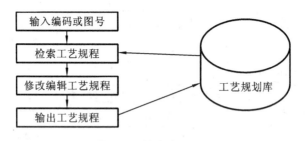

图7-68　检索式CAPP

2)派生式CAPP

派生式CAPP原理:利用零件成组GT代码,将零件根据结构和工艺的相似性进行分组,针对每一个零件组编制典型工艺,即主样件工艺。在工艺设计时,首先根据零件的GT代码,确定零件所属的零件组,检索出该零件组的典型工艺,对该典型工艺进行修改,如图7-69所示。派生式CAPP工作原理简单,开发和使用方便,是目前应用最广的一种系统。但其适应性不强,只能针对企业具体产品的特点开发。

3)创成式CAPP

创成式CAPP工作原理与派生式CAPP和检索式CAPP不同,它是根据零件的信息,通过逻辑推理规则、公式和算法等,自动进行工艺决策,自动生成工艺规程,如图7-70所示。由于工艺决策过程复杂,需要许多人的主观经验,工艺过程建模困难。因此创成式CAPP应用还不广泛。一般与检索式CAPP和派生式CAPP混合使用。

3. CAPP的工作过程与步骤

CAPP的工作过程与步骤包括:零件信息输入,毛坯信息生产,工艺路线和工序内容的拟定,加工设备和工艺装备的确定,工艺参数计算,工艺方案的确定,工艺文件输出,如图 7-71 所示。

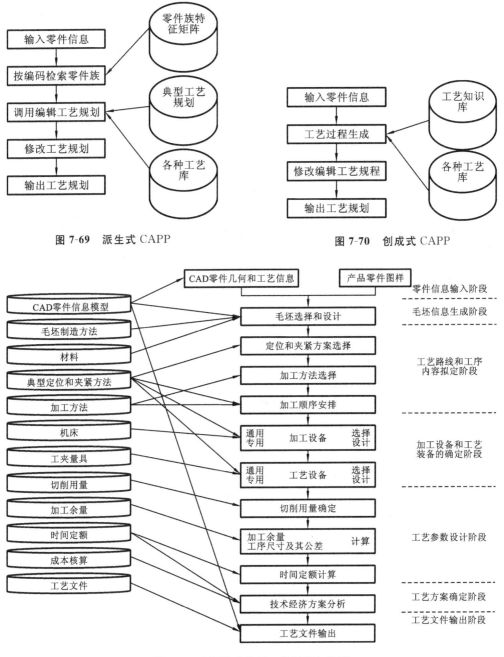

图 7-69 派生式 CAPP

图 7-70 创成式 CAPP

图 7-71 CAPP 系统的工作过程与步骤

7.5 计算机集成制造系统

7.5.1 计算机集成制造系统的基本概念及系统构成

1. 计算机集成制造系统的基本概念

计算机集成制造系统（computer integrated manufacturing system，CIMS）是将信息技术、现代管理技术和制造技术相结合，并应用于企业产品全生命周期（从市场需求分析到最终报废处理）的各个阶段；通过信息集成、过程优化及资源优化，实现物流、信息流、价值流的集成和优化运行，达到人（组织、管理）、经营和技术三要素的集成，以达到降低成本 C（cost）、提高质量 Q（quality）、缩短交货周期 T（time）等目的，从而提高企业的创新设计能力、市场应变能力和竞争能力。

CIMS 是随着计算机辅助设计与制造的发展而产生的。它是在信息技术自动化技术与制造的基础上，通过计算机技术把分散在产品设计制造过程中各种孤立的自动化子系统有机地集成起来，形成适用于多品种、小批量生产，实现整体效益的集成化和智能化制造系统。

当前，CIMS 已经改变为"现代集成制造（contemporary integrated manufacturing）与现代集成制造系统（contemporary integrated manufacturing system）"，已在广度与深度上拓展了原 CIM/CIMS 的内涵。

2. CIMS 的系统结构

CIMS 从生产工艺方面分，CIMS 可大致分为离散型制造业、连续性制造业和混合型制造业三种；从体系结构来分，CIMS 也可以分成集中性、分散性和混合型三种。一般 CIMS 包括四个应用子系统和两个支持子系统（见图 7-72），其中四个应用子系统也构成了 CIMS 的功能。

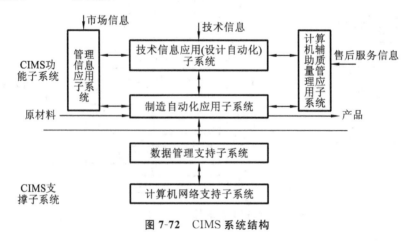

图 7-72 CIMS 系统结构

（1）管理信息应用子系统（MIS）　具有生产计划与控制、经营管理、销售管理、采购管理、财会管理等功能,处理生产任务方面的信息。

（2）技术信息应用子系统（CAD&CAPP）　由计算机辅助设计、计算机辅助工艺规程编制和数控程序编制等功能组成,用以支持产品的设计和工艺准备,处理有关产品结构方面的信息。

（3）制造自动化应用子系统（CAM）　也可称为计算机辅助制造子系统,它包括各种不同自动化程度的制造设备和子系统,用来实现信息流对物流的控制和完成物流的转换,它是信息流和物流的接合部,用来支持企业的制造功能。包括直接数控系统DNC,计算机数控系统CNC,车间生产计划、作业调度、刀具管理、质量检测与控制,装配,自动化仓库,柔性制造单元/柔性制造系统FMC/FMS等。

（4）计算机辅助质量管理应用子系统（CAQ）　具有制订质量管理计划、实施质量管理、处理质量方面信息、支持质量保证等功能。

（5）数据管理支持子系统　用以管理整个CIMS的数据,实现数据的集成与共享。

（6）计算机网络支持子系统　用以传递CIMS各分系统之间和分系统内部的信息,实现CIMS的数据传递和系统通信功能。

7.5.2　CIMS中的集成技术

CIMS集成技术经历了从"信息集成→过程集成→企业集成"的发展过程。

1. 信息集成技术

信息集成是针对设计、管理与加工制造中大量存在的自动化孤岛,解决其信息的正确、高效共享和交换,改善产品的T、Q、C、S。早期信息集成的实现方法主要通过局域网和数据库来实现。近期采用企业网、外联网、产品数据管理（PDM）、集成平台和框架技术来实施。异构环境下的信息集成主要是不同通信协议间的共存与互通、不同数据库的相互访问与共享、不同商用应用软件间的接口与集成。面向对象技术、软构件技术和Web技术的集成框架已成为系统信息集成的重要支撑工具。

2. 过程集成技术

过程集成是针对传统的企业产品开发、经营生产的串行过程进行过程重构与优化,尽可能多地转变为并行过程,并使产品生产上下游过程实现集成,进一步提高产品的T、Q、C、S。同时,产品设计开发过程重构与建模,将串行过程转变为并行过程;基于多学科项目小组的协同设计组织与支撑环境;面向CE的DFX工具。企业过程重组BPR,则是通过企业过程进行再思考、再设计、重构与优化,使企业的关键绩效产生质的飞跃。

3. 企业集成技术

企业集成是针对新的市场经营机遇（特定产品）,在全球范围内建立企业的动态联盟（虚拟企业,virtual enterprise）,充分利用全球制造资源,以更快、更好、更省的方式响应市场。企业集成需要企业动态联盟与企业结构优化,即"橄榄型"企业→"哑铃型"企业结构;单一企业竞争→企业群体或生产体系竞争;企业组织结构的"扁平化";基于多功能项目组的企业组织与企业动态结盟方式。

企业集成的关键技术包括:信息集成技术、并行工程的关键技术、虚拟制造、支持敏捷工程的使能技术系统、基于网络(如 internet/intranet/extranet)的敏捷制造以及资源优化(如 ERP、供应链、电子商务)。

7.6 柔性制造系统

7.6.1 柔性制造系统概述

随着机电一体化技术进一步发展,出现了计算机数控(CNC)、计算机直接控制(DNC)、计算机辅助制造(CAM)、计算机辅助设计(CAD)、成组技术(GT)、计算机辅助工艺过程设计(CAPP)、工业机器人技术(robot)等新技术。在这些新技术的基础上,为多品种、小批量生产的需要而兴起的柔性自动化制造技术得到了迅速的发展,作为这种技术具体应用的柔性制造系统(flexible manufacturing system,FMS)、柔性制造单元(FMC)和柔性制造自动线(FML)等柔性制造设备纷纷问世,其中 FMS 最具代表性。FMS 的雏形源于美国 MALROSE 公司,该公司在 1963 年制造了世界上第一条多品种柴油机零件的数控生产线。

1. FMS 的定义

FMS 的概念由英国 MOLIN 公司最早正式提出,并在 1965 年取得了发明专利,1967 年 FMS 正式形成。

FMS 是由统一的信息控制系统、物料储运系统和一组数字控制加工设备等组成,能适应加工对象变换的自动化机械制造系统。柔性,生产组织形式和自动化制造设备对加工任务(工件)的适应性,一套典型的柔性制造系统如图 7-73 所示。

根据"中华人民共和国国家军用标准"有关"武器装备柔性制造系统术语"的定义,FMS 被定义为:"柔性制造系统是数控加工设备、物料运储装置和计算机控制系统等组成的自动化制造系统。它包括多个柔性制造单元,能根据制造任务或生产环境的变化迅速进行调整,适用于多品种、中小批量生产。"

美国制造工程师协会的计算机辅助系统和应用协会把柔性制造系统定义为:"使用计算机控制柔性工作站和集成物料运储装置来控制并完成零件族某一系列工序的,或一系列工序的一种集成制造系统。"

2. FMS 的组成

典型的 FMS 主要由加工系统,物流系统,控制与管理系统三个子系统组成,如图 7-74 所示。

(1) 加工系统 包括加工设备、辅助设备和检测设备三大部分。该系统的功能

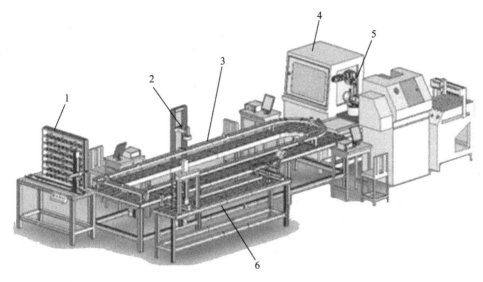

图 7-73 典型的柔性制造系统示意图

1—自动化立体仓库单元；2—图像识别系统单元；3—自动化输送系统单元；
4—柔性加工单元；5—机器人搬运单元；6—检测分拣单元

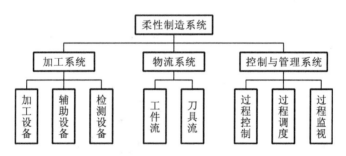

图 7-74 FMS 的组成

为：以任意顺序自动加工多种工件，自动更换工件和刀具，增加功能后可以实现工件自动清洗与测量等。

(2) 物流系统　包括工件流和刀具流。主要功能为满足可变节拍生产的物料自动识别、存储、输送和交换的要求。增加功能后可以实现刀具预调和管理等。

(3) 控制与管理系统　包括过程控制、过程调度和过程监视。该部分为加工系统和物流系统的自动控制和作业协调，在线数据自动采集和处理，运行仿真及故障诊断等。

3. FMS 的类型

FMS 有配备互补机床的 FMS、配备可互相替换机床的 FMS 和混合式 FMS 三种主要类型。

1) 配备互补机床的 FMS

配备互补机床的 FMS 中,通过物料运储系统将数台 NC 机床连接起来(见图 7-75),不同机床的工艺能力可以互补,工件进入系统,然后在计算机控制下从一台机床到另一台机床,按顺序加工。工件通过系统的路径是固定的。配备互补机床的 FMS 的特点:非常经济,生产率较高,能充分发挥机床的性能。从系统的输入和输出的角度看,互补机床是串联环节,系统的可靠性低,即当一台机床发生故障时,全系统将瘫痪。

图 7-75 配备互补机床的 FMS 示意图

2) 配备可互相替换机床的 FMS

配备可互相替换机床的 FMS 系统(见图 7-76)中的机床可以互相代替,工件可被送到适合加工它的任一台机床上。计算机的存储器存有每台机床的工作情况,可以对机床分配加工零件,一台机床可以完成部分或全部加工工序。从系统的输出和输入看,它们是并联环节,因而增加了系统的可靠性,同时这种配置形式具有较大的柔性和较宽的工艺范围,可以达到较高的机床利用率。

3) 混合式 FMS

混合式 FMS 是互补式 FMS 和替换式 FMS 的综合(见图 7-77),即 FMS 中有一些机床按替换式布置,而另一些机床按互补式安排,以发挥各自的优点。大多数 FMS 采用这种形式。

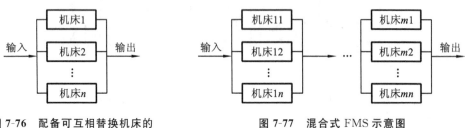

图 7-76 配备可互相替换机床的 FMS 示意图

图 7-77 混合式 FMS 示意图

7.6.2 FMS 的加工系统

FMS 的加工系统担任把原材料转化为最终产品的任务,是实际完成改变物性任务的执行系统。加工系统是 FMS 的最基本组成部分,也是 FMS 中耗资最多的部分。FMS 的加工能力在很大程度上是由它所包含的加工系统所决定的。

1. 加工系统的要求和设备选择的原则

(1) 加工系统的要求 工序集中;控制功能强、可扩展性好;高刚度、高精度、高速度;使用经济性好;操作性好、可靠性好、维修性好;具有自保护性和自维护性;对环境适应性与保护性好；其他如技术资料齐全，机床上的各种显示、标记等清楚，机床外形、颜色美观且与系统协调。

(2)加工设备选择的原则　设备应该是可靠的、自动化的、高效率的和高柔性的。选择时需考虑该FMS加工零件的尺寸范围、经济效益、零件工艺性、加工精度和材料。FMS上待加工的零件族决定着各加工设备（如加工中心）所需要的功率、加工尺寸范围和精度。此外，设备还会受物料运储系统连接问题限制。加工中心都具有刀具存储能力，采用斗笠式、鼓形和链形等各种形式的刀库。为满足柔性制造，通常加工中心具有一定的刀库容量。

2. 加工中心

加工中心（machining center,MC）是一种备有刀库并能按预定程序自动更换刀具，对工件进行多工序加工的高效数控机床。它的最大特点是工序集中和自动化程度高，可减少工件装夹次数，避免工件多次定位所产生的累积误差，节省辅助时间，实现高质、高效加工。常见加工中心按工艺用途可分为镗铣加工中心、车削加工中心、钻削加工中心、攻螺纹加工中心及磨削加工中心等。加工中心按主轴在加工时的空间位置可分为立式加工中心、卧式加工中心、立卧两用（也称万能、五面体、复合）加工中心。

其中，镗铣加工中心是自身带有刀库和自动换刀装置（ATC）的一种多工序数控机床。工件经一次装夹后，能完成铣、镗、钻、铰、攻螺纹等多种工序的加工，并且有多种选刀或换刀功能，从而使生产效率及自动化程度大大提高。美国 White Sundstrand 公司生产的 OMNIMIL80 系列加工中心如图 7-78 所示。

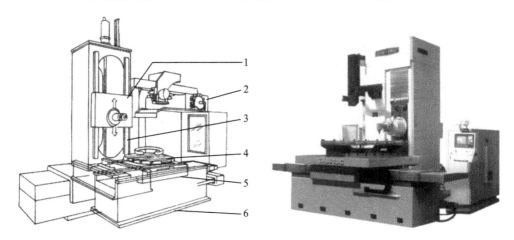

图 7-78　卧式加工中心
1—主轴头；2—换刀机构和刀库；3—立轴（Y轴）；4—立轴底座（Z轴）；5—工作台；6—工作台底座（X轴）

7.6.3 FMS 的物流系统

FMS 的物流系统一般由工件装卸站、托盘缓冲站、物料存储装置和物料运输装置构成,主要负责对工件和刀具的运输、存储和管理。

刀具物流管理系统主要负责适时地向加工单元提供所需的刀具,监控管理刀具的使用,及时取走已报废或耐用度已耗尽的刀具,在保证正常生产的同时,最大限度地降低刀具的成本,刀具物流管理系统的功能和柔性程度直接影响到整个 FMS 的柔性和生产率。典型的 FMS 的刀具物流管理系统通常由刀库系统、刀具预调站、刀具装卸站、刀具交换装置以及管理控制刀具流的计算机组成。

自动换刀装置应当满足换刀时间短、刀具重复定位精度高、足够的刀具储存量、刀库占地面积小及安全可靠等基本要求。机械手是一种最常见的自动换刀装置,因为它灵活性大、换刀时间短。常用双臂式换刀机械手如图 7-79 所示,这些手爪结构形式有钩手、抱手、伸缩手和叉手四种。这些机械手都能够完成抓刀、拔刀、回转、换刀及返回等全部动作过程。有些加工中心为降低成本,不用机械手而是直接利用主轴头的运动机能换刀。

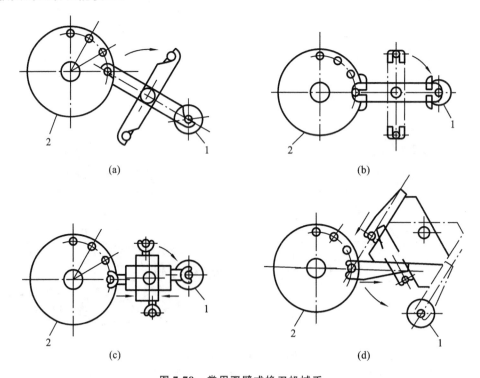

图 7-79 常用双臂式换刀机械手
(a)钩手式机械手 (b)抱手式机械手 (c)伸缩式机械手 (d)叉手式机械手
1—主轴;2—刀库

7.6.4 FMS 的计算机控制系统

1. 控制系统的结构

控制系统通常采用递阶控制的结构形式，即通过对系统的控制功能进行正确、合理地分解，划分成若干层次，各层次分别进行独立处理，完成各自的功能，层与层之间在网络和数据库的支持下，保持信息交换，上层向下层发送命令，下层向上层回送命令的执行结果。通过信息联系，构成完整的系统，以减少全局控制的难度和控制软件开发的难度。FMS 的递阶控制结构一般采用三层，如图 7-80 所示。

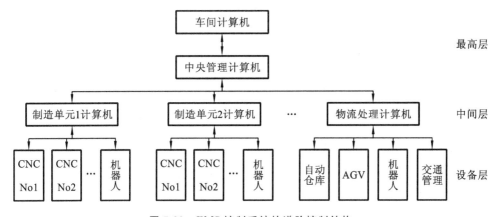

图 7-80 FMS 控制系统的递阶控制结构

2. 控制系统的功能

在 FMS 控制系统的三级递阶控制结构中，每层的信息流都是双向流动的：向下可下达控制指令，分配控制任务，监控下层的作业过程；向上可反馈控制状态，报告现场生产数据。在控制的实时性和处理信息量方面，各层控制计算机是有所区别的：愈往底层，其控制的实时性要求愈高，而处理的信息量则愈小；愈到上层，其处理信息量愈大，而对实时性要求则愈低。

1) 中央管理计算机的任务

中央管理计算机负责全面的管理工作和支持 FMS 按计划的调度和控制，包括以下几个方面。

(1) 控制系统　主要用来向下层实时发送控制命令和分配数据。

(2) 监控系统　主要用来实时采集现场工况，把收集的信息看成系统的反馈信号，以它们为基础作出决策，控制被监控的过程。

(3) 监测系统　主要用来观察系统的运行情况，将所收到的信息登录备用，计算机将利用这些信息定期打印报告，供决策系统检索。

2) 中间层计算机的任务

工作站层计算机主要是协调各种设备的操作，它需要做出如下的决策。

(1) 零件的工艺路线。
(2) 物料的运送。
(3) 程序和命令的分配。
(4) 刀具的管理。
(5) 对异常事件的反应。

3) 设备层计算机的任务

设备层计算机的任务是执行各种操作。系统中的主要设备是由 CNC 装置控制的,只要下达的程序和命令没有差错,所有设备都能按照指令完成规定的操作。这一级控制系统要完成的主要操作任务有以下几类。

(1) 接收程序和命令。
(2) 接受调度命令,运输物料。
(3) 各类工作站设备按程序执行操作。
(4) 为下一步操作准备刀夹具或更换已磨损的刀具。
(5) 传感器信息采样,部分采样信息作为 CNC 装置的反馈信息,其他送往上层计算机。

7.7 几种典型先进制造技术简介

7.7.1 并行工程

1. 并行工程的定义

并行工程(concurrent engineering,CE)是近年来国际制造业中兴起的一种新型企业组织管理的系统方法和综合技术,旨在提高产品质量,降低产品成本和缩短开发周期。R. I. Winner 在美国国家防御分析研究所(IDA)R—338 研究报告中将 CE 定义为"并行工程是对产品及其相关过程(包括制造过程和支持过程)进行并行、一体化设计的一种系统化的工作模式。这种工作模式力图使开发者们从一开始就考虑到产品全生命周期(从概念形成到产品报废)中的所有因素,包括质量、成本、进度与用户要求。"CE 包括四方面的内容,称为 CE 的四 C 性:并行性、约束性、协调性和一致性。

2. 并行工程的特点

并行工程是一种用来综合、协调产品的设计及其相关过程,包括制造和保障过程的系统化方法。这种方法使研制人员从一开始就考虑从方案设计直到产品报废整个周期的所有要素。这种设计开发过程允许不同的研制阶段并行进行,且有一段搭接时间,如图 7-81 所示。

与传统设计方法相比,并行工程主要特点为:设计的出发点是产品的整个生命周期的技术要求;并行设计组织是一个包括设计、制造、装配、市场销售、安装及维修等各方面专业人员在内的多功能设计组,其设计手段是一套具有 CAD、CAM、仿真、测

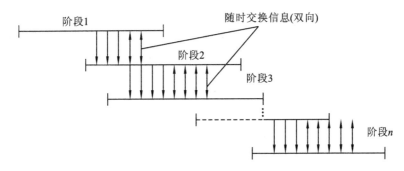

图 7-81 并行研制过程

试功能的计算机系统,它既能实现信息集成,又能实现功能集成,可在计算机系统内建立一个统一的模型来实现以上功能。并行设计能与用户保持密切的对话,可以充分满足用户要求,可缩短新产品投放市场的周期,实现最优的产品质量、成本和可靠性。

并行工程同 CIM 一样,是一种经营理念,一种工作模式。这不仅体现在产品开发的技术方面,也体现在管理方面。CE 对信息管理技术提出了更高要求,不仅要求对产品信息进行统一管理与控制,而且要求能支持多学科领域专家群体的协同工作(teamwork),并要求把产品信息与开发过程有机地集成起来,做到把正确的信息在正确的时间以正确的方式传递给正确的人。

3. 并行工程的理论基础与运行机理

1) CE 的理论基础

从本质上讲,CE 是一种以空间换取时间、处理系统复杂的系统化方法(systematic approach),它以信息论、控制论和系统论为理论基础,在数据共享、人机交互等工具及集成上述工具的智能技术支持下,按多学科、多层次协同(synergy)一致的组织方式工作。与传统串行工作方式相比,它扩大了系统状态空间,缩短了复杂问题交互式求解进程的迭代次数,促使最终目标一次成功(do right first),以非线性的管理机制和整体性(holism)思想,赢得集成附加的协同效益。

2) CE 的运行机理

CE 不是某种现成的系统或结构,不能像软件或硬件产品一样买来安装即可运行。它是一种自顶向下进行规划、自底向上实施的理念。企业在 CE 环境中进行产品开发设计、分析、制造等一系列活动,这些活动的完成由 CE 目标和 CE 原则来进行控制。其中,CE 的目标为:提高全过程中全面的质量;降低产品生命周期中的成本;缩短产品的研制开发周期。为实现 CE 目标,需遵循 CE 规则,即:有效的领导方法;不断地进行过程的改善;开发并管理信息和知识财富;通过长期计划和决策来获得效益。

将 CE 思想贯穿于产品开发过程中,需要管理、设计、制造、支持等知识源的有机协调。它不仅依靠各知识源之间有效的通信,同时要求有良好的决策支持结构,其运行机理的要点如下。

(1) 突出人的作用,强调人的协同工作。

(2) 一体化、并行地进行产品及其有关过程的设计,其中,尤其要注意早期概念设计阶段的并行协调。

(3) 重视满足客户的要求。

(4) 持续改善产品有关的过程,CE 的工程模式中要注意持续、尽早地交换、协调、完善关于产品有关的制造/支持等各种过程的约定和定义,从而有助于 CE 三个目标的实现。

(5) 注意 CE 中信息与知识财富的开发与管理。

(6) 注重目标的不变性。

(7) 5 个"不"。CE 不是不费力就能成功的"魔术方法",CE 不能省去产品串行工程中的任一环节,CE 不是使设计与生产重叠或同时进行,CE 不同于"保守设计",CE 不需保守测试策略。

7.7.2 快速成形技术

1. 快速成形技术的内涵及特点

快速成形技术(rapid prototyping,RP)又称快速原型制造(rapid prototyping manufacturing,RPM)技术,是借助计算机辅助设计(CAD)或由实体逆向方法取得原型或零件几何形状,进而以此建立数字化模型,再利用计算机控制的机电集成制造系统,逐点、逐面地进行材料"三维堆积"成实体原型,再经过必要的后处理,使其在外观、强度和性能等方面达到设计要求,达到快速、准确地制造原型或实际零件的方法。

RP 诞生于 20 世纪 80 年代后期,是基于材料堆积法的一种高新制造技术,被认为是近 20 年来制造领域的一个重大成果。它集机械工程、CAD、逆向工程技术、分层制造技术、数控技术、材料科学、激光技术于一身,可以自动、直接、快速、精确地将设计思想转变为具有一定功能的原型或直接制造零件,从而为零件原型制作、新设计思想的校验等方面提供了一种高效低成本的实现手段。快速成形技术的特点如下。

(1) 制造原型所用的材料不限,各种金属和非金属材料均可使用。

(2) 原型的复制性、互换性高。

(3) 制造工艺与制造原型的几何形状无关,在加工复杂曲面时更显优越。

(4) 加工周期短,成本低,成本与产品复杂程度无关,一般制造费用降低 50%,加工周期节约 70%以上。

(5) 高度技术集成,可实现了设计制造一体化。

2. 快速成形技术的基本原理

RP 的基本加工原理是依据计算机设计的三维模型(设计软件可以是常用的 CAD 软件,例如 SolidWorks、Pro/E、UG、POWERSHAPE 等。也可以是通过逆向工程获得的计算机模型),在计算机控制下,基于离散、堆积的原理采用不同方法堆积材料,最终完成零件的成形与制造的技术。快速成形加工过程如图 7-82 所示。

图 7-82　快速成形加工过程

快速成形技术的本质是用材料堆积原理制造三维实体零件。它是将复杂的三维实体模型"切"(spice)成设定厚度的一系列片层(50~500 μm),从而变为简单的二维图形,逐层加工,层叠增长而成。图 7-83 所示为对一个 CAD 模型近似三维设计 STL 文件的切片处理过程。

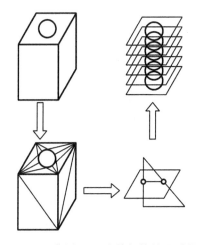

图 7-83　典型 STL 文件切片处理过程

从成形角度看,零件可视为"点"或"面"的叠加。从 CAD 电子模型中离散得到"点"或"面"的几何信息,再与成形工艺参数信息结合,控制材料有规律、精确地由点到面,由面到体地堆积零件。从制造角度看,它根据 CAD 造型生成零件三维几何信息,控制多维系统,通过激光束或其他方法将材料逐层堆积而形成原型或零件。

3. 典型的快速成形工艺方法

近十几年来,随着全球市场一体化的形成,制造业的竞争十分激烈。尤其是计算机技术的迅速普遍和 CAD/CAM 技术的广泛应用,使得 RP 技术得到了异乎寻常的高速发展,表现出很强的生命力和广阔的应用前景。快速成形技术发展至今,以其技术的高集成性、高柔性、高速性而得到了迅速发展。目前,快速成形的工艺方法已有几十种之多,其中主要工艺有四种基本类型:光固化成形法、分层实体制造法、选择性激光烧结法和熔融沉积制造法。

1)光固化成形

光固化成形(stereo lithography apparatus,SLA)工艺也称光造型、立体光刻及立体印刷,其工艺过程是以液态光敏树脂为材料充满液槽,由计算机控制激光束跟踪层状截面轨迹,并照射到液槽中的液体树脂,而使这一层树脂固化,之后升降台下降一层高度,已成形的层面上又布满一层树脂,然后再进行新一层的扫描,新固化的一层牢固地黏在前一层上,如此重复,直到整个零件制造完毕,得到一个三维实体模型为止。该工艺的特点是:原型件精度高,零件强度和硬度好,可制出形状特别复杂的空心零件,生产的模型柔性化好,可随意拆装,是间接制模的理想方法。缺点是需要支撑,树脂收缩会导致精度下降;另外,光固化树脂有一定的毒性,不符合绿色制造发展趋势等。

2) 分层实体制造

分层实体制造(laminated object manufacturing,LOM)工艺或称为叠层实体制造,其工艺原理是根据零件分层几何信息切割箔材和纸等,将所获得的层片黏接成三维实体。其工艺过程是:首先铺上一层箔材,然后用激光在计算机控制下切出本层轮廓,非零件部分全部切碎以便于去除。当本层完成后,再铺上一层箔材,用滚子碾压并加热,以固化黏结剂,使新铺上的一层牢固地黏接在已成形体上,再切割该层的轮廓,如此反复,直到加工完毕,最后去除切碎部分以得到完整的零件。该工艺的特点是工作可靠,模型支撑性好,成本低,效率高。缺点是前、后处理费时费力,且不能制造中空结构件。

3) 选择性激光烧结

选择性激光烧结(selective laser sintering,SLS)工艺常采用的成形材料有金属、陶瓷、ABS塑料等材料的粉末。其工艺过程是:先在工作台上铺上一层粉末,在计算机控制下用激光束有选择地进行烧结(零件的空心部分不烧结,仍为粉末材料),被烧结部分便固化在一起构成零件的实心部分。一层完成后再进行下一层,新一层与其上一层被牢牢地烧结在一起。全部烧结完成后,去除多余的粉末,便得到烧结成的零件。该工艺的特点是材料适应面广,不仅能制造塑料零件,还能制造陶瓷、金属、蜡等材料的零件。造型精度高,原型强度高,所以可用样件进行功能试验或装配模拟。

4) 熔融沉积成形

熔融沉积成形(fused deposition manufacturing,FDM)工艺又称为熔丝沉积制造,其工艺过程是以热塑性成形材料丝为材料,材料丝通过加热器的挤压头熔化成液体,由计算机控制挤压头沿零件的每一截面的轮廓准确运动,使熔化的热塑材料丝通过喷嘴挤出,覆盖于已建造的零件之上,并在极短的时间内迅速凝固,形成一层材料。之后,挤压头沿轴向向上运动一微小距离进行下一层材料的建造。这样,逐层由底到顶堆积成一个实体模型或零件。该工艺的特点是使用、维护简单,成本较低,速度快,一般复杂程度原型仅需要几个小时即可成形,且无污染。

除了上述四种最为熟悉的技术外,还有许多技术也已经实用化,如三维打印技术、光屏蔽工艺、直接壳法、直接烧结技术、全息干涉制造等。

7.7.3 敏捷制造

1. 敏捷制造企业的产生

目前,各方面的发展都在驱使制造业大规模生产系统的转变。随着市场竞争的加剧和用户要求不断提高,大批大量的生产方式正朝单件、多品种方向转化。美国于1991年提出敏捷制造的设想。大规模生产系统是通过大量生产同样产品来降低成本,而采用新的生产系统能敏捷生产用户定做的数量很少的高质量产品,并使单件成本最低。

在敏捷制造企业中,可以迅速改变生产设备和程序,生产多品种的新型产品。在大规模生产系统中,即使提高及时生产(JIT)能力和采用精良生产,各企业仍主张独立进行生产。企业间的竞争促使各企业不得不进行规模综合生产。而敏捷制造系统促使企业采用较小规模的模块化生产设施,促使企业间的合作。每一个企业都将对新的生产能力做出部分贡献。在敏捷制造系统中,竞争和合作是相辅相成的。在这种系统中,竞争的优势取决于产品投放市场的速度,满足各个用户需要的能力,以及对公众给予制造业的社会和环境关心的响应能力。

敏捷制造将一些可重新编程、重新组合、连续更换的生产系统结合成一个新的、信息密集的制造系统,以使生产成本与批量无关。对于一种产品,生产10万件同一型号产品和生产10万件不同型号的产品,其成本应无明显差异。敏捷制造企业不是采用以固定的专业部门为基础的静态结构,而是采用动态结构。其敏捷性是通过将技术、管理和人员三种资源集成为一个协调的、相互关联的系统来实现的。

2. 敏捷制造的特征

与传统的大量生产方式相比,敏捷制造主要具有以下特征。

(1)全新的企业合作关系——虚拟企业(virtual enterprise)或动态联盟 推出高质量、低成本的新产品的最快方法是利用不同地区的现有资源,把它们迅速组合成为一种没有围墙的、超越空间约束的、靠电子手段联系的、统一指挥的经营实体——虚拟企业。虚拟企业的特点如下。

①功能的虚拟化 在虚拟制造的组织形态下,一个企业虽具有制造、装配、营销、财务等,但在企业内部却没有执行这些功能的机构,所以称之为功能虚拟。在这种情况下,企业仅具有实现其市场目标的最关键的功能,在有限的资源下,其他的功能无法达到足以竞争的要求,因此将它虚拟化,以各种方式借助外力来进行组合和集成,以形成足够的竞争优势。这是一种分散风险的、争取时间的敏捷制造策略,它与"大而全""小而全"策略是完全对立的。

②组织的虚拟化 虚拟企业的另一特点是组织的虚拟化。虚拟企业是市场多变的产物,为了适应市场环境的变化,企业的组织结构也要做到能够及时反映市场的动态。企业的结构不再是固定不变的,已经逐步倾向于分布化,讲究轻薄和柔性,呈扁平网络结构。虚拟企业可以根据目标和环境的变化进行组合,动态地调整组织结构。

③地域的虚拟化　运用信息高速公路和全国工厂网络,把综合性工业数据库与提供服务结合起来,还能够创建地域上相距万里的虚拟企业集团,运作控股虚拟公司,排除传统的多企业合作和建立集团公司的各种障碍。

(2)大范围的通信基础结构　在信息交换和通信联系方面,必须有一个能将正确的信息在正确的时间送给正确的人"准时信息系统"(just in time information system),作为灵活的管理系统的基础,通过信息高速公路与互联网将全球范围的企业相连。

(3)为订单而设计、为订单而制造的生产方式。

(4)高度柔性的、模块化的、可伸缩的生产制造系统　这种柔性生产系统往往规模有限,但成本与批量无关,在同一系统内可生产出的产品品种是无限的。

(5)柔性化、模块化的产品设计方法。

(6)"高质量"的产品　敏捷制造的质量观念已变成整个产品生命周期内的用户满意,企业的这种质量跟踪将持续到产品报废为止。

(7)有知识、有技术的人是企业成功的关键因素　敏捷企业认为,解决问题靠的是人,不是单纯的技术,敏捷制造系统的能力将不是受限制于设备,而只受限于劳动者的想象力、创造性和技能。

(8)基于信任的雇佣关系　雇员与雇主之间将建立一种新型的"社会合同"的关系,大家能意识到为了长远利益而和睦相处。

(9)基于任务的组织与管理　敏捷制造企业的基层单位是"多学科群体"(multi-discipline team)的项目组,是以任务为中心的一种动态组合,敏捷企业强调权力分散,把职权下放到项目,提倡"基于统观全局的管理"模式,要求各个项目组都能了解全局的远景,胸怀企业全局,明确工作的目标和任务的时间要求,而完成任务的中间过程则完全可以自主。

3. 敏捷制造研究的内容

敏捷制造被认为是 21 世纪的先进制造策略。目前,研究的主要内容为:分布式数据库子系统、分布式群决策软件子系统、智能控制子系统、智能传感器子系统、基于知识的人工智能研究、快速合作子系统、工厂网络子系统、企业集成子系统、用户交互子系统、人与技术接口子系统、教育培训子系统、模块化可重构的硬件子系统、仿真与建模子系统、废物处理和消除子系统、零故障方法学子系统、节能子系统、动态合作子系统、性能测量与评价子系统等。

7.7.4　智能制造

1. 智能制造的含义

智能制造技术(IMT)是指在制造工业的各个环节,以一种高度柔性与高度集成的方式,通过计算机模拟人类专家的智能活动,进行分析、判断、推理、构思和决策,旨在取代或延伸制造环境中人的部分脑力劳动,并对人类专家的制造智能进行收集、存储、完善、共享、继承与发展的技术。基于 IMT 的制造系统(IMS)则是一种借助计算机,综合应用人工智能技术、并行工程、现代管理技术、制造技术、信息技术、自动化技术和系统工程技术,在国际标准化和互换性的基础上,使得制造系统中的经营决策、生产规划、作业调度、制造加工和质量保证等各个子系统分别智能化,成为网络集成的高度自动化制造系统。

2. 智能制造研究的内容

智能制造研究的主要内容如下。

(1) 智能制造理论和系统设计技术　智能制造概念的正式提出至今时间还不长,其理论基础与技术体系仍在形成过程中,它的精确内涵和关键设计技术仍需进一步研究,其内容包括:智能制造的概念体系、智能制造系统的开发环境与设计方法,以及制造过程中的各种评价技术等。

(2) 智能制造单元技术的集成　人们在过去的工作中,以研究人工智能在制造领域中的应用为出发点,开发出了众多的面向制造过程中特定环节特定问题的智能单元,形成了一个个"智能化孤岛"。它们是智能制造研究的基础。为使这些"智能化孤岛"面向智能制造,使其成为智能制造的单元技术,必须研究它们在 IMS 中的集成,同时进一步完善和发展这些智能单元。它们包括:①智能设计,应用并行工程和虚拟制造技术,实现产品的并行智能设计;②生产过程的智能规划,在现有的检索式、半创成式 CAPP 的基础上,研究和开发创成式 CAPP,使之面向 IMS;③生产过程的智能调度;④智能监测、诊断和补偿;⑤生产过程的智能控制;⑥智能质量控制;⑦生产与经营的智能决策。

(3) 智能机器的设计　智能机器是 IMS 中模拟人类专家智能活动的工具之一。因此,对智能机器的研究在 IMS 研究中占有重要的地位。IMS 常用的智能机器包括智能机器人、智能加工中心、智能数控机床和自动引导小车 AGV(automated guided vehicle)等。

3. 智能制造系统的构成及典型结构

从智能组成方面考虑,IMS 是一个复杂的智能系统,它是由各种智能子系统构成的智能递阶层次模型。该模型最基本的结构称为元智能系统 MIS(metaintelligent system)。其结构大致分为三级:学习维护级、决策组织级和调度执行级。

(1)学习维护级　通过对环境的识别和感知,实现对 MIS 进行更新和维护,包括更新知识库、更新知识源,更新推理规则以及更新规则可信度因子等。

(2)决策组织级　主要接受上层 MIS 下达的任务,根据自身的作业和环境状况,进行规划和决策,提出控制策略。在 IMS 中的每个 MIS 的行为都是上层 MIS 的规划调度与自身自律共同作用的结果,上层 MIS 的规划调度是为了确保整个系统能有机协同地工作,而 MIS 自身的自律控制则是为了根据自身状况和复杂多变的环境,寻求最佳途径完成工作任务。因此,决策组织级要求有较强的推理决策能力。

(3)调度执行级　完成由决策组织级下达的任务,并调度下一层的若干个 MIS

并行协同作业。

MIS 是智能系统的基本框架,各种具体的智能系统是在此 MIS 基础之上并对其扩充。具备这种框架的智能系统具有以下特点。

(1) 决策智能化。
(2) 可构成分布式并行智能系统。
(3) 具有参与集成的能力。
(4) 具有可组织性和自学习、自维护能力。

从智能制造的系统结构方面来考虑,未来智能制造系统应为分布式自主制造系统(distributed autonomous manufacturing sytem)。该系统由若干个智能施主(intelligent agent)组成。根据生产任务细化层次的不同,智能施主可以分为不同的级别。如一个智能车间可称为一个施主,它调度管理车间的加工设备,它以车间级施主身份参与整个生产活动;同时,对于一个智能车间而言,其中的智能加工设备也可称为智能施主,它们直接承担加工任务。无论哪一级别的施主,它与上层控制系统之间通过网络实现信息的连接,各智能加工设备之间通过自动引导小车(AGV)实现物质传递。在这样的制造环境中,产品的生产过程为:通过并行智能设计出的产品,经过 IMS 智能规划,将产品的加工任务分解成一个个子任务,控制系统将子任务通过网络向相关施主"广播"。若某个施主具有完成此子任务的能力,而且当前空闲,则该施主通过网络向控制系统投出一份"标书"。"标书"中包含了该施主完成此任务的有关技术指标,如加工所需时间,加工所能达到精度等内容。如果同时有多个施主投出"标书",那么,控制系统将对各个投标者从加工效率、加工质量等方面加以仲裁,以决定"中标"施主。"中标"施主若为底层施主(加工设备),则施主申请,由 AGV 将被加工工件送向"中标"的加工设备,否则,"中标"施主还将子任务进一步细分,重复以上过程,直至任务到达底层施主为止。这样,整个加工过程,通过任务广播、投标、仲裁、中标,实现了生产结构的自组织。

7.7.5 虚拟制造系统

1. 虚拟制造系统定义

虚拟制造系统(virtual manufacturing system,VMS)是基于虚拟制造技术(VMT)实现的制造系统,是现实制造系统 RMS(real manufacturing system)在虚拟环境下的映射,而现实制造系统是物质流、信息流、能量流在控制机的协调与控制下在各个层次上进行相应的决策,实现从投入到产出的有效转变,而其中物质流及信息流协调工作是其主体。为简化起见,可将现实制造系统划分为两个子系统:现实信息系统 RIS(real information system)和现实物理系统 RPS(real physical system)。

RIS 由许多信息、信息处理和决策活动组成,如设计、规划、调度、控制、评估信息,它不仅包括设计制造过程的静态信息,而且还包括制造过程的动态信息。

RPS 由存在于现实中的物质实体组成,这些物质实体可以是材料、零部件、产品、机床、夹具、机器人、传感器、控制器等。当制造系统运行时，这些实体有特定的行为和相互作用，如运动、变换、传递等。制造系统本身也与环境以物质和能量的方式发生作用。

2. 虚拟制造系统的功能

虚拟制造系统是在虚拟制造思想指导下的一种基于计算机技术集成的、虚拟的制造系统。在信息集成的基础上，通过组织管理、技术、资源和人机集成，实现产品开发过程的集成。在整个产品开发过程中，在基于虚拟现实、科学可视化和多媒体等技术的虚拟使用环境、虚拟性能测试环境以及虚拟制造环境等虚拟环境下，在各种人工智能技术和方法的支持下，通过集成地应用各种建模、仿真分析技术和工具，实现集成的、并行的产品和过程开发，以及对产品设计、制造过程、生产规划、调度和管理的测试，利用分布式协同求解，以提高制造企业内各级决策和控制能力，使企业能够实现自我调节、自我完善、自我改造和自我发展，达到提高整体的动作效能、实现全局最优决策和提高市场竞争力的目的。虚拟制造系统提供以下功能。

(1) 通过虚拟制造系统实现制造企业产品开发过程的集成　根据制造企业策略，基于虚拟制造系统，在信息集成和功能集成的基础上，实现产品开发过程的集成。通过对整个产品开发过程的建模、管理、控制和协调，对企业资源、技术、人员进行合理组织和配置，面向产品整个生命周期，实现制造企业策略与企业经营、工程设计和生产活动的集成(纵向集成)，以及在产品开发的各个阶段分布式并行处理虚拟环境下多学科小组的协同工作(横向集成)，快速适应市场和用户需求的变化，以最快的速度向市场和用户提供优质低价产品。

(2) 实现虚拟产品设计/虚拟制造仿真闭环产品开发模式　各种建模、仿真和分析技术和工具的大量使用，使产品开发从过去的经验方法跨到预测方法，实现虚拟产品设计/虚拟制造仿真闭环产品开发模式。虚拟制造系统能够在产品开发的各个阶段，根据用户对产品的要求，对虚拟产品原型的结构、功能、性能、加工、装配制造过程以及生产过程在虚拟环境下进行仿真，并根据产品评价体系提供的方法、规范和指标，为设计修改和优化提供指导和依据。由于以上开发过程都是在虚拟环境下针对虚拟产品原型进行的，所以大大缩短了开发时间，节约了研制经费，并能在产品开发的早期阶段发现可能存在的问题，使其在成为事实之前予以解决。又由于开发进程的加快，能够实现对多个解决方案的比较和选择。

(3) 提高产品开发过程中的决策和控制能力。

(4) 提高企业自我调节、自我完善、自我改造和自我发展的能力　基于企业建模的虚拟制造系统，通过信息集成、组织管理集成、智能集成、资源集成、技术集成、串并行工作机制集成、过程集成和人机集成等，实现企业的全面集成，为使其能够根据复杂多变的竞争环境，不断调整组织结构，优化运营过程，合理配置人、财、物等资源，革新技术和提高人员素质等提供了一种系统的方法和途径，使企业的自我调节、自我完善、自我改造和自我发展的能力大为提高。

习　题

1. 先进制造技术的体系结构包含哪些部分？它的主要特点是什么？
2. CAD/CAM 技术有哪些特点？试简述 CAD/CAM 系统的基本组成及其功能。
3. 采用 Master CAM 软件完成题图所示的手柄造型。

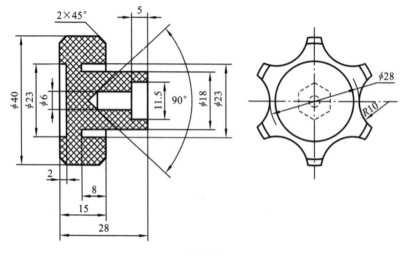

题 3 图

4. 根据伺服系统的类型，数控机床可分为哪几大类？试简述每一个类型的特征。
5. 试用框图说明 CNC 系统的组成原理，并解释其主要作用。
6. 从 CNC 装置中含 CPU 的多少以及 CPU 的作用来看，CNC 装置分为几类？试简述每一个的特征。
7. CNC 装置的系统软件结构模式有几种？每一种有何特点及应用范围？
8. 编制题图所示凸轮铣削加工数控程序。

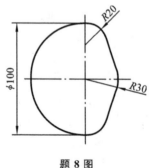

题 8 图

9. 简述 CAPP 系统的工作过程与步骤。
10. 试用框图说明 CIMS 系统的构成。
11. CIMS 系统中有哪些集成技术？
12. FMS 系统有哪几大部分组成？其各部分的主要功能是什么？
13. 目前常见的典型先进制造技术有哪些？其各自主要应用领域是什么？

参 考 文 献

[1] 邓文英.金属工艺学(上、下册)[M].北京:高等教育出版社,2008.
[2] 京玉海.机械制造基础[M].重庆:重庆大学出版社,2005.
[3] 乔世民.机械制造基础[M].北京:高等教育出版社,2003.
[4] 宁科生.机械制造基础[M].西安:西北工业大学出版社,2004.
[5] 宋昭祥.机械制造基础[M].北京:机械工业出版社,1998.
[6] 肖华,王国顺.机械制造基础(上、下册)[M].北京:中国水利水电出版社,2005.
[7] 侯书林.机械制造基础(上、下册)[M].北京:中国林业出版社,2006.
[8] 熊良山,等.机械制造技术基础[M].武汉:华中科技大学出版社,2007.
[9] 赵雪松,等.机械制造技术基础[M].武汉:华中科技大学出版社,2006.
[10] 龚超,田金丽.我国先进制造技术概况及其发展趋势[J].机械设计与制造,2009(11):81-85.
[11] 杨叔子,吴波,李斌.再论先进制造技术及其发展趋势术[J].机械工程学报,2006,42(1):62-70.
[12] 周育才,刘忠伟,等.先进制造技术[M].北京:国防工业出版社,2007.
[13] 周桂莲,付平.机械制造基础[M].西安:西安电子科技大学出版社,2008.
[14] 任军学,田卫军.CAD/CAM 应用技术[M].北京:电子工业出版社,2011.
[15] 张斌.CAD/CAM 软件应用:Pro/E 三维设计与 MasterCAM 数控加工[M].北京:高等教育出版社,2010.
[16] 何雪明,吴晓光,常兴,等.数控技术[M].武汉:华中科技大学出版社,2006.
[17] 逯晓勤,刘保臣,李海梅.数控机床编程技术[M].北京:机械工业出版社,2011.
[18] 杨雪翠.FANUC 数控系统调试与维护[M].北京:国防工业出版社,2010.
[19] 李长河,丁玉成.先进制造工艺技术[M].北京:科学出版社,2011.
[20] 崔忠圻.金属学与热处理[M].北京:机械工业出版社,2000.
[21] 周凤云.工程材料及应用[M].武汉:华中科技大学出版社,2002.